普通高等教育新工科人才培养系列教材

材料科学实验技术

王振林　刘文君　杨　显　主编

张春红　王维青　杨　惠　参编

化学工业出版社

·北京·

内容简介

《材料科学实验技术》主要从材料的成分分析与结构表征、材料性能检测以及制备工艺等方面，以实验项目的形式介绍材料科学专业的主要实验技术，从现代仪器科学、物理学、化学等角度介绍实验技术的背景、原理、材料与设备、实验方法等，力求拓展材料学科边界，强调现代材料实验技术在材料成分、结构、性能与工艺研究中的具体应用。具体包括光谱与能谱分析，结构基团与微观组织结构分析，材料热学、光学、电学、磁学、力学、电化学性能测试以及典型材料制备技术实验等内容。书中实验项目注重实验原理与实验技能的结合，强调内容的循序递进关系和实验的研究属性，突出实验的操作要领、实验技巧的运用，并结合具体实例介绍实验结果分析方法。

本书可作为高等学校材料类专业研究生、本科生的实验教材使用，也可以供相关专业的教师、企事业单位相关人员使用和参考。

图书在版编目（CIP）数据

材料科学实验技术/王振林，刘文君，杨显主编. —北京：
化学工业出版社，2023.8
ISBN 978-7-122-43580-4

Ⅰ．①材…　Ⅱ．①王…②刘…③杨…　Ⅲ．①材料科学-实验　Ⅳ．①TB3-33

中国国家版本馆 CIP 数据核字（2023）第 099897 号

责任编辑：陶艳玲　　　　　　　　　　　　　　装帧设计：史利平
责任校对：王　静

出版发行：化学工业出版社（北京市东城区青年湖南街 13 号　邮政编码 100011）
印　　刷：北京云浩印刷有限责任公司
装　　订：三河市振勇印装有限公司
787mm×1092mm　1/16　印张 17¾　字数 440 千字　2023 年 10 月北京第 1 版第 1 次印刷

购书咨询：010-64518888　　　　　　　售后服务：010-64518899
网　　址：http://www.cip.com.cn
凡购买本书，如有缺损质量问题，本社销售中心负责调换。

定　　价：59.00 元

前言

党的二十大提出，要实现高水平科技自立自强，深入实施科教兴国战略、人才强国战略、创新驱动发展战略；要加快构建新发展格局，着力推动高质量发展。材料产业是国民经济的基础产业，要加快构建新材料产业的增长引擎。随着新材料产业的不断发展，材料科学与工程专业成为国内高校开设较多的工科专业之一。新工科建设和工程教育认证对实验教学提出了更高的要求，实验教学的比重明显增加，同时，教学中对实验项目的改造升级急需开展。材料科学是一门实验科学，材料科学与工程学科强调材料组成、结构、性能和工艺的相互联系、相互制约关系，因此，实验教学应体现出这种递进式的逻辑联系，坚持问题导向和系统观念，注重与材料学科理论知识讲授的呼应和相互促进。材料表征是现代材料科学的先导技术，交叉融合了现代仪器科学、物理学、化学等多种科学技术。材料科学实验涉及仪器操作技巧、制样技术、数据处理方法等多个环节，每一个环节都直接影响实验的成败和实验结果的运用。实验教学应更多地将现代分析测试技术与新材料、新工艺相结合，注重科学与工程的多维度整合运用。

一般来说，材料按其组成分为高分子材料、金属材料、无机非金属材料以及复合材料，以往的实验教材往往侧重于某一特定的材料类别，多采用指导书形式编写，实验项目的研究属性有待加强。在材料科学专业的实验教学中，我们发现很多学生习惯于按既定步骤完成实验操作，而忽视了实验技术原理、操作技巧以及数据分析处理方法的具体运用，以至于影响到毕业阶段独立完成课题和毕业论文的写作。新工科教育背景下产出导向型学生综合能力的培养，客观上要求在教学中把握不同类别材料实验技术的共性特征，拓宽材料科学的学科边界，加强学科交叉融合。

本书综合以上变化和需求，主要从材料的成分与结构表征、材料性能检测以及制备工艺等方面介绍材料科学专业的主要实验技术，注重与理论课程的协调统一，强调知识内容的循序递进关系，突出实验操作技能、实验技巧的运用和实验结果分析方法的介绍。书中避免采用"烹饪书"似的实验指导书形式编写，突出实验的研究属性，力求拓展学科边界，吸收更多反映新材料、现代分析测试技术的实验方法和设备。

本书由重庆理工大学材料分析测试中心王振林、刘文君、杨显主编，张春红、王维青、杨惠参编。

本书可作为高等学校材料类专业本科生、研究生的实验教材使用，也可供相关专业的教师、企事业单位的人员使用和参考。本书在编写过程中参考了大量的国内外著作和文献、资料，在此向有关作者、出版机构及仪器企业一并致谢。另外，本书的出版得到"重庆理工大学研究生教育高质量发展行动计划"（gzljc202208）的资助，在此表示感谢。

由于编者水平有限，本书中疏漏之处在所难免，恳请各位读者批评指正。

编者

2023 年 3 月

目录

第1篇
材料的成分分析

实验1
电感耦合等离子体光谱分析

1 概述

等离子体是一种由阳离子、中性粒子和带负电的自由电子等多种不同性质的粒子组成的离子化气体状物质，其正负电荷总量相等，整体近似呈电中性，故而称为等离子体。等离子体的尺度大于德拜长度的宏观电中性电离气体，其运动主要受电磁力支配，并表现出显著的集体行为。在等离子体中，带电粒子之间的库仑力是长程力，库仑力的作用效果远远超过带电粒子可能发生的局部短程碰撞效果，等离子体中的带电粒子运动时，能引起正电荷或负电荷局部集中，从而产生电场，而电荷定向运动引起电流，进而产生磁场。电场和磁场将影响其他带电粒子的运动，并伴随着极强的热辐射和热传导。由于等离子体的良好导电性，且与电磁场存在极强的耦合作用，常通过加载磁场的方式捕捉、移动和加速等离子体。

电感耦合等离子体发射光谱（inductively coupled plasma atomic/optical emission spectrometry，ICP-OES）是以场致电离的方法使高纯氩气外层电子吸收能量摆脱原子核的束缚成为高位能、高动能的自由电子，从而发生"电离"，产生温度可达 $6000 \sim 10000K$ 的高温等离子体火焰。利用等离子体产生的高温可使待测试样完全分解形成激发态的原子和离子。由于激发态的原子和离子非常不稳定，外层电子会从激发态向低的能级跃迁，从而发射出特征谱线。捕捉测试试样特征谱线可用于元素的定性和定量分析，如根据特征谱线的存在与否，鉴别样品中是否含有某种元素（定性分析），根据特征谱线的响应强度确定样品中相应元素的含量（定量分析）。因此，ICP 设备以更低的反应性化学环境，可以分析其他技术难以分析的样品，具有灵敏度高、干扰少、样本量小、线性范围宽、定量分析准确、检出限低等多个优点，而且检测快速稳定，可以检测元素周期表上几乎所有的元素。其在材料、化工、生物、医药、食品、地质等领域有着广泛的应用。

本实验的目的是：①在了解电感耦合等离子光谱分析的原理与方法的基础上，熟悉电感耦合等离子体分析仪的基本结构，以及各组成部件在测试过程中所发挥的作用。②学会电感耦合等离子体光谱分析的样品前处理方法及其注意事项，并掌握采用该实验进行成分定性与定量分析过程中的数据处理方法。

2 实验设备与材料

2.1 实验设备

常见 ICP 光谱仪主要由进样系统、激发光源、分光系统、检测器、控制与数据处理系统五部分构成，如图 1.1 所示。进样系统主要完成测试样品的杂质过滤与进样；激发光源主要完成样品在射频电源控制的等离子体气作用下的光谱信号激发；分光系统是把 ICP 源产生的各种不同元素的特征谱线按照波长顺序依次分开；检测器负责对特征谱线信号的高分辨检出；控制与数据处理系统可实现测试过程的控制以及数据的校准与处理。具体而言，样品检测过程中，利用蠕动泵和气动进样装置（雾化器、雾化室）将样品引入形成了等离子体的炬管内，从而将样品中的待测元素激发出特征光谱，通过一定的光信号采集装置将特征谱线导入中阶梯光栅二维分光光谱仪内，通过光栅和棱镜分光之后，不同波长的特征谱线就落在了面阵电荷耦合器件（CCD）的不同位置上。面阵 CCD 将光信号转化为电信号，数据采集系统采集 CCD 不同位置上的电信号获得不同特征谱线的信号强度，通过定量转换可以计算出不同元素的含量，并对结果进行处理和报表显示。

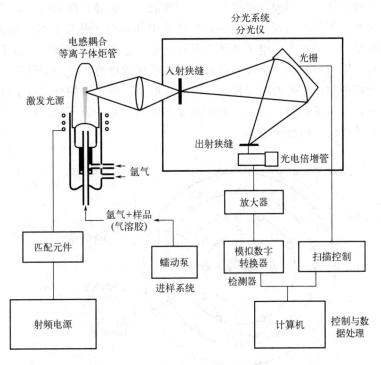

图 1.1　常见 ICP 光谱仪的结构

聚光科技 ICP 5000 型光谱仪可以测定化学元素周期表中的 70 多种元素（不包含难激发的 H、He、Ne 等元素，O、N、C 等大气中的常量元素，以及放射性元素），测量范围涵盖微量（$0.00X\% \sim 0.X\%$）与常量（$0.X\% \sim 20\%$），通过分离和富集可实现痕量分析（$0.0000X\% \sim 0.000X\%$）。但要注意不宜用于测定含量超过 30% 的组分，其准确度难以达到要求。该设备配置中阶梯光栅二维分光系统，可实现光学分辨率不大于 7pm@200nm，同时配置百万像素防溢出的科研级背照式面阵 CCD 探测器，使得设备分析性能指标为：检出限 $1\mu g/L$，测试稳定性一般小于 1.0%@2h，精密度相对标准偏差（RSD）不大于 1.0%。

2.2　实验器材

待测样品、分析纯试剂、去离子水、电加热板或微波消解仪、待测元素的标准溶液、定容瓶、移液枪。

3 实验原理

3.1 原子光谱的产生

原子由原子核和核外电子组成，如图 1.2 所示。核外电子的排布按照每层上的电子数不超过 $2n^2$（n 为电子层数）的规则进行排布，每一个电子轨道都有一个与之对应的能量水平。正常情况下，离原子核越近，电子的能量越低，离原子核越远，电子的能量越高。当一个电子在离原子核最接近的轨道和能量最低的轨道中时，原子处于稳定状态，此时它的能量最低，这种状态称为基态。当原子受到能量（如热能、电能等）作用时，原子由于与高速运动的气态粒子和电子相互碰撞而获得能量，使原子中外层电子从基态跃迁到更高的能级上，处在这种状态的原子称激发态。电子从基态跃迁至激发态所需的能量称为激发电位。当外加的能量足够大时，原子中的电子会吸收能量脱离原子核的束缚，使原子电离为离子。原子失去一个电子成为离子时所需要的能量称为一级电离电位。离子中的外层电子也能被激发，其所需的能量即为相应离子的激发电位。处于激发态的原子是十分不稳定的，在极短的时间内便跃迁至基态或其他较低的能级上。

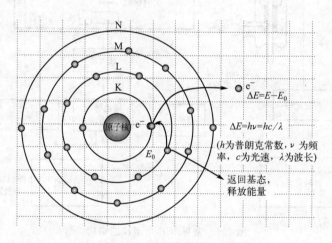

图 1.2　原子光谱的产生

原子从较高能级跃迁到基态或其他较低的能级的过程中，将释放出多余的能量，这种能量是以一定波长的电磁波辐射出去的，其辐射的能量可用式(1.1) 表示。

$$\Delta E = E - E_0 = h\nu = hc/\lambda \tag{1.1}$$

式中，E 和 E_0 分别为高能级、低能级的能量；h 为普朗克（Planck）常数；ν 及 λ 分别为所发射电磁波的频率及波长；c 为光在真空中的速度。

每一条所发射的谱线的波长，取决于跃迁前后的两个能级之差。由于原子的能级很多，原子在被激发后，其外层电子会出现不同的跃迁，但这些跃迁都遵循"光谱选律"，因此对特定元素的原子可产生一系列不同波长的特征光谱线，这些谱线按一定的顺序排列并保持一定的强度比例。光谱分析就是从识别这些元素的特征光谱来鉴别元素的存在与否，实现定性分析，而谱线的强度则与试样中该元素的含量有关，可利用谱线的强度来对元素进行定量分析。

3.2 等离子体的形成

射频电感耦合等离子体（ICP）是原子发射光谱中最常用的方法。其工作原理如图 1.3 所示，通过射频发生器提供高频能量作用于感应耦合线圈上，由于磁感应，线圈内部会产生强磁场。此时，在微电火花引燃的前提下，等离子气体（通常是高纯氩气）通过同轴排列的石英管（等离子炬管），气体就会电离，产生电子和离子而导电。导电的气体受高频电磁场作用，形成与耦合线圈同心的涡流区，强大的电流产生高热，从而形成火炬形状并可以自持的等离子体，由于高频电流的趋肤效应及内管载气的作用，使等离子体呈环状结构。当样品以气溶胶形式进入等离子体区时，样品原子被激发而发出其特征发射线，从而提供元素定性与定量的信息。由于 ICP 可以产生具有大热容量的等离子体，因此可以直接引入样品溶液，使实际分析更容易进行。此外，由于 ICP 的分析区被等离子体火焰的较高温度区所包围，因此 ICP 具有背景干扰较小和自吸收效应较小的特点而呈现出

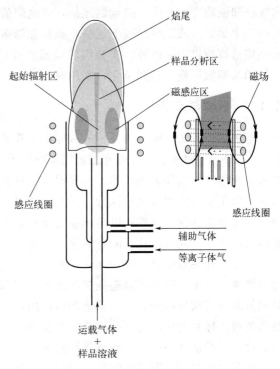

图 1.3　等离子体的形成示意

良好的成分分析性能。图中辅助气体主要用于"点燃"等离子体，此外气体也用于样品的运载与输送，以及石英炬管的冷却，避免其被高温熔化。

3.3 发射光谱分析过程

ICP 光源具有高检测能力 [$(10\sim100)\times10^{-6}$]、元素间干扰小、分析含量范围宽、高精度和重现性等特点，在多元素分析上表现出极大的优越性，广泛应用于液体试样（包括经化学处理能转变成溶液的固体试样）中金属元素和部分非金属元素的定性和定量分析。ICP 光谱仪的结构如图 1.1 所示，样品由载气（高纯氩气）带入雾化系统进行雾化后，以气溶胶形式进入等离子体的轴向通道，在高温和惰性气氛中被充分蒸发、原子化、电离和激发，发射出所含元素的特征谱线。ICP 通过捕捉特征谱线用于定性和定量分析。根据特征谱线的存在与否，鉴别样品中是否含有某种元素实现成分的定性分析，根据特征谱线的响应强度确定样品中相应元素的含量实现成分的定量分析。

4 实验内容

4.1 实验准备

4.1.1 试剂与器皿

实验开始之前，可根据 JY/T 0567—2020《电感耦合等离子体发射光谱分析方法通则》

开展试剂与材料的准备工作。其中氩气要符合 GB/T 4842—2017《氩》的规定，即氩的体积分数不小于 99.99％；实验室用水应符合 GB/T 6682—2008《分析实验室用水规格和试验方法》中二级水规格；而进行痕量元素分析时，应符合 GB/T 6682—2008《分析实验室用水规格和试验方法》中一级水的规格，即电阻值应达到 18MΩ。常用的盐酸和硝酸等消解试剂应为中优级酸或优级纯以上规格，或经亚沸蒸馏制备。分析过程中所用的其他试剂要求分析纯或分析纯以上。此外，实验用玻璃器皿要提前用 30％硝酸溶液浸泡 24h 后加热玻璃器皿使硝酸溶液回流，达到净化，临用时用去离子水冲洗干净，避免污染，降低试剂空白值。

4.1.2 取样与溶解

电感耦合等离子体光谱分析的取样根据样品类别，需要选择对应的国家标准，如 GB/T 20066—2006《钢和铁化学成分测定用试样的取样和制样方法》以及 GB/T 5678—2013《铸造合金光谱分析取样方法》等。一般要求试样具有代表性，同时需对取样时机、部位、样品数量、大小及清洁度按规定执行。针对钢铁材料，一般用砂轮或砂带加工，而铝合金、铜合金、锌合金、镁合金试样则以车床或铣床用硬质合金刀具加工。加工好的光谱分析试样的工作面要求平整、光滑，且不能有氧化夹杂等。

本实验样品取样量一般为 0.05～0.5g，样品元素含量较高时减少取样量，元素含量较低时增大取样量，这样可以避免样品配置过程因浓度原因需要多次稀释而产生误差。每个样品最好取样三次进行测试后，求平均值，用以确定样品的成分含量。取样完成后即可进入样品前处理。样品前处理占整个实验时间的 60％以上，是最大的误差来源，关系到分析结果可靠性。样品前处理的基本要求是待测元素完全进入溶液，消解过程待测元素不损失，且不引入或尽可能少引入影响测定结果的成分，同时要求试剂具有较高的纯度、易于获得，操作简便快速，节省经费等。

针对不同实验室及样品情况，样品的前处理方法主要有稀释法、湿法消解法、干式灰化法、压力消解罐法、高压微波消解法和熔融法，简要介绍如下。

(1) 稀释法是用纯水、稀酸、有机溶剂直接稀释样品，适用于电镀液、排放水、润滑油等。

(2) 湿法消解法是将样品和酸混合于烧杯或三角烧瓶中，并放置在电热板或电炉上加热至完成消解。它是使用频率最高的消解方法，适用于多种样品。

使用湿法消解时，需要根据待测元素的性质选择不同的无机酸，常见无机酸的种类及物理特性见表 1.1。盐酸是应用最多的酸，能溶解氧化还原电位比氢更负的金属，如 Fe、Be、Mg、Ca、Sr、Ba、Al、Ga、In、Zn、Sn、稀土等，及大多数金属氧化物、碳酸盐类矿物和有色金属硫化矿等。盐酸因是弱还原剂，不用于分解样品中的有机物质，同时要注意易挥发金属氯化物（As、Sb、Sn、Se、Te、Ge、Hg）的潜在挥发损失。硝酸是一种强酸，同时也是一种强氧化剂，能氧化分解大多数有机物，多数用盐酸溶解的金属也能用硝酸溶解，一些氧化还原电位比氢正的元素能用硝酸溶解，如 Ag、Cu、Pb、Co、Ni、Sb、Hg、Mn、Bi、Se、Te、V 等金属，大多数金属氧化物、合金、有色金属氧化矿等。由于硝酸特别是浓硝酸是一种强氧化剂，因此要注意钝化问题，不能用于如铝、锡等金属的溶解。氢氟酸由于氟离子是许多元素的络合剂，因此不能用盐酸和硝酸溶解的难溶金属可用氢氟酸溶解，如 Ti、Zr、Hf、Nb、Ta、V、Si、B 等金属及其氧化物，硅酸盐矿等。氢氟酸是唯一能分解以硅为基质的样品的无机酸，因而不能用玻璃器皿，常用聚四氟乙烯（PTFE）为材料的烧杯和坩埚等器皿。高氯酸是已知的最强的无机酸，热的和浓的高氯酸是强氧化剂，能溶解不锈钢、镍铬合金稀土矿物独居石和菱镁矿等，与硝酸混合使用能消解单独用硝酸不能完全消解的有机试样。但需注意热的高氯酸与有机物发生剧烈反应会爆炸。硫酸和磷酸常用于分解难溶矿物，如铬铁矿、稀土矿等。硫酸和磷酸的杂质含量一般比盐酸和硝酸高，沸点也比较高，不容易蒸发除掉。由于磷酸根、硫酸根对很多元素的测定有干扰，且这类酸的黏度较高，不利于雾化，对 ICP 也不利，除特殊情况外很少应用。

表 1.1　常见无机酸及其物理特性

酸	分子式	含量/%	浓度/(mol/L)	相对密度	沸点/℃	备注
盐酸	HCl	36	12	1.18	110	20.4% HCl 恒沸物
硝酸	HNO_3	68	16	1.42	84 122	HNO_3 68% 恒沸物
氢氟酸	HF	48	29	1.16	112	38.3% 恒沸物
高氯酸	$HClO_4$	70	12	1.67	203	72.4% $HClO_4$ 恒沸物
硫酸	H_2SO_4	98	18	1.84	338	98.3% H_2SO_4
磷酸	H_3PO_4	85	15	1.70	213	分解成 H_3PO_4

在样品消解时，也可采用混合无机酸的方法。最常用的王水是三份盐酸与一份浓硝酸的混合物，硝酸将氯离子氧化为氯，氯是一种强氧化剂，新生的原子态氯的氧化能力更强。氧化过程的中间产物 NOCl 具有催化作用，氯离子是很多金属离子的络合剂。王水具有很强的分解能力，能用盐酸和硝酸溶解的金属、矿物几乎都可以用王水溶解。Au、Pt、Pd、Os、Rh、Cr、Mo 等不溶于单一酸的金属也可用以王水溶解。样品消解完成后，一般需进行赶酸处理，确保待测溶液的酸度与标准溶液的近似。赶酸完成后需将样品转移至容量瓶，并用实验用水稀释至刻度线备用。

（3）干式灰化法是将样品置于瓷坩埚中加热，使得有机物脱水、炭化、分解、氧化，再移入马弗炉中进行 $500\sim550℃$ 的灼烧灰化，残灰应为白色或浅灰色。放冷后加入少量混合酸，小火加热至残渣中无炭粒。该方法的破坏彻底，操作简便，使用试剂少，空白值低，适用于有机物质（食品、塑料、有机物粉末等）中的难挥发元素。但破坏时间长、温度高，尤其对 Hg、As、Se、Te、Sb 等低沸点元素易造成挥发损失，对有些元素的测定必要时可加入助灰化剂。

（4）压力消解罐法是将样品和酸混合于密封容器中后放入烘箱中加热，加热温度一般为 $120\sim180℃$。常用的密封容器是由一个 PTFE 杯和盖，以及与之紧密配合的不锈钢外套组成。外面的套有一个螺旋顶或螺旋盖，当拧紧后使 PTFE 杯和盖密闭配合，形成高压气密封。使用这种消解罐时必须小心，因为混合反应物蒸发产生的压力为 $7\sim12MPa$。样品和试剂的容量绝对不能超过内衬容量的 $10\%\sim20\%$，过多的溶液产生的压力会超过容器的安全额定压力，有机物质绝对不能和强氧化剂在消解罐内混合。分解温度必须严格控制，切勿超温。分解完成后必须将消解罐彻底冷却后才能打开，打开时应放在合适的通风橱内小心操作。该方法适合测量样品数量较大且具有挥发性的元素，如 As、B、Cr、Hg、Sb、Se、Sn 等。

（5）高压微波消解法是在微波的辐射下，能量透过特定容器（PFA 或 TFM 材料）使消解介质迅速加热，同时能量还能被样品分子所吸收，增加其动能，进而产生内部加热。这种作用使固体物质的表层经过膨胀、扰动而破裂，从而使暴露的新表层再被酸浸蚀。该效应产生的溶解效率远高于只靠酸加热的方法，其消解速率比一般电热板方法快 10～100 倍。由于微波加热的同时采用高压密封罐，对于难溶样品和易挥发元素的溶解效果尤其明显，且实验过程中无酸雾，对环境和人体友好。同时，因消解过程中使用的试剂较少，减小了样品的空白值和背景，且同批次处理样品的平行性和重复性好，避免了人为误差。目前，该方法用途广泛，尤其适用于有机物质和某些易挥发元素。

（6）熔融法是将粉末状的酸性盐类或碱性试剂，与粉末状的样品在坩埚内均匀混合，然后放置在高温炉中，使之呈熔融态时发生分解，使待测组分转化为可溶性的或易于分解的化合物的方法，其适合不溶于酸的碱性样品。常用试剂有焦硫酸钾（酸性盐类试剂），主要用于分解 Fe、Al、Zr、Nb、Ta 等氧化物及中性或碱性耐火材料样品；碳酸钠和碳酸钾（碱性试剂），主要用于分解硅酸盐和重晶石（$BaSO_4$）等；过氧化钠（强氧化性、强腐蚀性的碱性试剂），主要用于分解铬铁、硅铁、绿柱石、锡石、独居石、铬铁矿、黑钨矿、辉钼矿和硅砖等；氢氧化钠或氢氧化钾（常用的低熔点碱性试剂），主要用于分解铝土矿和硅酸盐等。

4.1.3 分析方法

ICP 发射光谱仪采集试样在仪器波长范围内的光谱图，可用于元素的定性分析、半定量分析和定量分析。定性分析用于确认试样中是否存在某个元素，需要在试样光谱中找出三条或三条以上该元素的灵敏线，并且分析谱线之间的强度关系是合理的。只要某元素的最灵敏线不存在，就可以肯定试样中无该元素。半定量法的基础是校准曲线法，使用单点标曲算出试样中被测元素的浓度或含量。由于此方法使用单点标曲，测量精度较差，仅能提供参考数据，不能准确定量。定量分析包括校准曲线法、内标法、基体匹配法和标准加入法，其中基体匹配法与校准曲线法的测试过程相似，其他几种分析方法的特点如表 1.2 所示。校准曲线法主要用于试样基体影响小的情况，操作简单容易上手，而标准加入法和内标法则主要用存在基体干扰的情况，其操作过程相对复杂一些。

表 1.2　ICP 常用光谱分析方法

类别	特点	备注
校准曲线法	适用于样品组成简单的测定方法，或共存元素无干扰的情况，可用于同类大批量样品的分析	为保证测定准确度，应尽量使标准溶液的组成与待测试液的基体组成相一致，以减少因基体组成的差异而产生的测定差异
标准加入法	当试样基体影响较大，又没有基体空白，或测定纯物质中极微量的元素时，可以采用标准加入法	标准加入法能消除基体干扰，不能消除背景干扰。使用时，注意要扣除背景干扰
内标法	此法优点是不受测定条件（气体流量、进样量、样品雾化率、溶液黏度以及表面张力等）变化的影响，适于一般物理干扰矫正	内标元素选择原则： （1）内标元素应与待测元素化学性质相近。 （2）光谱谱线最好也要相近，且不存在于试样中

校准曲线法的建立过程如下：配置 5 个或以上浓度的系列标准溶液，在仪器最佳条件按浓度从低到高依次测定，每个校准浓度至少积分或测定 3 次取平均值，然后绘制校准曲线，如图 1.4 所示，计算回归方程，扣除背景或以干扰系数法修正干扰。试样溶液中待测元素浓度由式(1.2) 计算得出

$$C_{检} = (I_{检} - b)/a$$

(1.2)

式中，$C_检$ 为试样溶液中待测元素浓度；$I_检$ 为试样溶液中待测元素响应信号；a 和 b 为回归方程参数。

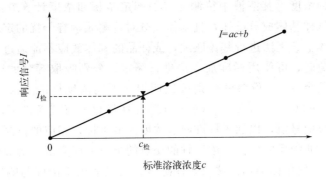

图 1.4　校准曲线法校准曲线

此方法只适用于无基体干扰或干扰可以忽略的情况下的测定，因此在使用校准曲线法时要注意尽量消除试样溶液中的干扰，保持标准溶液与试样溶液基体的一致，且当试样中待测元素浓度高于校准曲线范围时，应将试样稀释至校准曲线范围内重新测定。当基体干扰较大时，应采用内标法、基体匹配法或标准加入法。

内标法测试时需在校准曲线法的基础上，向系列标准溶液中加入一定质量浓度的内标元素进行测试，测试结果以标准溶液浓度为横坐标，以标准溶液中待测元素归一化响应信号为纵坐标，绘制内标法校准曲线，如图 1.5 所示，计算回归方程，扣除背景或以干扰系数法修正干扰。各溶液归一化响应信号 $I_归$ 由式(1.3) 计算得出

$$I_归＝I(I_R/I_{R空白}) \tag{1.3}$$

式中，I 为溶液中待测元素响应信号；$I_{R空白}$ 为标准空白溶液中内标元素响应信号；I_R 为溶液中内标元素响应信号。

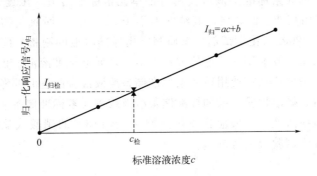

图 1.5　内标法校准曲线

试样溶液中待测元素浓度由式(1.4) 计算得出。

$$C_检＝(I_{归检}－b)/a \tag{1.4}$$

式中，$C_检$ 为试样溶液中待测元素浓度；$I_{归检}$ 为试样溶液中待测元素归一化响应信号；a 和 b 为回归方程参数。

在使用内标法时注意试样溶液中应不含内标元素或内标元素含量很低以至于可忽略，且各标准溶液与试样溶液中内标元素的含量应保持一致。此外，内标标准溶液可直接加入标准

溶液和试样溶液中，也可在标准溶液和试样溶液雾化之前通过蠕动泵在线自动加入。

基体匹配法是配置 5 个或以上的含试样相同基体的系列标准溶液，按照标准曲线法测定出试样中待测元素的浓度。其溶液中待测元素的测定步骤和浓度计算方法与校准曲线法相同。该方法适用于试样基体成分已知，且基体成分对待测元素有干扰的定量分析。

当缺少样品基体信息无法进行基体匹配，或样品的基体效应不能通过进一步稀释、内标法或基质分离来避免时，可使用标准加入法进行测定。分别吸取等量的试样溶液 n 份，一份不加标准溶液，其余 $n-1$ 份溶液分别按比例加入不同浓度标准溶液，溶液浓度分别为 $C_{检}$，$C_{检}+C_0$，$C_{检}+2C_0$，…，$C_{检}+(n-1)C_0$，在优化的仪器条件下，依次测定这 n 份溶液待测元素的响应信号值，以加入标准溶液浓度为横坐标，相应的待测元素响应信号为纵坐标绘制校准曲线，曲线反向延伸与浓度轴的交点的绝对值即为试样溶液中待测元素的浓度 $C_{检}$，如图 1.6 所示。使用标准加入法时，注意该方法只适用于浓度与响应信号成线性区域的情况，同时至少要采用 5 点（包括试样溶液本身）来绘制外推关系曲线，且首次加入标准溶液浓度值应与试样溶液浓度值大致相同，即 $C_{检}\approx C_0$。

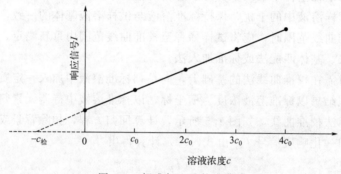

图 1.6　标准加入法校准曲线

针对以上测试方法中使用的标准溶液，目前有单元素标准储备溶液、多元素标准储备溶液和系列标准溶液。单元素标准溶液可使用有证单元素标准溶液，浓度通常为 $1000\mu g/mL$ 和 $100\mu g/mL$，也可用高纯度的金属，其纯度不小于 99.99%，而氧化物或盐类的基准或高纯试剂按 GB/T 602—2002《化学试剂　杂质测定用标准溶液的制备》配置。多元素标准储备溶液可使用有证（具备校准用的认定值或标准值）多元素标准溶液，也可通过单元素标准储备溶液混合配置。需要注意在使用单元素标准储备溶液混合配置时要考虑溶液中阴离子的影响，避免生成难溶、微溶物质。系列标准储备溶液或多元素标准储备溶液稀释成不同浓度的体系标准溶液，最终溶液中一般应含体积分数为 1%～3% 的硝酸或盐酸。此外，所有定容样品均需摇匀后放于试验架上待测。

4.2　实验过程

该实验过程以 ICP 5000 型电感耦合等离子体光谱为例，主要分为设备开机预热、建立分析方法、建立校准曲线、样品测试与数据分析五个步骤。设备开机预热包括打开稳压电源，开启仪器电源，打开软件，打开氩气（压力调节至 0.60～0.70MPa），排风及抽气。随后通过菜单"常用"→"仪器"→"点火"进入仪器参数设置栏设置光室吹扫气流量。如果设备长时间未用需用大量吹扫，对仪器进行约 30min 的氩气冲洗；如果使用频率较高，使用少量吹扫即可。同时，关注仪器状态栏中各子系统的状态，包括气路、水路、排风、射频、仪器通信、等离子体等信息，特别是光室温度需控制在 $(36\pm0.2)℃$ 时为正常，若光室温度超出此范围将影响测量结果。

设备正常运行后，进行实验分析方法的建立。首先选择元素和分析谱线，通常每个元素都拥有许多谱线，一般情况下采用最灵敏线进行测定，当待测元素的浓度较大时，也可选择次灵敏线。选择要测量的元素，在同时分析多个元素时，需要注意测试元素相互之间是否存在干扰谱线，如果存在干扰谱线，在选择灵敏线时需要进行避开。分析方法的建立过程可设置方法名称、创建信息、样品前处理方法及配比方法等基本信息，进行样品冲洗时间、观测方式、等离子体设置、泵速、样品分析时间、校准模型等参数设置，标样配置的浓度梯度以及数据处理方法等的编辑与保存。在完成光室吹扫后，打开循环冷却水，设置进样系统的蠕动泵泵速 50r/min，雾化流量 0.6L/min，并用 2% 的稀硝酸清洗 5～10min，当 TEC 温度达到 −45℃后，开启等离子体。此时，从设备外部的观察区可观察到绿色的等离子体火焰。

建立校准曲线之前需要确定一系列标准溶液的浓度，一般至少需要 5 个点的浓度，且待测样品的浓度必须在标准溶液浓度的范围之内。一般通过预估样品含量，将其转换为百分含量，随后换算成浓度，再根据试样的大概浓度去设置标准溶液浓度进行配置，配置完成后进行校准曲线的绘制。试样的测试结果需要用校准曲线进行修正与计算得出，得出的数据为浓度值，需将浓度换算成百分含量或者百万分率。

建立校准曲线需要在等离子体点燃并稳定 15～30min 后进行，避免测试过程中出现等离子体火焰不稳定而熄灭。选中需要的分析方法并对其进行激活，即可开始测试。首先在"曲线 & 校准"中完成对不同浓度梯度的标样的测试。随后双击选中的方法，在弹出的曲线编辑对话框中选择"元素信息"→"拟合曲线"，选中一条谱线，即可看到对应谱线的校准曲线，如图 1.7 所示。好的校准曲线要求拟合曲线的相关系数在 0.9999 及以上，各测试点

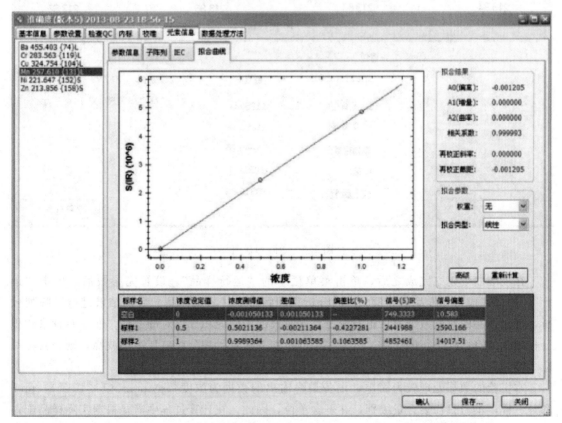

图 1.7　对应谱线的分析曲线情况

的数据均落在拟合曲线上或者非常靠近拟合曲线。同时，也可对分析样品（例如标样 2）的结果进行双击，弹出如图 1.8 所示的子阵列视图。在子阵列视图界面下，通过拖拽图中绿色小框，对积分区域及左右背景的设置信息进行更改，校准曲线也会随之改变。子阵列调整要求中间的积分柱必须对准波峰的位置，左右背景则以标样中与空白样平行的位置为落脚点。子阵列调整后需单击"更新方法"，否则将不对更改进行保存。

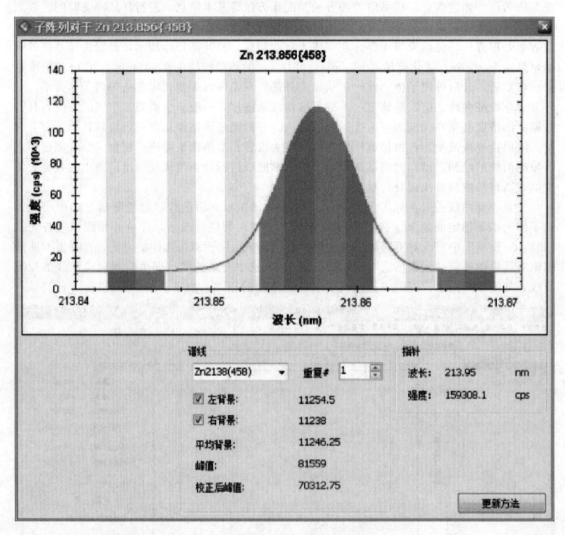

图 1.8　子阵列视图

　　在校准曲线建立完成之后，单击菜单栏中的"运行样品"，设置完参数后，单击"运行"，即可完成未知样品的分析。样品分析完成后需要对测试样品的数据结果进行子阵列分析，确保样品的测试数据服从正态分布，同时确保中间的积分柱对准波峰，而左右背景的积分柱处于与空白样平行的区域。需要注意的是如果在背景积分区出现了小波峰，则需要将对应小波峰一边的积分背景去掉，否则会影响数据的准确性。

　　本实验的数据处理较为简单，设备最终输出的数据为浓度数据 ppm（1×10^{-6}）。ppm和%一样，本身只代表含量级别，并不含单位，因此，在计算过程中需要根据实际样品配置过程中的单位对其进行分析，一般液体多用 mg/L，固体多用 mg/kg。

当所有的分析工作结束后，先用浓度为 2‰ 的稀硝酸清洗进样系统至少 3min（推荐雾化气 0.5L/min，蠕动泵 50r/min），再用蒸馏水清洗 3min。随后熄灭等离子，等待熄火流程结束约 30s 后，将进液管置于空气中，排尽管道内的液体，然后松开作用于蠕动泵管上的塑料夹，松开进样管和废液管。最后关闭循环冷却水，观察"仪器状态"界面下"TEC 温度"，当 TEC 温度达到 10℃ 或更高温度时，才可关闭氩气，然后依次关闭软件、仪器、电源。

5　结果分析与讨论

此处以铝合金中 Mg 元素含量的测试为例，进行实验过程与数据的分析。已知铝合金样品的 Mg 的质量分数约为 0.2%，称取样品质量 0.1g 进行消解与赶酸处理，处理后将样品用去离子水定容至 100mL。则 Mg 元素的浓度为

$$0.2‰ \times 0.1 \div 100 \times 10^6 = 2(mg/L)$$

式中，10^6 用于单位换算，将 g/mL 换算成 mg/L。

已知待测元素的大致浓度后，配置一系列标准溶液，一般至少 5 个浓度梯度，且让 2mg/L 落在标准液浓度的区间之内，例如 1mg/L、2mg/L、4mg/L、8mg/L 等，通常以倍数增长，但如果中间间隔较大，需要适当增加浓度点。

如果最后设备测出来的样品中的 Mg 元素浓度为 2.5mg/L，此时可倒推得出质量分数为

$$2.5mg/L \div 10^6 \times 100mL \div 0.1g \times 100 = 0.25\%$$

需要注意的是，通常所说的 0.2%，其实就是 0.2÷100（即 0.2%），所以上式的末尾需要乘以 100。

以上为已知样品中待测元素的大致含量，如果不知道样品含量的大致范围，此时就需要先对其做一个试探性标准溶液，对其大致浓度范围进行初步确定，或者通过仪器检测出的试样发射强度来初步确定。样品的浓度范围在校准曲线外时有两种情况，高于浓度范围时，可对样品进行稀释，最终浓度是计算出来浓度值乘以稀释倍数，而低于浓度范围时则需重做校准曲线后进行测试。

6　实验总结

由于电感耦合等离子光谱仪多针对常量和微量元素的检测，其取样量需根据元素含量进行确定，不可统一采用一个取样值。样品消解后的转移需要对装样的容器进行多次的去离子水清洗，以确保样品全部转移至定容瓶。同时，标准样品定容过程中使用移液枪要规范，否则会使标准样品在配置过程中出现较大的误差，影响校准曲线的建立。使用前需先开排风和氩气（调节压力至 0.6～0.7MPa），建议氩气开启至少 20min 然后再开启冷却循环水，半导体制冷器温度需降至 −45℃，且各仪器状态指示灯均为绿色。等离子体点火后需至少稳定 15min 再开始测试样品，测试过程中进样针要插入溶液液面以下，更换样品时，避免将进样针长时间置于空气中。

电感耦合等离子体光谱仪采用高纯氩气作为分析气源，需注意用气安全。在电感耦合等离子体光谱仪等离子体点燃时，炬室内部会产生高频电磁场，形成高温、强磁场、强紫外辐

射的内部环境，所以在分析过程中，不允许打开炬室门，不能关闭冷却循环水，不能关闭氩气，不能关闭废气开关，否则可能会损坏仪器或伤害人体。同时，电感耦合等离子体光谱仪分析的是经过消解的液体样品，样品中通常为酸性或者碱性，部分样品具有毒性，在分析过程中务必小心操作，禁止将样品滴洒在仪器上，否则可能会造成仪器腐蚀。分析含 HF 样品和高盐样品时，必须选用对应的进样系统，否则容易造成仪器损伤。还需定期检查石英矩管和气旋流雾室，如有污染，需进行硝酸浸泡清洗。此外，实验过程中产生的废液应集中收集并清除，做好标记贴上标签，按规定交由有资质的处置单位进行统一处理。

实验2
材料成分的荧光光谱分析

1 概述

人们通常把 X 射线照射在物质上而产生的次级 X 射线叫 X 射线荧光（X-ray fluorescence），而把用来照射的 X 射线叫初级 X 射线。所以 X 射线荧光仍是 X 射线。X 射线是电磁波谱中的某特定波长范围内的电磁波，其特性通常用能量（keV）和波长（nm）来描述。

X 射线荧光（X-ray fluorescence spectrometer，XRF）光谱仪分析是利用初级 X 射线光子或其他微观离子激发待测物质中的原子，使之产生荧光（次级 X 射线）而进行物质成分分析和化学动态研究的方法。它可以在不破坏物质形态的前提下，同时快速测量多种元素的种类和含量。按激发、色散和探测方法的不同，分为 X 射线光谱法（波长色散）和 X 射线能谱法（能量色散）。该分析方法的灵敏度高、谱线简单、分析速度快、测量元素多、可针对样品整个表面或表面某一部分或特定点处的元素进行分析，分析元素范围为 6C～95Am，分析含量范围为 0.01%～100%。与成本高昂并需要技能熟练的操作员操作的湿式化学方法和其他分析技术（如 AAS 和 ICP）相比，XRF 分析在保证精度的同时，时间极大缩短，且总体运行成本下降很多，基本不需要操作员干预和多次标准样品制备。该技术已成熟应用于固体样品、粉末样品、液体样品、滤膜样品等各元素定性、定量分析及无标样定量分析，在矿物冶金、建筑材料、环境科学、油品检测、水质监测、生物制品和医学分析等方面有广泛的应用。

本实验的目的是：①在了解 X 射线荧光光谱分析的原理与方法的基础上，熟悉能量色散 X 射线荧光光谱仪的基本结构，以及各组成部件在测试过程中所发挥的作用。②学会 X 射线荧光光谱分析的样品制备方法和注意事项，并掌握标准曲线的建立方法和常规无标测试方法，以及设备的各种校准（能量校准、真空校准、漂移校准）与背景制作。

2 实验设备与材料

2.1 实验设备

X 射线荧光光谱仪主要有两种基本类型，即波长色散型（WD-XRF，简称波谱）和能量色散型（ED-XRF，简称能谱）。两者产生信号的方法相同，最后得到的波谱也极为相似，但由于采集数据的方式不同，WD-XRF 与 ED-XRF 在原理和仪器结构上有所不同，功能也有差异。WD-XRF 是用分光晶体将荧光光束色散后，测定各种元素的特征 X 射线波长和强度，从而测定各种元素的含量。而 ED-XRF 是借助高分辨率敏感半导体检查仪器与多道分析器将未色散的 X 射线荧光按光子能量分离 X 射线光谱线，根据各元素能量的高低来测定各元素的量，由于原理的不同，故仪器结构也不同。较之 WD-XRF，ED-XRF 的结构相对简单，不使用分光晶体，省略了晶体的精密运动装置，也无须精确调整，同时，避免了晶体衍射所照成的强度损失，光源使用的 X 射线管功率低，一般在 100W 以下，不需要昂贵的高压发生器和冷却系统，空气冷却即可。

本实验采用能量色散型 X 射线荧光光谱仪，如图 2.1 所示，能量色散型 X 射线荧光光谱仪 ED-XRF 主要由激发源（X 射线管）、样品室和探测系统构成。X 射线管产生入射射线（一次射线），用于激发被测样品。样品中的元素受激发会放射出具有特定的能量特性的二次 X 射线。探测系统通过对这些放射出来的二次 X 射线能量的测量与统计，将其转换成样品中各元素的种类和含量。每种元素的特征射线的强度除与激发源的能量和强度有关外，还与这种元素在样品中的含量有关。因此，根据各元素的特征 X 射线强度，可以获得各元素在样品中的含量信息。该类设备的光源、样品和探测器彼此靠得越近，X 射线的利用率越高，不需要光学聚集，在累计整个光谱时，对样品位置变化不像 WD-XRF 那样敏感，对样品形状也无特殊要求。ED-XRF 测试中，样品发出的全部特征 X 射线光子同时进入检测器，为多道分析器和荧光同时累计实现全部能谱（包括背景）奠定基础，还能清楚地表明背景和干扰线。同时，ED-XRF 是测量整个分析线脉冲高度分布的积分程度，而不是峰顶强度。因此，减小了化学状态引起的分析线波长的漂移影响。由于同时累积还减少了一起的漂移影响，提高净计数的统计精度，可迅速而方便地用各种方法处理光谱。同时累积观察和测量所有元素，而不是按特定谱线分析特定元素，减少了偶然错误判断某元素的可能性。

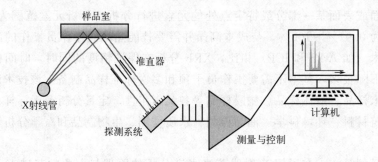

图 2.1　能量色散型 X 射线荧光光谱仪 ED-XRF 结构

Bruker S2 PUMA 能量色散型 X 射线荧光光谱仪可用于固体（真空模式）、粉末（氦气模式）和液体（氦气模式）等各种类型样品的定性与定量分析。该设备配置的 HighSense 硅漂移探测器（SDD），典型分辨率可达 135eV@ MnKa 300kcps，线性范围高达 1600kcps 以上，元素测定范围为 11Na～95Am，含量范围为 0.01%～100%。同时，设备自带的无标分析软件和数据库分析软件可实现对未知样品的半定量分析。

2.2　实验器材

待测样品若为固体需使用样品环，当样品较小时需要使用样品环衬垫，衬垫内径有 8mm、18mm 和 23mm 三种；若为液体需要使用样品杯和麦拉膜；若为粉末需要使用玛瑙研钵、硼酸黏合剂、脱模剂、熔剂、氧化剂、样品杯和压片装置等。当样品为液体和粉末时候需配充足的高纯氦气，标准情况下氦气消耗量约为 0.5L/min。当需要进行微区分析时，根据微区的大小可选择 1mm、3mm 或 8mm 的准直器。该设备配置的样品托盘可混装各种样品，一次性最多可装 20 个样品。

3 实验原理

3.1 电子跃迁的"选择定则"

荧光光谱的产生归因于 X 射线能级之间各种路径的电子跃迁，使得外层电子壳中的电子充满内层电子壳层中的电子空位。通常，在电子的实际跃迁中并不允许选择所有可能的跃迁路径，而是遵循"选择定则"，即要求两能级的轨道角动量量子数之差满足 $\Delta l = \pm 1$。特征 X 射线发射的选择定则具体为：主量子数（n）满足 $\Delta n \neq 0$。相同壳层中不同能量水平之间的电子跃迁都是禁止的，例如 $2s_{1/2} \leftrightarrow 2p_{1/2,3/2}$、$3p_{1/2,3/2} \leftrightarrow 3d_{3/2,5/2}$；角量子数（$l$）满足 $\Delta l = \pm 1$，即电子跃迁过程中的角量子数变化值必须为 -1 和 $+1$，例如 $1s_{1/2} \leftrightarrow 3p_{1/2,3/2}$，$2p_{3/2} \leftrightarrow 4d_{3/2,5/2}$；总量子数（$j$）满足 $\Delta j = \pm 1$，0。电子跃迁过程中的总量子数变化值必须为 -1 和 0，或者 $+1$，例如 $2p_{3/2} \leftrightarrow 3d_{3/2,5/2}$，$3d_{5/2} \leftrightarrow 4f_{5/2,7/2}$。"选择定则"限制了对应于某个电子跃迁的开始和结束状态的能级的量子数。例如，当一个电子空穴在 1s 轨道上时，导致 X 射线能级为 $1s_{1/2}$（标记为 K），然后它将被外层轨道中的任一电子填充。从 L 壳层中的 2s 轨道跃迁，即 $2s_{1/2}$ 电子（L_1）是严格禁止的，因为量子数之差变成 0，不符合选择规则的 $\Delta l = \pm 1$；从 L 层的 2p 轨道跃迁，标记为 $2p_{1/2}$（L_2）或 $2p_{3/2}$（L_3），则是允许的。从相关《原子物理学》中也很难找到对"选择定则"的定性解释，简而言之，它由涉及电子跃迁的电子轨道的对称性决定。电子不能直接在具有相同电子奇偶性的轨道之间移动。

对于 X 射线荧光光谱而言，入射 X 射线的能量大于内层中电子的结合能是最重要的。这可以使目标电子轨道中的一个电子电离，然后任一外壳中的另一个电子占据电子空穴，从而产生与跃迁路径及其能量差相对应的特征 X 射线。如图 2.2 所示，最重要的是最内层 K

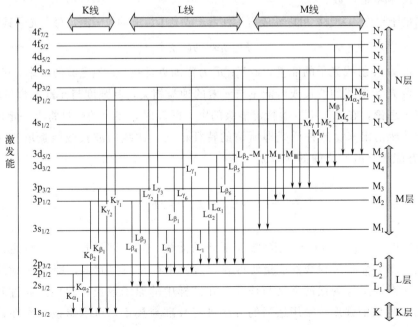

图 2.2 电子跃迁引起特征 X 射线辐射的路径

壳层中的电子逃逸后留下空位被外层电子壳层中的电子填充而产生的特征 X 射线，一般称为 K 线。根据"选择定则"，K 壳层中 1s 轨道的电子空穴可能被 L 层中 2p 轨道的 $2p_{1/2}$（L_2）和 $2p_{3/2}$（L_3）两个能级的电子占据，即为 K_{α_1} 和 K_{α_2} 线。类似的电子跃迁也可能来自 M 壳层的 3p 轨道，它们的特征 X 射线为 K_{β_1} 和 K_{β_2} 线。如果 L 壳层中的 2s 轨道电子被电离，来自外部 M 层和 N 层中 p 轨道的电子将填充电子空穴。由电子空位在 L 层轨道中所产生的特征 X 射线统称为 L 线。由于 L 壳层也有一个 2p 轨道，因此也有与该轨道相关的跃迁路径。但需注意，即使这些跃迁路径在理论上是可能的，但如果轨道中没有电子，则无法观察到相应的 X 射线。因此，K_{α_1} 和 K_{α_2} 线主要在较轻的元素中观察到。同时，由于重元素在原子核中有大量质子，K 壳层电子被高结合能俘获，使其电离较难。在这种情况下，需使用 L 线进行分析，而不是 K 线。

3.2　X 射线荧光光谱分析原理

一个稳定的原子结构由原子核及核外电子组成。其核外电子都以各自特有的能量在各自的固定轨道上运行，内层电子（如 K 层）在足够能量的 X 射线照射下脱离原子核的束缚，释放出来，电子的释放会导致该电子壳层出现电子空位。此时处于高能量电子壳层的电子（如 L 层、M 层等）会跃迁到该低能量电子壳层来填补电子空位。由于不同电子壳层之间存在着能量差，这些能量上的差以二次 X 射线的形式释放出来，不同的元素所释放出来的二次 X 射线具有特定的能量特性。这一个过程就是 X 射线荧光。

在此过程中，元素的原子受到高能辐射激发而引起内层电子的跃迁，同时发射出具有一定特殊性波长的 X 射线，根据莫斯莱定律，荧光 X 射线的波长 λ 与元素的原子序数 Z 有关，如式（2.1）所示

$$\lambda = K(Z-s)-2 \tag{2.1}$$

式中，K 和 s 是常数。

而根据量子理论，X 射线可以看成由一种量子或光子组成的粒子流，每个光子具有的能量为

$$E = h\nu = hC/\lambda \tag{2.2}$$

式中，E 为 X 射线光子的能量，keV；h 为普朗克常数；ν 为光波的频率；C 为光速。

因此，荧光 X 射线的波长或者能量与元素的种类相关，其强度与元素的含量相关。

根据玻尔理论，在原子中发生特定能级的电子跃迁时，多余的能量将以一定波长或能量的谱线的方式辐射出来。这种谱线即所谓的特征谱线。谱线的波长或能量取决于电子始态（n_1）和终态能级（n_2）之间的能量差，即

$$\frac{h}{\lambda n_1 - n_2} = E_{n_1} - E_{n_2} = \Delta E_{n_1 - n_2} \tag{2.3}$$

对于特定的元素，激发后产生荧光 X 射线的能量一定，即波长一定。测定试样中各元素在被激发后产生特征 X 射线的能量便可确定试样中存在何种元素，即为 X 射线荧光光谱定性分析。元素特征 X 射线的强度与该元素在试样中的原子数量成比例。通过测量试样中某元素特征 X 射线的强度，采用适当的方法进行校准与校正，可求出该元素在试样中的百分含量，即为 X 射线荧光光谱定量分析。

4 实验内容

4.1 实验准备

4.1.1 样品制备方法

X射线荧光光谱分析结果的准确度与样品的制备有关。由样品带来的误差主要有样品组成不一致所引起的吸收-增强效应；由于样品的物理状态不一致及样品的化学组成不均匀所造成的误差；由样品中元素的化学结合状态的改变所引起分析波长的位移和形状改变带来的误差。

样品的制备方法有很多种，常用的主要有机械制备法、研磨-压片法和熔融法。

（1）机械制备法（车削、切割、磨铣、抛光）。金属试样及分布均匀的合金样品等，可用一般的机加工方法制成一定直径（一般小于33mm）的金属圆片样品，如车床车制、飞轮切割等。如表面比较粗糙，通常再进行研磨抛光。但必须注意抛光条纹会引起所谓的"屏蔽效应"，尤其对长波辐射线与磨痕垂直时，强度降低严重。为此，测量时应采取试样自转方式，消除试样取向影响。但屏蔽效应仍然存在，因此，要求试样磨痕大小一致，且和标准试样相似，以抵消影响。对于某些韧性的多相合金，要防止磨料颗粒的沾污。

（2）研磨-压片法。粉末试样通常先采用研磨法使其达到一定的粒度后，再压制成圆形样片。用研磨手段使样品细小均匀，试样粒度一般小于0.075mm，当分析元素的波长大于0.25nm时，则粒度要求为0.044～0.037mm或更细。一般情况下，物料可在圆盘振动或棒磨机中研磨。研磨时，适量加入乙醇、丙酮或乙酸乙酯等易挥发惰性液体，在玛瑙研钵，使研磨物呈浆状研磨，可提高研磨效率和均匀性。

压片法有粉末直接压片法、加入黏结剂压片法、塑料环压片法和金属环压片法等。粉末直接压片法要求试样量比较多，且具有一定的黏结性，试样可直接倒入钢模中加压成型。黏结剂压片法是将清洁模具底座置于模具盘上，放置钢环弹簧，并将内外套环放好。旋转内环使其与模具盘完全接触，并称取一定量的研磨好的样品倒入模具内环中，将粉末刮平，在外环中加入黏结剂。然后，轻轻按住搅拌器，转动内环后将内环抽出，并取掉搅拌器，在样品上部加入黏结剂至其完全覆盖样品，将外环上部盖子旋紧。最后将装有待压样品的模具放在压机上加压，保持适当时间后取出样品。常用的稀释剂或黏结剂主要有淀粉、硼酸、甲基纤维素、聚乙烯粉末、石墨和石蜡粉等，其中硼酸、甲基纤维素或低压聚乙烯粉末应用最为普遍。塑料环压片法和金属环压片法的工艺类似，就是把粉末样品直接压入环中，对样片起保护作用。

压片法是一种在X射线荧光光谱分析中应用广泛的制样方法。压片法的样品未被稀释时适合微量元素分析。压片法所需要的样品量以不少于2.5g为宜。目前在XRF分析中还有专用的电动压样机，可预选加压压力和达到预选压力后的保持时间，以克服粉末样品存在的弹性，使压片密度相近，得到重现性良好的样片。

（3）熔融法。有些样品即使磨成很小的颗粒，也不能保证均匀性良好。此时，需将待测样品熔融成玻璃体，消除矿物效应和颗粒效应对测试结果的干扰。熔融法过程主要包括样品和熔剂的预处理（样品烘干与熔剂灼烧至恒重）、称样（准确称量样品和熔剂的量）、混样（混合使样品与熔剂充分接触）、加入氧化剂和脱模剂（根据实际情况决定是否加入）、熔融

（高温熔融，并确保样品和熔剂混匀）和倒模（冷却成型）。常用熔剂一般有硼酸盐和磷酸盐。硼酸盐主要包括 $Li_2B_4O_7$（熔点 920℃）、$LiBO_2$（熔点 850℃）、$Li_2B_4O_7+LiBO_2$ 混合熔剂（如 12：22 适用于砂岩、铁矿石，67：33 为通用型混合熔剂）、$Na_2B_4O_7$（熔点 741℃）。其中，$Li_2B_4O_7$ 为弱酸性熔剂，能与碱性样品相熔，适合用于含 CaO、MgO、Na_2O 等碱性氧化物样品的熔融，如石灰石。磷酸盐主要包括偏磷酸钠和偏磷酸锂，前者用于高铬样品的熔融，后者为碱性熔剂，能与酸性样品相熔，适合用于含 SiO_2、Al_2O_3、Fe_2O_3 等酸性氧化物的样品的熔融，且一般不单独使用，与四硼酸锂混合使用。氧化剂的作用是将低价态的物质氧化为高价态的稳定物质，减少样品的挥发。例如将硫化物中的负二价硫氧化为硫酸根，减少硫在高温下的挥发。常用的氧化剂有 $NaNO_3$、NH_4NO_3 和 $LiNO_3$。脱模剂会改变熔液的浸润特性，提高熔液的流动性。同时，在熔液冷却后方便脱模。一般在能脱模的情况下，要尽量少加。常用脱模剂有 NH_4I、LiBr、KBr、NH_4Br、LiI（价格相对贵）和 KI。此外，熔融法采用坩埚熔融，模具成型，常使用铂黄坩埚和铂黄模具。也可以直接用坩埚成型样品，但不建议这么操作。因为坩埚多次熔样后可能会变形、被腐蚀，用坩埚直接成型会影响熔融玻璃片的表面质量。在高温下会腐蚀坩埚的物质主要有石墨、硫化物、金属单质 Si 等还原性物质，对这类物质的样品制备需要在熔融前对其进行充分预氧化。

熔融法实施前要先根据样品和分析要求确定熔剂与试样的比例。常用的熔融比例为 1：10，即 1 份样品和 10 份熔剂，低稀释比时为 1：3、1：5 和 1：7，高稀释比为 1：20 和 1：50。对于易熔样品，如萤石，宜采用低稀释比熔融以提高低含量成分的灵敏度。对于难熔样品，宜适当增加稀释比，但是这对超轻元素和痕量元素的测定是不利的。一般在能完全熔融的前提下，尽量减小稀释比。熔融温度多为 950~1150℃，常用 1050℃，时间控制在 8~30min，常用 10~15min。在能完全熔融的前提下，宜尽量降低温度，且低温长时间熔融的效果优于高温短时间熔融。同一样品，熔融制备 10 个玻璃片，如果测量结果的一致性较好，则说明样品已完全熔开。

针对不同样品，熔融法的处理过程基本大致相同。含有机物的样品应在熔融前于 450℃以上预氧化，使有机物分解。对于硫化物、金属、碳化物、氮化物、铁合金之类的试样，必须在熔融前对试样进行充分预氧化。试样与熔剂在高温熔融下，熔融温度随试样种类和所用熔剂而变，原则是保证试样完全分解而形成熔体，通常熔融温度为 1050~1200℃。通常浇注前，熔融体必须先加入 NH_4I 和 LiBr 等脱模剂中的一种。这些试剂与熔剂一起加入，每次仅需要加 30mg。浇注前熔融体必须不含气泡，模具要预先加热，其温度低于 1000℃，熔融物倒入模具后，将含熔融体的模具用压缩空气冷却其底部，使之逐渐冷却至室温，而后取出熔融玻璃体，以供测试。

熔融法在克服矿物效应和颗粒效应的基础上，还可以通过在纯氧化物或已有标准样品中加入添加物的方法制得新的标准样品。其制备方法是直接用与分析样品组成相似的标准样品与熔剂熔融制成玻璃体，或以纯氧化物直接配制，分析氧化物、硅酸盐和碳酸盐样品中的各个元素。直接将标准样品粉末与四硼酸锂和偏硼酸锂组成的混合熔剂熔融，并测定该混合物的空白样的背景值，进而分析并校正所获得的测试校准曲线。

4.1.2 常见问题的处理

当软件的 "Instrument→Device→XRay" 界面出现 "State Error" 时，可以通过重启安

全包，使其恢复正常。具体操作为：选择 Tool 菜单内的 XRay 下拉选项，在下拉选项中选择 Safeboard→Get Control→Reset Safeboard→Password（密码）。此操作完成后等待一会儿，仪器会提示用户重新开合 X-ray 安全门（手动样品仓/转盘式样品仓），在重新开合 X-ray 安全门后，系统提示高压钥匙拧转到 2。以上操作结束后，X-ray 重新启动，这里需要注意的是如设备配置了 x/y 机械臂自动进样系统，样品仓开关为自动进行，无须手动操作。

当电脑与仪器断开连接时，操作界面上出现"No connection to measurement server. Check the server is running. If the server is running，check network settings."，可以通过重新连接仪器通信恢复正常。具体操作为：选择 File→Connection→Connect。弹出的对话框内选择连接选项，稍事等待后即可连接上，若还是不能连接，需重启计算机后再次尝试。

4.2 实验过程

4.2.1 设备开机

首先打开稳压电源和计算机，然后打开设备后面的黑色按钮开关，待通电后将设备后面的钥匙右旋至 1 挡，即中间位置，进行设备连接，连接成功后再将钥匙右旋至 2 挡后松开，钥匙回到 1 挡位置，设备开机成功。随后打开 Measurement Server 测试服务软件，再打开 SPECTRA，ELEMENTS Advanced 测试软件。由于设备所处的房间最佳温度是 24℃，使用温度控制在 5～40℃，温度变化率小于 2℃/h，相对湿度 20%～80%，因此最好保持实验室空调长期处于恒温除湿模式，如果无法实现需配置除湿机。根据样品类型的不同，分别选择打开氦气（纯度大于 99.99%）气阀，调整减压阀出口压力约为 $1×10^5$ Pa（15psi）。

4.2.2 校准

能量校准（energy calibration）过程为：单击 LOADER，进入测试界面，单击 Reference Specimens→Energy Calibration，在下拉菜单中选择 Energy Calibration，然后放入能量校准模块（手动）/单击能量校准模块所在样品槽（自动），单击测试文件，接着单击 Load Selection 将测试文件移入测试位，单击 START 开始测试，结果显示 OK 则校准正常。

注意能量校准需要 12h 校准一次，使用不频繁的情况下，请使用之前进行校准。

能量检查（energy calibration check）过程与能量校准的操作流程一致，只是将 energy calibration 的选项改为 energy calibration check，最后将测试结果与给定值对比，确认能量是否正常。

注意能量检查一般每 5～7 天检查一次，判断状态是否正常可参考设备的用户手册内能量校准数据。

漂移校准过程为：单击 LOADER，进入测试界面，然后单击 Reference Specimens→Drift Specimens，在下拉菜单中选择 Drift＋QC-Smart→Drift/QC，随后放入能量校准模块（手动）/单击能量校准模块所在样品槽（自动），单击测试文件，接着单击 Load Selection 将测试文件移入测试位，单击 START 开始测试，测试结束后校准完成。

注意漂移校准内，Drift 和 QC 都需校准一遍。漂移校准需定时校准，推荐 3 周左右做一次校准。若校准结果中轻元素含量为黄色或红色，其原因常为检测器被灰尘遮挡或探测器保护帽膜破裂，此时需更换探测器保护帽膜；若校准结果中重元素含量为黄色或红色，则可能是探测器性能下降，需要与管理人员联系。

除校准外，还要定时进行备份存储，防止因软件出现错误，暂时无法修复的情况下，快速还原恢复软件和数据库。备份软件的过程为：选择 DB MANAGEMENT→General Settings→Create Database Backup，在对话框内输入备份名后单击 SAVE，单击 Restore Database 可选择还原的备份文件。需注意的是进行还原操作后，还原当日至数据库备份日期之间的数据将会丢失。

4.2.3 建立标准曲线

选择 WIZARD 建立新的标准曲线，并输入标准曲线名称；在进入标准曲线概述界面后直接单击 NEXT 进入下一设置项；

进入 Compounds（混合物设置）界面，此界面下可以选择所需测试的元素/氧化物，设置完成后单击 NEXT。在该设置项目中，Formula 是选择元素存在的类型，若没有响应化合物可自行创建，Evaluation Mode 是选择元素含量来源，Unit 是设置相应单位，Digits 是设置小数精确位；

进入 Standards Summary 界面，直接单击 NEXT 进入下一步；

进入 Calibration Standard 界面，对标准品的目标含量进行输入，其中 Paste Excel 可以直接导入已输入好数据的 EXCEL 表；

进入 Drift Candidates 界面设置漂移修正标准样品；Control Candidates/Blank Candidates 两个单元一般不需要设置，直接单击 NEXT 略过；

进入 Preparations 单元，对标准样品及测试样品形态进行设置（熔片、液体、粉末、压片、固体），其中 Fused head（ignited sample）为熔片（可燃品），Liquid（液体）和 Power（粉末）默认使用样品盒（配 Mylar 膜：$3.6\mu m$ 厚），Pressed pellet（压片）常规使用黏合剂为（硼酸），Soild（固体）注意样品尺寸，切勿过大或过小，造成仪器损坏，参数设置完成后单击 NEXT；

进入 Prepared Standards 单元，对标准样品测试的状态参数进行设置，设置结束后单击 NEXT 进入下一单元；

进入 Analytical Lines 单元，对测试条件进行设置（主要设置 filter）；

进入 Calibration 单元，此单元为设置预览，直接单击 NEXT 进入下一单元；

进入 Calibration Method 单元，对测试方法进行设置（可设置气氛条件、测试时间、准直器、样品是否选择等条件），设置结束后单击 NEXT 进入下一单元；

进入 Manage Standards 单元，获取标准样品测试数据（也可导入之前此样品测试的数据结果），单击 Measure in Loader；测试结束后，回到 WIZARD 界面选择 Calibration Lines，进行标准曲线调整；

在 Line Selection 中对标准曲线进行调整，常规使用只调整 Offset，自动计算数据。一般常规曲线设置选择默认项，若为痕量的轻质元素，亦可尝试设置为 Peak Height，而 α 校准设置只适用于元素总含量之和接近 100% 的样品。

标准曲线设置好后，单击 NEXT 进入 Drift Standards，设置所需漂移校准的标样；一直单击 NEXT 来到设置底部。确认无误后，单击顶部标准曲线名称，进入标准曲线名称单元，在概览里确认标准曲线设置是否正确，若存在设置问题，概览里会有相应提示，若正常则单击 Publish；单击向导最下方的 Formatting，首先单击 Create Formatting View，后单击 Edit Formatting View，弹出窗口单击 Save；然后再回到 WIZARD 界面；单击顶部状态栏 Wizard，选择 Close 关闭此标准曲线，到此标准曲线设置完成。若想打开标准曲线重新编辑，可单击 Open BSML Experiment file from database 选择相应标准曲线，在弹出的标准曲线向导内单击 Unlock Calibration 即可重新编辑标准曲线。注意标准曲线的建立过程中，一般要求每个类别的标准样品最好不少于 10 个，每个元素的标准样品最好不少于 5 个，同时需要有一定的梯度性。

4.2.4　测试与关机

根据需要分析的样品是否已根据元素组成而选择不同的测试方法。当组成未知时，宜选用 Smart 模式，并根据测试需求对 Smart Matrix、Smart Oxide、Smart Element 进行选择。其中 Smart Matrix 主要针对基体元素，Smart Oxide 主要针对氧化物，Smart Element 主要针对元素。当组成已知时，可以选择 Smart 模式进行元素含量的粗定量，或者选择 LOADER 下的已有标准曲线进行测试。此时只需对样品 Sample ID 编号后将其图标拖动到样品的实际放置位置，然后单击 Start 即开始测试。当测试样品较多时，可将多个样品分别放置在 20 个样品放置位中，然后单击 Start All 依次对样品进行逐个测试。在样品放置过程中，由于 1 号盘为样品盘，其有 20 个空位，建议样品放置在 1 号盘。2 号盘主要放置校准样品，其中 2A 位置为玻璃熔片，主要用于漂移校准等；2B 为铜片，主要用于真空校准。测试完成后进行数据处理，并生成测试报告。测试结束关闭测试软件、关闭计算机、关闭气体、关闭设备和稳压电源。一般不建议关闭设备和稳压电源，除非长时间不用。

5　结果分析与讨论

图 2.3 为在 K 线区域测量的铁的 X 射线荧光光谱。在光谱中观察到两个峰，称为 K_{α_1}（K_{α_2}）和 K_{β_1} 线。查阅铁的能级的结合能数据表，在该光谱中，由于仪器分辨率的限制，未观察到分离的 K_{α_1} 和 K_{α_2} 谱线。铁的 K_{α_1}、K_{α_2} 和 K_{β_1} 谱线归因于 X 射线能级之间的跃迁，即

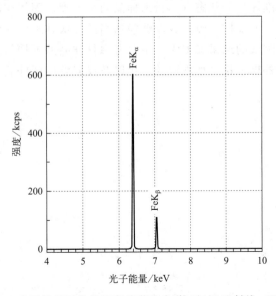

图 2.3　光子能量下铁的 X 射线荧光光谱（初级 X 射线：Rh K_α）

$E(\mathrm{K}_{\alpha_1}) = 7114 - 710 = 6404\mathrm{eV} = 6.404\mathrm{keV}$，$E(\mathrm{K}_{\alpha_2}) = 7114 - 723 = 6391\mathrm{eV} = 6.391\mathrm{keV}$，$E(\mathrm{K}_{\beta_1}) = 7114 - 56 = 7058\mathrm{eV} = 7.058\mathrm{keV}$。通过对比测试数据与查阅数据，可以对测试元素进行确定。同时，采用系统自带的理论修正软件可同时实现元素的定量分析。在这里需要注意，X 射线强度并不直接对应于样品中分析物元素的含量，而是可能被共存元素和样品的物理性质所改变，如表面粗糙度、金相组织和粒度分布。一般定量分析之前都需要对特征 X 射线的测量强度进行校正。此步骤之前已经在设备中自动完成了。

6 实验总结

测试液体样品时，需取样置于制作完毕的液体杯内，并将液体杯放置于吸水纸巾上至少 10min，观察是否有渗漏。如无渗漏，可放入仪器内进行测试，如有渗漏，必须更换液体杯并重新取样，再次进行如上渗漏测试。测试有腐蚀或挥发性液体样品时，需加盖进行测试，同时事先进行样品和液体杯膜互溶测试。将一片样品膜置于液体样品中 30min，观察样品是否与液体杯膜有互溶。如无互溶，可继续准备测试，如有互溶，则更换另一种材料膜体，再次进行测试确认。在测试液体和疏松粉末样品时，需要特别注意切勿使用真空气氛条件，以免负压条件下，粉末样品飞溅以及液体样品爆沸。测试液体或粉末样品时，还需注意切勿倾洒和渗漏到仪器测试舱内部。如有，需及时用棉签清洁腔体（注意避免触碰探测器头部）。注意所有样品测试完成后，需要及时取出，不得滞留测试腔内。测试过程中若因测试需要移除探测器保护帽，待测试结束后，需要及时将保护帽妥善安装回原位。通常来说，电压越大，对于激发重元素信号越有利，电流越大，对于激发轻元素信号越有利。针对设备的校准，一般建议能量校准一天一次，真空校准和漂移校准一星期一次。标准曲线的漂移校准建议选用性质稳定、成分居中的标准样品进行，一般每半年进行一次。同时，每半年还需进行一次数据库备份，以免数据丢失。

针对定量分析的标准样品，要求组成标准样品的元素种类与未知样相似（最好相同），标准样品中所有组分的含量应该已知，未知样中所有被测元素的浓度包含在标准样品中被测元素的含量范围内。标准样品的状态（如粉末样品的颗粒度、固体样品的表面粗糙度以及被测元素的化学态等）应和未知样一致，或能够经适当的方法处理成一致。

一般仪器同等条件测试的结果偏差大，主要考虑是样品的不均匀，仪器内部的对比数据被人为变更，仪器受到外界干扰，如电源的干扰以及仪器发生硬件故障等。

实验3
材料成分的扫描电镜能量色散谱分析

1 概述

扫描电镜能量色散谱（energy dispersive spectroscopy，EDS，简称能谱仪）分析是一种利用电子束作用样品后产生的特征 X 射线进行微区成分分析的技术。EDS 是利用入射电子束激发样品元素产生的 X 射线光子特征能量不同这一特点来进行成分分析的。能量色散谱仪作为分析仪器，可以分析从 Be 到 U 之间的所有元素，与其他化学分析方法相比，分析手段大为简化，分析时间也大为缩短，并且所需样品量很少，是一种无损分析方法。由于分析时所用的是特征 X 射线，而每种元素常见的特征 X 光谱线一般不会超过 20 根，所以释谱简单且不受元素化合状态的影响。因此，EDS 分析是电子显微技术中最基本也是通用的微区化学成分分析方法，可以对微区点、线、面的成分分布进行分析。

本实验的目的是：①熟悉 EDS 的工作原理和操作方法；②学会 EDS 的结果分析。

2 实验设备与材料

2.1 实验设备

能谱仪本身不能独立工作，而是作为附件安装在 SEM（扫描电子显微镜）上。如图3.1 所示，它由探测器、前置放大器、脉冲信号处理单元、模数转换器、多道分析器、小型计算机及显示记录系统组成，实际上是一套复杂的电子仪器。最常用的是 Si(Li) 能谱仪，其关键部位是 Si(Li) 检测器，即锂漂移硅固态检测器。试样发射的 X 射线进入 Si(Li) 探测器后，每个 X 射线光子都在硅中激发出大量电子空穴对，而且在统计上电子空穴对数目与入射光子能量成比例。探测器上的偏压使这些电子空穴形成一个电信号，经过前置放大器、脉冲处理器和能量-数字转换器处理放大成形，然后送到多道分析器（MCA）。脉冲信号按其电压值大小分类，最后形成一个 X 射线能谱图显示在分析系统的显示器上。

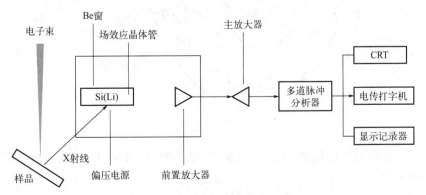

图 3.1 Si(Li) 能谱仪原理

Si(Li) 探测器有铍窗口、超薄窗口（UTW）和无窗口三种。在 EDS 分析时，探测器的检测效率和所用探测器的类型、尺寸以及窗口材料直接相关。铍窗因为吸收导致不能检测到能量小于约 1keV 的 X 射线，因此采用铍窗探测器无法分析原子序数在 11（Na）以下的元素。现代超薄窗口探测器相较于传统铍窗口，应用了吸收系数更小的窗口材料与技术，可以检测 B 的 KX 射线（185eV）或原子序数 4（Be）及以上的元素 K_α X 射线（110eV）。无窗口探测器仅在超高真空分析电镜中使用，一般可分析到 Be 的 K_α X 射线。

硅漂移探测器（SDD）是一种新型探测器，该探测器在硅片上制备有前级放大器的场效应管（FET）。当 X 射线入射到晶体内形成电子空穴对，探测器晶体上施加的电场使信号电子向阳极漂移形成电信号，并直接馈送到 FET 放大并输出电压脉冲信号。SDD 探测器分辨率与 Si(Li) 探测器相当，但它电容更低，可实现 100 万 cps 计数率，采集速度比传统 Si(Li) 探测器快 10 倍左右，并且在高计数率的同时不存在谱峰漂移或分辨率的显著损失，从而可减小定量分析误差，改善灵敏度。SDD 探测器的另一个优点是可在室温下工作，不再需要制冷设备。相较于传统探测器开机需稳定 30min 或更久后才能使用，SDD 探测器开机 30s 后就可进行定量分析，因此 SDD 探测器的应用越来越广泛。

英国牛津仪器（Oxford Instrument）X-MaxN 50 型电制冷能谱仪主要技术指标：①探测器晶体面积为 50mm^2；②采用硅漂移探测器；③元素检测范围：Be(4)～U(92)。

2.2 实验器材

待测样品、导电胶、镊子、手套、导电膜喷涂装置。

3 实验原理

3.1 基本原理

当电子束射入试样时，只要入射电子的动能高于试样原子某内壳层电子的临界电离能 E_c，该内壳层的电子就有可能被激发电离，而原子能量较高的外层电子将跃入这个内壳层的电子空位，其多余的能量以特征 X 射线量子或俄歇电子形式发射出来，如图 3.2 所示。

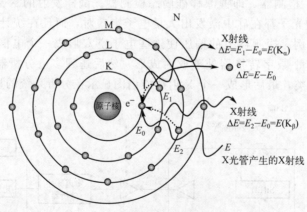

图 3.2　壳层电子激发

当以特征 X 射线形式发射时，波长 λ 与原子序数之间的关系遵循莫塞莱定律，即式(3.1)：

$$\lambda = \frac{B}{(z-\sigma)^2} \tag{3.1}$$

式中，z 为原子序数；σ、B 为常数。

X 射线的波长 λ 与能量 E（keV）之间的关系为

$$\lambda = \frac{hc}{eE} = 1.2398/E(\text{nm}) \tag{3.2}$$

式中，h 为普朗克常数；c 为光速；e 为电子电荷。

莫塞莱定律是 X 射线化学分析的基础。不同的原子序数对应于不同的波长，所以是特征的。因此根据波长和强度，可以知道所在分析区域存在什么元素和相对含量，进行定性和定量分析。

3.2 EDS 的工作方式

利用电子探针对样品进行定性分析和定量分析，对未知试样进行的第一步是鉴别其中存在的元素，即定性分析。定性分析是利用 EDS，先将样品发射的 X 射线展成 X 射线谱，比较样品所发射的特征谱线的波长和数据库中标准元素的波长，判断这些特征谱线是属于哪种元素的哪根谱线，最终确定样品中含有什么元素。

定量分析时，不仅要记录样品发射的特征谱线的波长，还要记录下它们的强度。然后将之与数据库中成分已知的标样的同名谱线相比较，确定出该元素的含量。

EDS 分析有三种基本工作方式。一是定点分析，即对样品表面选定微区做定点的选谱扫描，进行定性，并对所含元素的质量分数进行定量分析。二是线扫描分析，即沿试样表面选定的直线轨迹逐点采集能谱，经处理得到所含元素沿该线段的浓度变化曲线。三是元素的面扫描分析。即电子束在样品表面做光栅式面扫描，以特定元素的 X 射线的信号强度调制阴极射线管荧光屏的亮度，获得该元素质量分数分布的扫描图像。一般仅含量大于 10% 的元素能得到比较合理的图像。

EDS 的能量分辨率按照 GB/T 20726—2015《微束分析 电子探针显微分析 X 射线能谱仪主要性能参数及核查方法》或 ISO 15632：2012 的规定，用 Mn-K_α 峰（能量为 5.9keV）的半高宽表示。检测能量小于 1keV X 射线的 EDS 还需要标示 C-K 和 F-K 峰。最佳的能量分辨率通常在输入计数率小于 1kcps 时可得。但对于计数率能力高的设备，也可在更高的计数率下标定。

EDS 分析的相对误差为：主元素［>20%（质量分数）］允许的相对误差≤5%；3%（质量分数）≤含量≤20%（质量分数）的元素，允许的相对误差≤10%；1%（质量分数）≤含量≤3%（质量分数）的元素，允许的相对误差≤30%；0.5%（质量分数）≤含量≤1%（质量分数）的元素，允许的相对误差不小于 50%。新型 EDS 对中等原子序数的主元素、无重叠峰的定量分析相对误差约为 2% 或更小。

4 实验内容

4.1 实验准备

EDS 分析对样品的要求：尽量平整，须导电。不导电样品需要事先喷镀导电薄膜。

EDS 通常安装在扫描电镜、电子探针仪或透射电镜设备上，本实验中介绍在扫描电镜上进行块状试样的 EDS 分析。

实验参数的选择如下。

(1) 加速电压。扫描电镜的加速电压 V（kV）对试样特征 X 射线激发效率和空间分辨率有重要影响。入射电子与特征 X 射线的发射强度之间的关系如式(3.3) 所示：

$$I_c = i_p a \left(\frac{E_0 - E_c}{E_c} \right)^n = i_p a (U-1)^n \tag{3.3}$$

式中，i_p 为入射电子束流；a 和 n 为给定元素和电子层的常数；U 为过压比且 $U = E/E_c$，其中 E 为入射束电子的瞬时能量。

特征 X 射线发射强度与过压比 U 存在比例关系，因此提高加速电压可得到较高的 X 射线产出，探测器接受的计数率增大。但另一方面，随着加速电压的增大，电子对试样表面的穿透深度和影响体积范围也会增加，从而导致分辨率下降。因此加速电压通常选择为主要被分析元素谱线临界激发能 E_c 的 2~4 倍。例如分析金属与合金常用 20kV 加速电压，分析原子序数小于 10 的元素常用 5~10kV。加速电压选择 15kV 以上，可以激发各元素在 0~10keV 的所有谱线，有助于定性分析。

(2) 入射电子束直径与束流。试样特征 X 射线发射强度直接取决于入射电子束的束流 i_p。相较钨丝枪，场发射电子枪束流更大，所以 EDS 分析效率更高。给定电子枪前提下，可通过增大入射电子束直径的方式增大束流，以提高计数率。

(3) EDS 参数。EDS 分析中主要参数包括计数率、死时间和活时间、采谱时间等。

计数率指系统每秒可处理的 X 射线光子数（counts per second, cps），通常指脉冲处理器的输出计数率。为保证分析准确性，需保持适当的计数率。计率过高可能导致出现"和峰"的假象，即由于多个光子同时到达探测器使处理器无法区分，从而在这些光子能量总和的位置出现虚假的谱峰。计数率过低，则需要延长采集时间获得足够计数，以达到分析精度。计数率可通过调整入射束流、改变束斑尺寸或探测器与试样间的工作距离来调节。

脉冲分析器处理一个脉冲信号后会停止计数，因处理而无法记录到光子所测量的时间称为死时间，用总时间的百分数表示。活时间等于实际分析时间减去死时间，是脉冲器能够探测 X 射线光子的时间。当死时间超过 50% 时，说明探测器已经饱和，需要通过控制计数率的方式使死时间降低。

进行 EDS 定量分析时，必须保证足够的计数率，总计数通常不应小于 20 万，才能得到准确的分析结果。因此，采谱时间可根据实时的采集计数率推算，或直接观察并根据总计数量的变化调整采谱时间。

4.2 实验过程

戴上手套，用镊子取用试样，将试样用导电胶固定在样品台上，先按扫描电镜操作方法进行表面形貌观察。基本测试过程可按如下步骤进行。

(1) 启动扫描电镜，调整至可看到待测区清晰二次电子图像。

(2) 打开 EDS 测试软件，设定好加速电压和放大倍数。

(3) 选择合适的分析模式（点扫描、线扫描和面分布）。

(4) 选择测定区域，开始采集谱图。

(5) 采集完毕后及时保存数据，并用软件进行数据处理和分析。

(6) 关闭电镜高压，取出样品。

5 结果分析与讨论

5.1 定性分析

定性分析即鉴别未知试样中存在的元素。EDS 分析首先需要根据 EDS 采集到的各个特征 X 射线谱峰的能量值，鉴别能谱上所有存在的特征 X 射线谱峰，进而确定对应的化学元素组成。尽管目前 EDS 设备自带的软件都有自动识别的功能，但分析人员仍需对自动识别给出的结果进行进一步核实确认，提高定性分析的准确性，这也是定量分析的前提。

定性分析时对每一个元素都应找到在所采集能量范围内可以出现的所有谱线。当入射电子束能量大于 20keV 时，一个元素能量在 0.1～15keV 的所有可能谱线都会被激发。如果定性分析时不能找出该元素的全部谱峰，则应怀疑鉴别有误。对于原子序数较大的元素，可能同时观察到多个谱线，且有的谱线发生重叠，这在定性分析时需特别注意。同一元素的不同谱线强度间存在一定比例关系，如果一个元素不同谱线强度比与比例关系差值太大，应考虑可能存在另一元素或分析有误。表 3.1 为材料分析时容易出现的重叠谱线。在对较强峰鉴别后，还应仔细辨认可能存在的由含量较低的少量元素或痕量元素形成的弱小峰，有时会和连续谱背底起伏相似而难以分辨。

表 3.1 材料 EDS 分析中常见的重叠峰

元素谱线	重叠的谱线	材料举例
Ti K_β	V K_α	钢铁
V K_β	Cr K_α	
Cr K_β	Mn K_α	
Mn K_β	Fe K_α	
Fe K_β	Co K_α	钢铁，磁性合金
Co K_β	Ni K_α	钢铁，表面硬化合金
S $K_{\alpha,\beta}$	Mo L_α，Pb M_α	矿物，硫化物，硫酸盐
W $M_{\alpha,\beta}$	Si $K_{\alpha,\beta}$	半导体
Ta $M_{\alpha,\beta}$	Si $K_{\alpha,\beta}$	
Ti K_α	Ba L_α	光电子器件，硅酸盐
As K_α	Pb L_α	颜料
Sr L_α	Si K_α	硅酸盐
Y L_α	P K_α	磷酸盐

5.2 EDS 线扫描和面分布

5.2.1 涂层截面线扫描数据分析

AISI 5140 钢经感应加热渗铬后截面的显微组织和线扫描曲线如图 3.3 所示。图 3.3(a)和（b）分别为在 1000℃下和 1300℃下感应加热后得到的试样 A 和 B 的显微组织。根据线扫描数据，能得出含 Cr 涂层的厚度，A 为 82μm，B 为 89μm。因为扩散速度的增快，加热温度高的涂层厚度更厚。同时根据线扫描曲线，B 试样靠近表面的涂层富含 Cr，而靠近边界的涂层富含 Fe。这说明 B 可能是具有富铬表面层和富铁内层的铬铁固溶体（Cr-Fe SS）。而 A 试样中区别不明显。

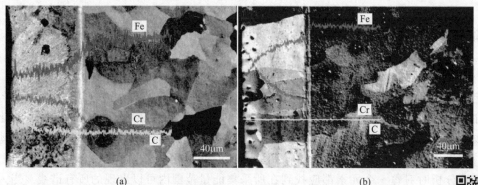

(a)   (b)

图 3.3　AISI 5140 钢经感应加热渗铬后截面的显微组织和线扫描曲线

5.2.2　复合材料截面面分布分析

图 3.4 给出了铝/铜双金属复合材料试样铝、铜界面处的显微组织形貌及能谱分析结果。由图 3.4 可见，在复合材料的铝、铜界面处形成了明显的过渡层，界面过渡层厚度为 5～10μm，主要由铜和铝元素组成，过渡层中未见明显的析出相，且界面过渡层与铝合金侧、铜合金侧均结合良好。

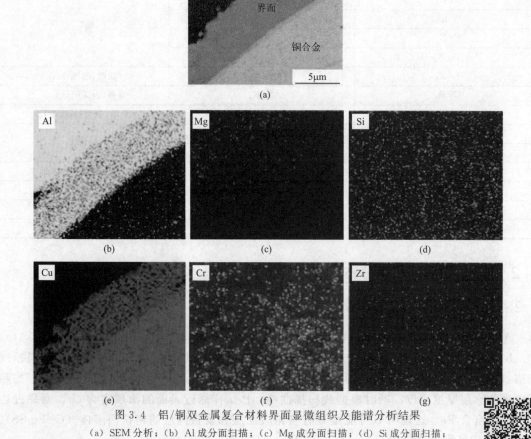

图 3.4　铝/铜双金属复合材料界面显微组织及能谱分析结果

(a) SEM 分析；(b) Al 成分面扫描；(c) Mg 成分面扫描；(d) Si 成分面扫描；

(e) Cu 成分面扫描；(f) Cr 成分面扫描；(g) Zr 成分面扫描

6　实验总结

　　能谱仪可测定有关特征 X 射线的能量和强度，从而实现对试样微区化学成分的定性和定量分析。使用过程中须小心维护探测器、保护窗口处于清洁干燥的状态，这是获得良好检测效率的重要条件。在采集 X 射线面分布图时，尽可能使用大的束流，且每个试样点采集信号的时间不能太短，以满足能谱仪统计上的需要。不导电样品的能谱分析要镀碳导电膜。轻元素对电子入射的阻止本领小，对所分析元素的 X 射线吸收小，可提高定量分析结果的准确度。

实验4
材料组成的X射线光电子能谱分析

1 概述

X射线光电子能谱（X-ray photoelectron spectroscopy，XPS）分析技术是一种基于光电子能谱发展起来的表面分析方法，也称为化学分析用电子能谱（electron spectroscopy for chemical analysis，ESCA）。它利用光电效应原理测量X射线辐射从样品上打出来的携带样品表面信息的光电子的动能（获得相关结合能）、光电子强度和这些电子的角分布，用于样品表面的电子结构、原子、分子以及凝聚相的分析，进而鉴定样品表面的化学性质及组分。XPS的光电子来自表面10nm以内，具有分析区域小、分析深度浅和不破坏样品等特点。随着表面元素的半定量分析、化学价态分析等的理论发展，以及XPS伴峰分析技术的开发，XPS应用逐渐由传统的化学领域扩展到材料和机械等领域。

目前，常用的表面成分分析方法有XPS、俄歇电子能谱（AES）、静态二次离子质谱（SIMS）和离子散射谱（ISS）。其中，SIMS和ISS由于定量效果较差，在常规表面分析中的应用相对较少。AES能探测周期表上He以后的所有元素，且在靠近表面$5\sim20\text{Å}$（$1\text{Å}=0.1\text{nm}$）深度范围化学分析的灵敏度高，主要用于固体材料的物理性质研究。XPS能探测固体样品中除H、He之外的所有元素，其可提供的是样品表面的元素含量与形态，信息深度为$3\sim5\text{nm}$。如果利用氩离子等作为剥离手段，XPS则可以实现对样品的深度分析，因此，XPS的应用面广泛得多，占据了材料表面分析中约50%的份额，是主要的表面分析方法。XPS和AES都是通过得到元素的价电子和内层电子的信息，从而对原子化器表面的元素进行定性或定量分析。相比之下，XPS通过元素结合能的位移能更方便地对元素的价态进行分析，定量能力更好。但其不易聚焦，照射面积大，得到的是毫米级直径范围内的平均值，其检测极限一般只有0.1%（原子分数），空间分辨率为$100\mu m$，分析深度约1.5nm。因此要求原子化器表面的被测物比实际分析的量要大几个数量级。此外，对于同时出现两个以上价态的元素，或同时处于不同的化学环境中时，用电子能谱法进行价态分析是比较复杂的。

本实验的目的是：①在了解X射线光电子能谱测试原理与方法的基础上，熟悉光电子能谱仪系统的组成和各组成部分在测试过程中所发挥的作用。②熟悉X射线光电子能谱常用的分析方法及其优缺点；学会光电子能谱分析样品的前处理方法。③掌握光电子能谱仪定量分析与数据处理方法。

2 实验设备与材料

2.1 实验设备

XPS分析方法的原理相对比较简单，但其仪器结构却非常复杂。图4.1为典型的高分辨率 XPS 结构。根据功能的不同，光谱仪主要由进样室、超高真空系统、单色 X 射线源、电子能量分析器、检测器以及计算机数据采集和处理系统等组成。为了在不破坏分析室超高真空系统的情况下快速进样，XPS 多配备有快速进样室，其体积很小，可以在 $5\sim10\text{min}$ 达到 10^{-9}Pa 以下的高真空。部分设备的快速进样室还可实现样品预处理，对样品进行加热、蒸镀和刻蚀等操作。超高真空系统是确保 XPS 检测质量的重要保障，主要体现在两个方面：一是如果分析室的真空度很差，样品的清洁表面就极易在短时间内被真空中的残余气体分子所覆盖；其次，由于光电子的信号和能量都非常弱，如果真空度较差，光电子很容易与真空中的残余气体分子发生碰撞而损失能量，最后不能到达检测器。在 X 射线光电子能谱仪中，一般采用三级真空泵系统。前级泵采用旋转机械泵或分子筛吸附泵使极限真空度达到 10^{-2}Pa，随后采用油扩散泵或分子泵获得高真空，此时极限真空度能达到 10^{-8}Pa；最后采用溅射离子泵和钛升华泵获得超高真空，其极限真空度能达到 10^{-9}Pa。这几种真空泵的性能各有优缺点，可以根据各自的需要进行组合。现在新型 X 射线光电子能谱仪普遍采用机械泵-分子泵-溅射离子泵-钛升华泵系列。

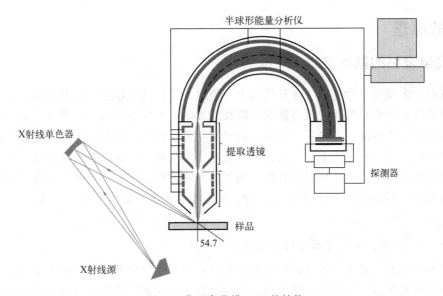

图 4.1 典型高分辨 XPS 的结构

针对 X 射线源，如果使用 Mg 或 Al 等轻元素作为 X 射线源阳极材料，则不需要 X 射线单色仪，因为这些元素的特征 X 射线发射几乎是单色的。其中镁靶的光子能量为 1253.6eV，铝靶的光子能量为 1486.6eV。没经单色化的 X 射线的线宽可达到 0.8eV，而经单色化处理以后，线宽可降低到 0.2eV，并可以消除 X 射线中的杂线和韧致辐射。但经单色化处理后，X 射线的强度大幅度下降。常用的 XPS 一般多采用双阳极靶激发源。

关于 X 射线光电子的能量分析器，主要有两种类型，即半球型能量分析器和筒镜型能量分析器。半球型能量分析器由于对光电子的传输效率高和能量分辨率好等特点多用于 XPS 谱仪上，而筒镜型能量分析器由于对俄歇（Augur）电子的传输效率高则主要用于俄歇电子能谱仪上。对于一些多功能电子能谱仪，出于主要分析方法的考虑，以 XPS 为主的采用半球型能量分析器，而以俄歇为主的则采用筒镜型能量分析器。计算机数据采集和处理系统可以较方便地对复杂的 XPS 数据进行处理，如元素的自动标识、半定量计算，谱峰的拟合和去卷积等。此外，为实现对样品表面的清洁和定量剥离，常在 XPS 中配备 Ar 离子源。

Ar 离子源可分为固定式和扫描式。固定式 Ar 离子源由于不能进行扫描剥离，对样品表面刻蚀的均匀性较差，仅用作表面清洁。需要进行深度分析时则采用扫描式 Ar 离子源。

ESCALAB 250Xi 型 X 射线光电子能谱仪结合了高灵敏度与高分辨率定量成像等多种测试技术，可用于各种固体样品表面（1～10nm 厚度）的元素种类、化学价态以及相对含量的研究。其技术指标为能量扫描范围 1～4000eV，最佳能量分辨率不大于 0.45eV，最佳空间分辨率不大于 3μm，最佳灵敏度 1000kcps（单色化 XPS，Ag 标样 3d 5/2），分析室最佳真空度优于 $2×10^{-8}$Pa，快速进样室最佳真空度 $7×10^{-7}$Pa，同时配置 Al $K_α$ 微聚焦单色 X 射线源和 Al/Mg 双阳极 X 射线源。

2.2　实验器材

待测试样，若样品为固体还需碳化硅砂纸、清洗溶剂，若样品为粉末还需研磨钵、压片机、胶带、溶解用溶剂、洗耳球、毛细管、硅片等固体基片、金属箔或滤膜、海绵等基底。当要进行不同采样深度的分析时，还要配置离子束溅射刻蚀设备。

3　实验原理

3.1　光电发射的基本定律

光电效应多发生于金属和金属氧化物中。当材料受高能光辐照后吸收能量，其内部电子因吸收光子能量而被激发跃迁至高能级，即被激发的电子向表面运动，并在运动过程中与其它电子或晶格发生碰撞，失去部分能量。最终运动到达材料表面的电子在克服表面能垒的束缚后逸出表面，成为发射电子。此现象即为光电子发射效应，也称外光电效应。光电发射遵循三个主要的基本定律，并具有瞬时性。当入射光线的频谱成分不变时，光电阴极的饱和光电发射电流 I_k 与被阴极所吸收的光通量 $Φ_K$ 成正比（光电发射第一定律），即式(4.1)

$$I_k = S_K Φ_K \tag{4.1}$$

式中，S_K 为表征光电发射灵敏度的系数。

这个关系式看上去十分简单，但却非常重要，它是光电探测器进行光度测量、光电转换的一个最重要的依据。发射出光电子的最大动能随入射光频率的增高而线性地增大，而与入射光的光强无关（光电发射第二定律）。此光电子发射的能量关系要符合爱因斯坦方程，即式(4.2)

$$hν = \frac{1}{2}m_e v_{max}^2 + φ_0 \tag{4.2}$$

式中，h 为普朗克常数；$ν$ 为入射光频率；m_e 为光电子的质量；v_{max} 为出射光电子的最大速率；$φ_0$ 为光电阴极的逸出功。

当光辐射某一给定金属或物质时，无论光的强度如何，如果入射光的频率小于这一金属的红限 $ν_0$，就不会产生光电子发射（光电发射第三定律）。这意味着红限处光电子的初始速度为零，即金属的红限为式(4.3)

$$ν_0 = \frac{φ_0}{h} \tag{4.3}$$

根据光量子理论，每个电子的逸出都是由于吸收了一个光子能量的结果，而且一个光子的全部能量都由辐射转变成光电子的能量。因此，光线愈强，也就是作用于阴极表面的量子数愈多，就会有越多的电子从阴极表面逸出。同时，入射光线的频率愈高，也就是说每个光子的能量愈大，阴极材料中处于最高能量的电子在取得这个能量并克服势垒作用逸出界面之后，其具有的动能也愈大。

3.2 光电子和俄歇电子发射

光电发射过程即在轨道上运动的电子受到入射光子的激发而发射出去成为自由电子的过程。X射线光电子能谱基于光电离作用，当一束光子照射到样品表面时，光子可以被样品中某一元素的原子轨道上的电子所吸收，使得该电子脱离原子核的束缚，以一定的动能从原子内部发射出来，变成自由的光电子，而原子本身则变成一个激发态的离子。在光电子发射过程中，能量为 $h\nu$ 的入射光子被原子吸收。使用该能量，发射的光电子的动能 KE 为

$$KE = h\nu - BE - \Phi_{spectrometer} \tag{4.4}$$

式中，BE 为特定轨道上的电子结合能；$\Phi_{spectrometer}$ 为光谱仪的功函数（见图4.2）。

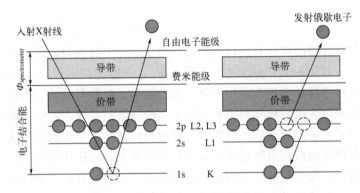

图 4.2　光电子和俄歇电子发射

光谱仪的功函数主要由谱仪材料和状态决定，对同一台谱仪基本是一个常数，与样品无关，其平均值为 3～4eV。由于光电效应过程中的光电子动能取决于X射线源的能量，因而光电子能谱通常以结合能的形式来呈现，从而保证不同来源收集的光谱具有可比性。

光电子发射后形成的不稳定激发态离子，将通过弛豫过程释放多余能量，此时外层电子向内层空穴迁移还可能发生二次电子发射形成俄歇电子。在遵循弛豫中的能量守恒原则下，X射线俄歇电子将以等于轨道能量差的能量发射，即

$$KE_{Auger} = BE_1 - BE_2 - BE_3 \tag{4.5}$$

式中，BE_1 为具有内壳层空位的原子能量；BE_2 为具有外壳层空位的原子能量；BE_3 为（俄歇）电子的结合能。

在与结合能的关系图中，俄歇线的位置取决于X射线源的能量。因此，X射线诱导的俄歇光谱也是以动能形式呈现的。

在 XPS 分析中，由于采用的 X 射线激发源的能量较高，不仅可以激发出原子价轨道中的价电子，还可以激发出芯能级上的内层轨道电子，其出射光电子的能量仅与入射光子的能量及原子轨道结合能有关。因此，对于特定的单色激发源和特定的原子轨道，其光电子的能量是一定的。当固定激发源能量时，其光电子的能量仅与元素的种类和所电离激发的原子轨道有关。因此，我们可以根据光电子的结合能定性分析物质的元素种类。

3.3 化学位移

XPS 在进行定量分析的时候，有一项很重要的应用就是化学态分析，其中包括化学位移和化学能移。

化学位移是指由于原子处于不同的化学环境而引起的结合能的位移。如化合过程 $X+Y=X^{+}Y^{-}$，X 和 Y 因电子的转移引起结合能的变化，相应的电子能谱也会发生改变。通过这种方法，还可以区别同一类原子处于何种能态，从而为表面分析提供了很大的便利。

4 实验内容

4.1 实验准备

进行 X 射线衍射实验前需要具有样品制备、靶材选择和仪器操作等方面的理论储备与实践认知，同时对 X 射线谱图及其代表的意义以及后续的数据处理等都要有较深入的认识。

4.1.1 样品的制备

X 射线能谱仪对分析的样品有特殊的要求，通常情况下只能对固体样品进行分析。XPS 样品一般要求 $10\text{mm}\times10\text{mm}\times5\text{mm}$（长×宽×高），多数采用 $5\text{mm}\times5\text{mm}\times3\text{mm}$ 的尺寸或者更小。同时，由于样品在超高真空系统中进行传递、放置与测试，所以一般还需要一定的预处理。对于体积较大的固体样品必须通过适当的方法制备成合适的大小，且在制样过程中需考虑处理过程对表面成分和状态的影响。针对粉体样品，主要有胶带法和压片法两种制样方法。胶带法是用双面胶带直接把粉体固定在样品台上，而压片法则是把粉体样品压成薄片后固定于样品台上。胶带法的样品用量少，制样方便，预抽到高真空的时间较短，但可能会引入胶带的成分。压片法可以在真空中对样品进行加热、表面反应等处理，其信号强度比胶带法高很多，但样品用量大，抽到超高真空的时间较长。在普通的实验过程中，一般采用胶带法制样。此外，对于表面有油等有机物污染的样品，在进入真空系统前必须用油溶性溶剂如环己烷、丙酮等清洗掉样品表面的油污，最后再用乙醇清洗掉有机溶剂。为了保证样品表面不被氧化，一般采用自然干燥。

除了常规样品，还有几类特殊样品需要注意。对于含有挥发性物质的样品，在样品进入真空系统前必须清除掉挥发性物质，常采用对样品加热或用溶剂清洗等方法。对于具有弱磁性的样品，需通过退磁的方法去掉样品的微弱磁性。这是由于光电子带有负电荷，在微弱的磁场作用下，也可以发生偏转。当样品具有磁性时，由样品表面出射的光电子就会在磁场的作用下偏离接收角，最后不能到达分析器，进而影响 XPS 谱的正确性。同时，当样品的磁性很强时，还有可能引起分析器及样品架磁化。因此，绝对禁止带有磁性的样品进入分析室。对于绝缘体样品或导电性能不好的样品，经 X 射线辐照后，其表面会产生一定的电荷积累而荷正电荷。样品表面荷电相当于给从表面出射的自由的光电子增加了一定的额外电压，使得测得的结合能比实际的要高。样品荷电问题非常复杂，一般难以用某一种方法彻底消除。在实际的 XPS 分析中，一般采用内标法进行校准。最常用的方法是用真空系统中最常见的有机污染碳的 C 1s 的结合能（284.6eV）进行校准。

在 X 射线光电子能谱分析中，为了清洁被污染的固体表面，常常利用离子枪发出的离子束对样品表面进行溅射剥离。然而，离子束更重要的应用则是样品表面组分的深度分析。

利用离子束可定量地剥离一定厚度的表面层，然后再用 XPS 分析表面成分，这样就可以获得元素成分沿深度方向的分布图。作为深度分析的离子枪，一般采用 0.5～5keV 的 Ar 离子源。扫描离子束的束斑直径一般为 1～10mm，溅射速率范围为 0.1～50nm/min。为了提高深度分辨率，多采用间断溅射，并通过增加离子束的直径来减少离子束的坑边效应，同时提高溅射速率和降低单次溅射时间来降低离子束的择优溅射效应及基底效应。在 XPS 分析中，离子束的溅射还原作用可以改变元素的存在状态，许多氧化物可以被还原成较低价态的氧化物，如 Ti、Mo、Ta 等。在研究溅射过的样品表面元素的化学价态时，需注意溅射还原效应的影响。此外，离子束的溅射速率不仅与离子束的能量和束流密度有关，还与溅射材料的性质有关。一般的深度分析所给出的深度值均是相对于某种标准物质的相对溅射速率。关于 X 射线光电子能谱的采样深度，其与光电子的能量和材料的性质有关。一般确定其为光电子平均自由程的 3 倍。根据平均自由程的数据可以大致估计各种材料的采样深度。一般而言，对于金属样品为 0.5～2nm，对于无机化合物为 1～3nm，而对于有机物则为 3～10nm。

4.1.2 元素定性分析

元素的定性分析方法是一种基于 XPS 的宽谱扫描分析方法。为了提高定性分析的灵敏度，一般应加大分析器的通能（pass energy），提高信噪比。图 4.3 是典型的 XPS 定性分析图。通常 XPS 谱图的横坐标为结合能，纵坐标为光电子的计数率。在谱图分析时，对于金属和半导体样品，由于不会产生荷电效应而不用校准，但对于绝缘样品则必须进行校准来消除荷电位移。这是由于当荷电效应较大时，会使得结合能位置有较大的偏移，进而导致错误判断。使用计算机自动标峰时，同样会产生这种情况。一般来说，只要该元素存在，其所有的强峰都应存在，否则应考虑是否为其他元素的干扰峰。激发出来的光电子依据激发轨道的名称进行标记，如从 C 原子的 1s 轨道激发出来的光电子用 C 1s 标记。由于 X 射线激发源的光子能量较高，可以同时激发出多个原子轨道的光电子，因此在 XPS 谱图上会出现多组谱峰。大部分元素都可以激发出多组光电子峰，利用这些峰排除能量相近峰的干扰，可用于元素的定性分析。由于相近原子序数的元素激发出的光电子的结合能有较大的差异，因此相邻元素间的干扰作用很小。

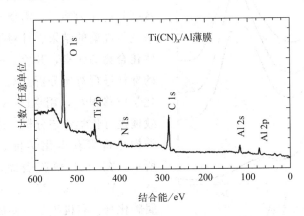

图 4.3 高纯 Al 基片上沉积的 Ti(CN) 薄膜的 XPS 谱图，激发源为 Mg K

由于光电子激发过程的复杂性，在 XPS 谱图上不仅存在各原子轨道的光电子峰，同时还存在部分轨道的自旋裂分峰，如 K 激发产生的卫星峰、携上峰以及 X 射线激发的俄歇峰等伴峰，在定性分析时必须注意。目前，定性分析已经可以由计算机完成，但常出现标记错误，需加以重视。特别是对于不导电样品，由于荷电效应，经常会使结合能发生变化，导致定性分析得出不正确的结果。从图 4.3 可见，在薄膜表面主要有 Ti、N、C、O 和 Al 元素存在。其中，Ti 和 N 的信号较弱，O 的信号较强，说明形成的薄膜主要是氧化物，而氧的存在会影响 Ti(CN) 薄膜的形成。

4.1.3　元素的半定量分析

XPS 方法并不是一种很好的定量分析方法，它给出的仅是一种半定量的分析结果，即为相对含量而不是绝对含量。由 XPS 提供的定量数据是以原子百分比含量表示的，而不是常用的质量百分比。这种半定量关系的计算公式为

$$c_i^{wt} = \frac{c_i A_i}{\sum_{i=1}^{i=n} c_i A_i} \tag{4.6}$$

式中，c_i 为第 i 种元素的质量分数浓度；c_i^{wt} 为第 i 种元素的 XPS 分析摩尔分数；A_i 为第 i 种元素的相对原子质量。

在定量分析中，XPS 给出的相对含量也与谱仪的状况有关。因为不仅各元素的灵敏度因子是不同的，XPS 谱仪对不同能量的光电子的传输效率也是不同的，且随谱仪受污染程度而改变。XPS 仅提供表面 3～5nm 厚的表面信息，其组成不能反映体相成分。因此，样品表面的 C、O 污染以及吸附物的存在也会大大影响其定量分析的准确性。

4.1.4　元素的化学价态分析

表面元素化学价态分析是 XPS 分析中最难且最容易出错的部分。在进行元素化学价态分析前，必须对结合能进行正确的校准。虽然结合能随化学环境的变化较小，但当荷电校准误差较大时，很容易标错元素的化学价态。同时，部分化合物的标准数据在不同的仪器状态和操作人员影响下差异较大。此时，这些标准数据只能作为参考，需要实验人员自制标准样来获得准确的结果。针对不存在标准数据的一些化合物的元素，其价态的判断也需借助自制的标样进行对比分析。此外，还有一些元素的化学位移很小，用 XPS 发射的结合能不能有效地进行化学价态分析，此时需从线形及伴峰结构分析来获得化学价态的信息。如图 4.4 所示，在 PZT 薄膜表面，C 1s 的结合能为 285.0eV 和 280.8eV，分别对应于有机碳和金属碳化物。有机碳是主要成分，可能是由表面污染所产生的。随着溅射深度的增加，有机碳的信号减弱，而金属碳化物的峰增强。这说明在 PZT 薄膜内部的碳主要以金属碳化物的形式存在。

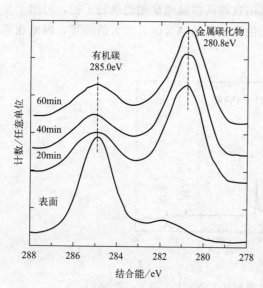

图 4.4　PZT 薄膜中碳的化学价态谱

4.1.5　元素沿深度方向的分布分析

XPS 分析可以通过多种方法实现元素沿深度方向分布的分析，最常用的是 Ar 离子剥离深度分析和变角 XPS 深度分析，其中前者的应用最为广泛。Ar 离子剥离深度分析是先将表面一定厚度的元素溅射掉，然后对剥离后的表面进行 XPS 分析，从而获得元素及其含量沿样品深度方向的分布。该方法可以分析表面层较厚的体系，且分析速度较快，但会引起样品表面晶格的损伤、择优溅射和表面原子混合等现象。普通的 X 光枪的束斑面积较大，相应的离子束的束斑面积也较大，使得其剥离速度很慢，深度分辨率不高，在深度分析方面很少使用。同时，由于离子束剥离作用时间较长，样品元素的离子束溅射还原会相当严重。为避免离子束的溅射坑效应，其面积应比 X 光枪束斑面积大 4 倍以上。新一代的 XPS 谱仪，由于采用了小束斑 X 光源（微米量级），XPS 深度分析应用变得较为普遍。

4.1.6　XPS 伴峰分析技术

XPS 谱图中除了光电子谱线外，还会出现一些伴峰，包括携上峰、俄歇谱（XAES）峰以及 XPS 价带峰等。这些伴峰一般不太常用，但在不少体系中可以用来鉴定化学价态，研究成键形式和电子结构，是 XPS 常规分析的一种重要补充。

携上峰是在光电离后，由于内层电子的发射引起价电子从已占轨道向较高的未占轨道跃迁，发生携上过程，从而在 XPS 主峰的高结合能端出现的能量损失峰。携上峰是一种比较普遍的现象，特别是共轭体系产生的携上峰较多。在有机体系中，携上峰一般由 π-π* 跃迁，即由价电子从最高占有轨道（HOMO）向最低未占轨道（LUMO）的跃迁所产生。某些过渡金属和稀土金属，由于在 3d 轨道或 4f 轨道中有未成对电子，也表现出很强的携上效应。图 4.5 是几种碳纳米材料的 C 1s 谱，C 1s 的结合能在不同的碳物种中有一定的差别。在石墨和碳纳米管中，其结合能为 284.6eV，而在 C_{60} 材料中，其结合能为 284.75eV。由于 C 1s 峰的结合能变化很小，难以从 C 1s 峰的结合能来鉴别这些碳化物材料。但其携上峰的结构有较大的差别，可以从 C 1s 的携上伴峰的特征结构进行物种鉴别。在石墨中，由于碳原子以 sp 杂化存在，并在平面方向形成共轭 π 键。这些共轭 π 键的存在可以在 C 1s 峰的高

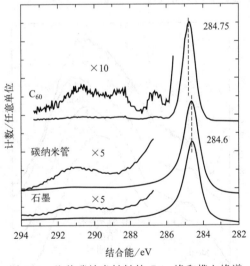

图 4.5　几种碳纳米材料的 C 1s 峰和携上峰谱

能端产生携上伴峰。这个峰是石墨的共轭 π 键的指纹特征峰，可以用来鉴别石墨碳。从图 4.5 中可知，碳纳米管的携上峰基本和石墨的一致，这说明碳纳米管具有与石墨相近的电子结构，这与碳纳米管的实际研究结果一致。在碳纳米管中，碳原子主要以 sp 杂化并形成圆柱形层状结构。C_{60} 材料的携上峰的结构与石墨和碳纳米管的有很大的区别，可分解为 5 个峰，这些峰是由 C_{60} 的分子结构决定的。在 C_{60} 分子中，不仅存在共轭 π 键，还存在 σ 键。因此，在携上峰中包含了 σ 键的信息。综上所述，不仅可以用 C 1s 的结合能表征碳的存在状态，还可以用它的携上指纹峰研究其化学状态。

俄歇电子跃迁作为最常见的退激发过程，其对应的俄歇峰是光电子谱的必然伴峰。X射线激发俄歇谱（XAES）具有能量分辨率高、信背比高、样品破坏性小以及定量精度高等优点。与XPS一样，XAES的俄歇动能也与元素所处的化学环境密切相关，通过俄歇化学位移可进行化学价态的判定。由于俄歇过程涉及三电子过程，其化学位移往往比XPS的大得多，这对于元素的化学状态鉴别非常有效。如图4.6所示，俄歇动能不同，XAES的线形会有较大的差别。天然金刚石的C KLL俄歇动能是263.4eV，石墨的是267.0eV，碳纳米管的是268.5eV，而C_{60}的则是266.8eV。这些俄歇动能与碳原子在这些材料中的电子结构和杂化成键有关。天然金刚石以sp杂化成键，石墨以sp杂化轨道形成离域的平面π键，碳纳米管主要也以sp杂化轨道形成离域的圆柱形π键，而C_{60}分子则是主要以sp杂化轨道形成离域的球形π键以及σ键共存。因此，在金刚石的C KLL谱上存在sp杂化轨道的特征峰，即240.0eV和245.8eV这两个伴峰，而在石墨、碳纳米管和C_{60}的C KLL谱上仅有一个sp杂化轨道的特征峰，即242.2eV这一伴峰。基于此，通过伴峰结构的分析可以判断碳纳米材料中的成键情况。

XPS价带谱与固体的能带结构有关，但价带谱不能直接反映能带结构，需经过复杂的理论处理和计算。因此，在XPS价带谱的研究中，一般采用XPS价带谱结构的比较进行研究，而理论分析相应较少。如图4.7所示，在石墨、碳纳米管和C_{60}分子的价带谱上均有三个由共轭π键所产生的基本峰。在C_{60}分子中，由于π键的共轭度较小，其三个分裂峰的强度较强。在碳纳米管和石墨中由于它们的共轭度较大，特征结构并不明显。此外，C_{60}分子的价带谱上还存在另外三个由σ键所形成的分裂峰。因此，从XPS价带谱上也可以获得材料电子结构的信息。

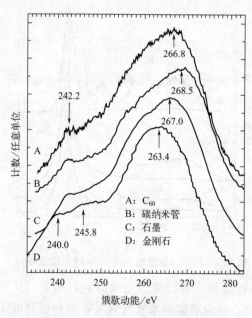

图4.6 几种碳纳米材料的XAES谱

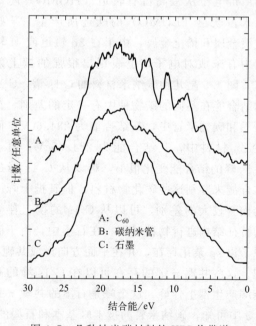

图4.7 几种纳米碳材料的XPS价带谱

4.2 实验过程

该实验过程操作较为简单，包括样品处理与进样、仪器硬件调整、实验参数设置以及数据采集和处理等。样品处理详见"样品的制备"。进样主要是将大小合适的样品固定在样品台上，送入快速进样室，开启低真空阀，抽到一定值后关闭低真空阀，进而开启高真空阀，使快速进样室与分析室连通，并把样品送到样品室内的样品架上，关闭高真空阀。仪器硬件调整方面，首先要检查水箱压力、电源、气源是否处于正常状态，同时确保 Al K_α 微聚焦单色 X 射线源或 Al/Mg 双阳极 X 射线源退到最后。随后检查 Escalab 250Xi 型电子能谱仪的样品处理室（STC）和样品分析室（SAC）的真空度，并核查阀门之间的开关状态和计算机软件中各操作界面中的指示灯是否正常。待分析室真空度达到 5×10^{-7} Pa 后，选择和启动 X 枪光源，使功率上升到 250W。采用单色化 Al K_α X 射线源时，工作电压一般设置为 15kV。为保护灯丝和阳极靶，开启单色化 Al K_α X 射线源后应注意缓慢提升发射电流。微聚焦 X 射线源的电子束流密度较大，一般发射电流不得超过 10mA。为防止差分荷电产生，在开启单色化光源前可先打开低能电子枪。这是因为过大的发射电流不仅会加速阳极靶的老化，也会使电子倍增检测器承受过大的计数率，加速电子倍增检测器的老化。使用 Al/Mg 双阳极 X 射线源时，工作电压也设置为 15kV，随后缓慢提升发射电流，一般用 10mA，最高不得超过 25mA，否则会加速阳极靶的老化。需要注意在测试结果的灵敏度和信噪比足够好的情况下，非必要不使用较大的发射电流（超过 10mA）。

对于离子剥离深度分析，扫描能量范围依据各元素而定，扫描步长为 0.25eV/步，分析器的通能为 37.25eV。通过提高 X 光枪位置，使样品与分析器的掠射角成 90°，随后启动离子枪，调节 Ar 气分压使得分析室的真空度优于 3×10^{-5} Pa 后进行测试。深度分析的溅射时间依据离子枪的溅射速率而定，循环次数依据薄膜厚度而定。一般，先通过深度分析程序建立 XPS 信号强度与溅射时间的关系，再定量处理获得原子百分比与溅射时间的关系。溅射时间与样品的深度有线性关系，标定后可以获得剥离深度。实验完成后及时退样，并依次关闭相关程序与设备。

5　结果分析与讨论

综上所述，X 射线光电子能谱分析主要包括定性分析、定量分析和元素化学价态分析。针对定性分析，在用计算机采集宽谱图后，首先标注每个峰的结合能位置，然后再根据结合能的数据在标准手册中寻找对应的元素。最后再通过对照标准谱图，一一对应其余的峰，确定有哪些元素存在。原则上当一个元素存在时，其相应的强峰都应在谱图上出现。一般来说，不能根据一个峰的出现来确定元素的存在与否。目前，新型的 XPS 可以通过计算机进行智能识别，自动进行元素的鉴别。但由于结合能的非单一性和荷电效应，计算机自动识别经常会出现一些错误的结论。对于定量分析，在采集完谱图后，通过定量分析程序，设置每个元素谱峰的面积计算区域和扣背底方式，由计算机自动计算出每个元素的相对原子百分比。也可依据计算出的面积和元素的灵敏度因子进行手动计算浓度，最后得出材料表面的元素相对含量。关于元素化学价态分析，利用上面的实验数据，在计算机系统上用光标定出确定元素的结合能，并依据相关元素的结合能数据判断是否有荷电效应存在。如有需要，可先校准每个结合能数据，然后再依据这些结合能数据，鉴别这些元素的化学价态。

实验数据测试完成后，首先需要对全谱数据中不同结合能的元素进行定性分析。分析多采用 Thermo Avantage 软件中的标准数据库进行比对标注，随后针对单个元素的高分辨

XPS窄谱数据，使用XPS peak软件进行分峰拟合。如果窄谱峰的对称性很好，则不需要进行分峰拟合处理。依据分峰处理后的数据和实际化学环境，对化学元素的价态进行分析与标定。下面将以硫化处理前后的铜锌锡硫（CZTS）薄膜的XPS分析结果为例进行元素的氧化状态分析。

图4.8和图4.9分别为经900℃煅烧的CZTS粉末（C9）和经900℃煅烧+400℃硫化处理后的CZTS粉末（C9S）的XPS谱图。图4.8(a)为C9样本的光电子能谱图，主要由C 1s、N 1s、Na 1s、Si 2s、Si 2p、Sn 3d和最强的O 1s峰组成。其中Si 2s和2p为Si的峰。从CZTS来看，只有Sn 3d峰清晰可见。此外，还有几个来自O KLL或C KLL的俄歇峰。图4.8(b)为C 1s峰附近的高分辨光谱及其拟合结果。主峰位于（284.90±0.01）eV，这是由于C—C键（284.9eV）的存在。由于设备的分辨率多为0.1eV，后面的峰位描述也将只保留小数点后一位。在较高能量处有较多峰，位于286.3eV的峰来源于C—O键，位于288.3eV的峰对应于C═O双键。还有两个额外的峰来源于K 2p。图4.8(c)～图4.8(f)分别为CZTS膜中的Cu、Zn、Sn和硫酸盐（SO_4^{2-}或/和$CuSO_4$）的原子结构周围的高分辨谱图。图4.8(c)为位于932.8eV和952.7eV的非常干净的Cu 2p发射线。图4.8(d)中是1022.4eV和1045.4eV处观察到Zn 2p的两条发射线。图4.8(e)为Sn 3d的发射线，通过Voigt函数拟合后，发现分别位于487.1eV、495.4eV和497.2eV的三条谱线。前两条谱线对应略微偏移的Sn $3d_{5/2}$和$3d_{3/2}$，而第三条对应于Zn的$L_3M_{4,5}M_{4,5}$俄歇发射线。其他研究者对该跃迁给出的值略有不同，为498eV，但也与Sn $3d_{3/2}$峰相隔2eV。图4.8(f)为S 2p在158～175eV区域的发射光谱线。有一个位于165eV附近的宽峰，对应于未分辨的S 2p发射。而在更高能量处还有一个峰，对应于S 2p的其他键合状态，将在硫化后的CZTS样品的XPS谱图［图4.9(f)］中进行详细讨论。

图4.9(a)和(b)分别为C9S在用Ar溅射表面前后的XPS光谱。图4.9(b)中，不仅C 1s和O 1s峰大幅下降，而且信号也放大了5倍。对比图4.9(a)和图4.8(a)，硫化前的全谱4.8(a)中，存在C 1s、N 1s、Na 1s、Si 2p和Si 2s峰以及来自O和C的几个俄歇发射。且从CZTS来看，只能观察到Sn 3d的峰。然而，在硫化后的样品XPS光谱中［见图4.9(a)］，可以观察到由Cu 2p、Zn 2p、Sn 3d和S 2p引起的发射线。当经过溅射清洁表面后，如图4.9(b)所示，O 1s和C 1s峰消失，并且出现了一些额外的俄歇发射峰，如来自Cu LMM的三个峰。虽然Zn 2p发射峰消失，但Cu 2p峰却增强了。

图4.9(c)为Cu 2p的窄谱图，其主峰位于933.5eV和953.2eV。通过查阅文献可知Cu 2p XPS峰的位置是933eV（Cu $2p_{3/2}$）和953eV（Cu $2p_{1/2}$）。实验数据的峰值与参考文献具有较好的一致性。同时，在940eV和945eV之间出现了震荡的卫星峰，这表明薄膜表面存在铜氧化物，进而证实了铜处于+2价的氧化态Cu(Ⅱ)。未硫化样品（C9）中未检测到震荡的卫星峰。事实上，Cu的卫星峰结构通常在退火后出现，可能与CuO有关，其中Cu以+2价出现。在图4.9(d)的Zn 2p高分辨率谱图中，出现了位于1021.9（$2p_{3/2}$）和1045.0eV（$2p_{1/2}$）处的两个峰，与相关实验结果一致。在Sn 3d的XPS光谱中［见图4.9(e)］，发现三个峰分别位于486.3eV、494.8eV和497.1eV。查阅相关文献，可知第一个峰值对应于Sn 3d5/2，第二个峰值对应于Sn $3d_{3/2}$。这两个峰间8.5eV的偏离证实了样品中的Sn(Ⅳ)的状态。位于497.1eV的最后一个峰为Zn的$L_3M_{4,5}M_{4,5}$俄歇峰。

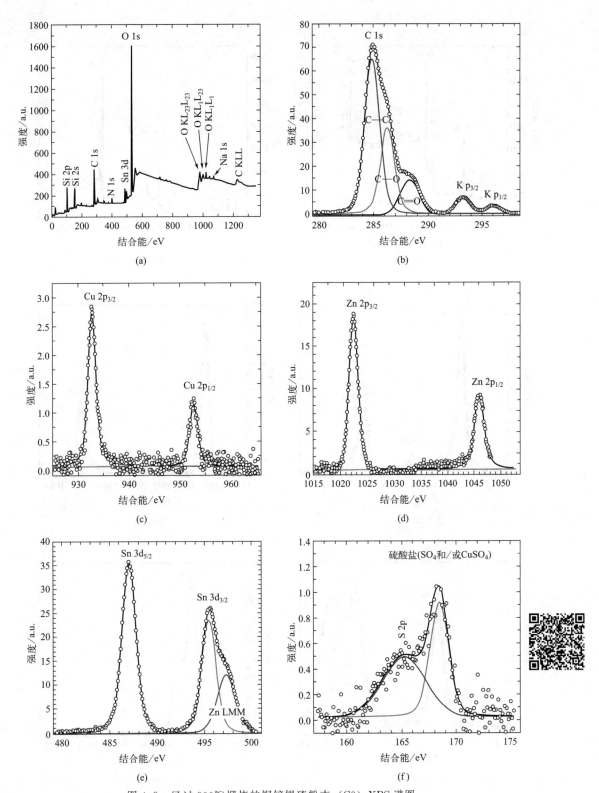

图 4.8　经过 900℃ 煅烧的铜锌锡硫粉末（C9）XPS 谱图

（a）沉积的 CZTS 样品（C9）的 XPS 全谱；（b）C 1s 峰附近的高分辨光谱及其拟合结果；

（c）Cu 2p 的高分辨 XPS 核级光谱；（d）Zn 2p 的高分辨 XPS 核级光谱；

（e）Sn 3d 的高分辨 XPS 核级光谱；（f）S 2p 的高分辨 XPS 核级光谱

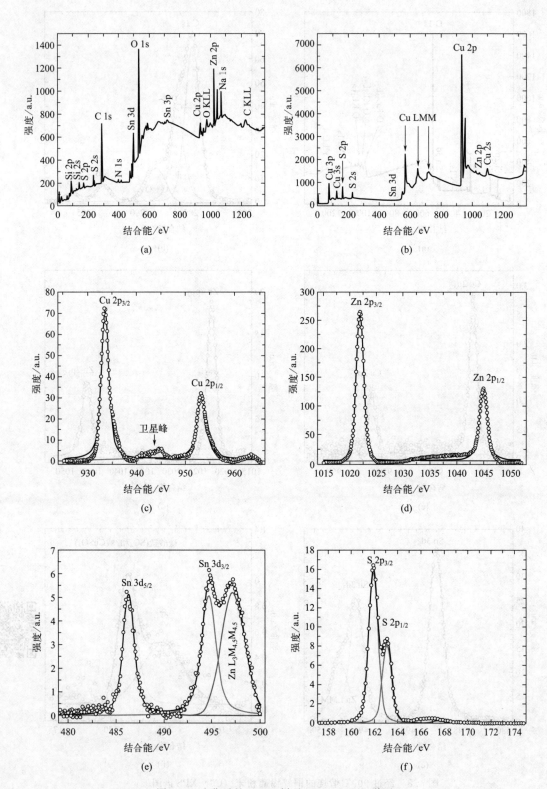

图 4.9　硫化后的 CZTS 样品（C9S）XPS 谱图

（a）溅射前的 XPS 能谱；（b）溅射后的 XPS 能谱；（c）Cu 2p 的高分辨 XPS 核级光谱；（d）Zn 2p 的高分辨 XPS 核级光谱；（e）Sn 3d 的高分辨 XPS 核级光谱；（f）S 2p 的高分辨 XPS 核级光谱

最后图 4.9(f) 的 S 2p 发射谱，软件的拟合结果显示，有四个峰位分别于 161.8eV、163.0eV、166.4eV 和 167.6eV。其中，位于 161.8eV 和 163.0eV 的峰分别对应 S $2p_{3/2}$ 和 S $2p_{1/2}$。它们之间的间隔为 1.20eV，这与硫化物相中硫的预期范围 $160 \sim 164eV$ 一致，表明硫以 S^{2-} 的状态存在。位于较高结合能（166.4eV 和 167.6eV）处的峰表明存在硫的其他键合状态，如硫酸盐 SO_4^{2-} 或亚硫酸盐 SO_3^{2-}，可能是 CZTS 表面的铜，虽然谱图中并无由于氧气而产生的额外峰值。需要注意的是，硫峰的位置很大程度上取决于其化合物。在硫化物中，其峰值约为 162eV，而在硫酸盐中，其峰值接近 $169 \sim 170eV$。因此，硫化前后 CZTS 中元素的 XPS 分析结果表明，薄膜的价态为 Cu^{2+}、Zn^{2+}、Sn^{4+} 和 S^{2-}。

6 实验总结

鉴于光电子的强度不仅与原子的浓度有关，还与光电子的平均自由程、样品的表面光洁度、元素所处的化学状态、X 射线源强度以及仪器的状态有关。因此，XPS 技术一般不能给出所分析元素的绝对含量，仅能提供各元素的相对含量。XPS 分析方法是一种表面灵敏的分析方法，可以达到 10 原子单层，但对于体相检测灵敏度仅为 0.1% 左右，即它提供的仅是表面上的元素含量，与体相成分会有很大的差别。

在进行 XPS 深度分析时，为避免出现择优溅射和样品界面混乱，需在保证刻蚀速率的情况下降低刻蚀能量，并减少刻蚀时间和循环次数。此外，测试过程中，样品荷电较为严重的情况下，应使用较大束斑进行分析。元素组成鉴别时，其顺序如下：由于 C、O 经常出现，需要首先识别 C、O 的光电子谱线，Auger 线以及属于 C、O 的其他类型的谱线；随后鉴别样品中主要元素的强谱线，利用 X 射线光电子能谱手册中各元素的峰位表确定其他强对应，并标出相关峰，注意有些元素的个别峰可能出现相互干扰或重叠；最后鉴别剩余的弱谱线，假设它们是含量低的未知元素的最强谱线。对于 p、d、f 谱线的鉴别应注意它们一般为自旋双结构，其双峰间距及高比一般为一定值（有助于识别元素）。p 谱线的强度比为 1：2，d 线为 2：3，f 线为 3：4。基于感兴趣的几个元素峰的窄区域高分辨扫描数据，可以获得更加精确的信息，如结合能准确位置，进而鉴定元素的化学状态，并通过更精确的计数扣除本底或峰的分解退卷积等数学处理实现定量分析。分析过程中的主要依据为化学位移、俄歇参数和震激峰、多重分裂等伴结构等，使用的工具主要有谱图手册，即《Handbook of X-Ray Photoelectron Ray Photoelectron Spectroscopy（1992）》和 Web 数据库。目前，对于 XPS 的元素定性与定量分析主要采用 C 1s 校正法，即通过测试外源碳（adventitious carbon，AdC）的 C 1s 峰来进行电子结合能（binding energy，BE）的标定。用 AdC 的信号来标定化学位移，非常简单，它将 C-C/C-H 组分设置为 $284.6 \sim 285.2eV$，一般将 C 1s 峰位定为 285.0eV。但在 2021 年 Grzegorz Greczynski 和 Lars Hultman 发表在《Scientific Reports》上的文章《The Same Chemical State of Carbon Gives Rise to Two Peaks in X-ray Photoelectron Spectroscopy》发现相同化学状态的 C 在 XPS 中产生两个峰，建议取消基于 AdC 的 C 1s 峰的电荷参考方法。因此，当采用 C 1s 校正法无法获得较好的结果时，建议采用费米边（Fermi edge）去校准。

第2篇
材料的结构表征

实验5
材料X射线衍射物相、薄膜、织构分析

1 概述

X射线是一种能量为 $125eV \sim 125keV$（波长 λ 为 $0.01 \sim 10nm$）的光子。X射线与材料中的电子作用主要发生弹性散射或非弹性散射（原子核的X射线散射几乎可以忽略不计）。弹性散射（也称汤姆逊散射）是光子只与原子发生弹性碰撞，没有能量损失，只是运动方向改变，其入射线与散射线的波长相等，各电子散射的电磁波会发生干涉，故又称相关散射。而非弹性或康普顿散射的入射光子能量大于发射光子的能量，能量差被转移到散射电子，使其反冲并从原子中弹出。

X射线衍射（简称XRD）是利用光子与电子的弹性散射而产生的衍射来进行材料的结构分析的一种方法。当一束单色X射线入射到晶体时，由于晶体是由原子规则排列成的晶胞组成，这些规则排列的原子间距离与入射X射线波长处于相同的数量级，故不同原子散射的X射线相互干涉，在某些特殊方向的散射X射线发生叠加而加强，衍射线在空间分布的方位和强度，与晶体结构密切相关，每种晶体所产生的衍射花样都反映出该晶体内部的原子排列规律。

与其他分析技术相比，XRD对晶体物相探测时的灵敏度可达 $0.1\% \sim 1\%$（质量分数），可以准确确定晶格常数值和畸变（即相对于标准的晶格常数），且角度测量的能力非常高，精确性和再现性较好。材料中的晶面间距 d 变化的测量是该技术中大部分后续分析的起点。高分辨率配置时的XRD可以用于 d 和晶格常数的相对变化在 10^{-5} 以内的测试，而透射电子显微镜可测试的相对变化值通常在 10^{-3}。材料中微小的晶格常数的变化对于识别合金中的化合物和成分非常重要。通过测定衍射角位置（峰位）可以进行化合物的定性分析，测定谱线的积分强度（峰强）可以进行定量分析，而测定谱线强度随角度的变化关系可进行晶粒的大小和形状的分析，还可以用于结构相变、外延片应变状态、结构畸变、薄膜厚度、材料密度、组织结构、残余应力等的测试分析。此外，基于XRD测试可用于样品择优取向和织构种类的鉴定与量化，其测试采用传统的 $2\theta/\omega$ 模式对完整、复杂的极图进行简单估计测量。与其他织构测定技术相比，例如电子显微镜（特别是EBSD-电子背散射衍射），XRD分析可实现大量晶粒的体积平均值统计，而不是仅限于可能存在晶粒特异性的微区表征。

本实验的目的是：①在了解XRD分析样品的制备与测试过程的基础上，加深对X射线衍射仪的应用领域及安全防护的认识，熟悉X射线衍射的原理和仪器的基本结构；②学会常用XRD分析数据处理软件MDI Jade和Highscore的使用及其对测试结果的处理，并掌握采用该实验对材料的物相和织构进行测试与分析的方法。

2 实验设备与材料

2.1 实验设备

X射线衍射仪基本上由五个主要部分构成：①X射线源。是一个密封于高真空的玻璃和陶瓷管内，且工作在高压下的真空二极管，主要由阴极钨丝、阳极靶材以及出射窗口（通常为金属铍或硼酸铍锂）组成。它的作用是发射具有特定光束形状和焦点的X射线。②初级光学器件。包括索拉（Soller）狭缝和发散狭缝，它们的作用是分别减少垂直和平行于衍射平面的方向上的光束发散，即准直并限制到达分析样品的入射X射线束的大小和角度。③样品台。用于放置要分析的样品，可实现样品的旋转和平移等。通常对于晶粒取向呈完全随机分布的样品，采用X光管和探测器同时旋转的装置，而对于具有择优取向（织构）的晶体或单晶材料，需要可进行360°水平旋转和70°倾斜的样品台，从而获得不同晶面及其对应的衍射峰。④二级光学器件。是指放置在样品和探测器之间的散射狭缝、索拉狭缝和接收狭缝，用于对衍射光束进行准直。⑤探测器。对实验中使用的特定波长/能量具有特定的灵敏度和分辨率的检测装置。最常见的探测器类型是零维探测器（0D）探测器和一维探测器（1D）。两种传统的X射线衍射仪配置如图5.1和图5.2所示。XRD数据来源于不同的角度测量信息（2θ和ω旋转的平面对应于衍射平面），因此探测器的旋转（改变衍射角2θ）以及样品和/或X射线管的旋转（改变入射角ω）是常采用的方法。在衍射仪上配置各种不同的功能附件，并与相应的控制和计算机软件配合，便可执行各种特殊功能的衍射实验，如织构测角仪、薄膜衍射测角仪、应力分析测角仪等。

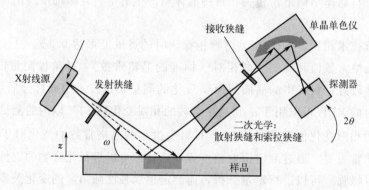

图 5.1 Bragg-Brentano（聚焦）配置

Empyrean X射线衍射仪配置铜阳极靶材，工作电压40kV，工作电流40mA；测角仪衍射半径240mm，垂直型，可用角度范围为$0°<2\theta<168°$；测量模式有θ-θ、θ-2θ、ω-2θ、Gonia；扫描方式有连续和步进两种；光路配置中，入射光路配有标准光阑、Bragg-Brentano HD和毛细管平行光，衍射光路有标准光路和平板准直器；样品台有平板样平台和Chi-Phi-Z多功能样平台；探测器为PIXcel 3D阵列探测器，可实现0D-1D-2D和3D数据的探测。

2.2 实验器材

待测样品、样品架（盲孔、通孔）、无水乙醇（AR），用于粉末样品制备与装样的玛瑙

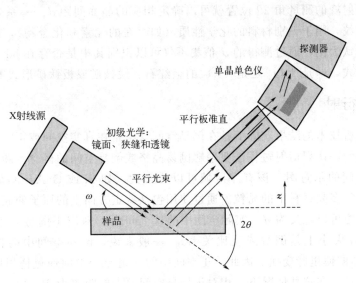

图 5.2　平行光束配置

研钵、脱脂棉球、滤纸和载玻片。根据样品类型、测试的起始角配置一系列的发散狭缝、防散射狭缝、挡光板和索拉狭缝等，以及测试数据的处理软件 MDI Jade 和 Highscore。注意对于有机物或介孔材料等，通常衍射峰集中出现在低角度，适宜配置较小的发散狭缝，如需测量到高角度，应分段测量并配置相应的狭缝。表 5.1 为常见的样品类型与狭缝和测试角度之间的配置关系。

表 5.1　不同样品的参考测试角度与常用狭缝配置

样品类型	起始角度/(°)	终止角度/(°)	发散狭缝/(°)	防散射狭缝/(°)	PIXcel 防散射狭缝
普通无机物	5	65	1/8	1/2	7.5
	10	70	1/4	1	8.0
有机物	3	35	1/16	1/4	7.5
	5	50	1/8	1/2	7.5
黏土	3	65	1/16	1/4	7.5
金属	20	100	1/2	2	9.1
	30	120	1/2	2	9.1
介孔材料(小角/低角度衍射)	0.6	3.5/5	1/32	1/4	7.5

3　实验原理

3.1　衍射原理

布拉格定律是 XRD 分析的基础，从数学上对真实空间中波的干涉和倒易空间中波的矢量之间的关系进行了证明。该定律指出，材料中原子的平面间距 d 可以通过测量波长为 λ 的辐射的入射和衍射方向之间的角度 2θ 来确定

$$2d\sin\theta = \lambda \tag{5.1}$$

通过测量出射衍射光束相对于固定入射方向的角度来确定原子平面间距。根据从材料中

观察到的各种衍射峰的测量角 2θ 位置就可以确定相应的晶面间距 d。一系列特定的 d 值集可作为唯一的指纹，用于识别材料的化学性质（如存在的元素和化合物），以及特定的多晶型的相。以氧化钛为例，通过测得的 d 值集不仅可以识别其中是否存在 Ti 和 O，还可以识别其化学计量形式，即是 TiO_2 还是 TiO_2 的金红石、锐钛矿或板钛矿形式等特定相。

3.2　X射线衍射

由于衍射分析技术的结果实际上是在倒易空间（不是在真实空间或正空间）中分析材料的某种形式的表示，认识衍射过程需要理解倒易晶格或倒易空间的概念。图 5.3 为晶体结构中有序原子正空间的示意图。该有序区域可以非常大（如 Si 或 GaAs 单晶中），也可以很小，如钢、铝板等多晶材料中的晶粒。通过使用包括特定方向上的原子的假想晶格平面，原子组成的晶面间距可以定义为 d。实际空间中的这个间距 d 对应于倒易空间中的距离 $2\pi/d$（注意两个空间在大小上是倒数或反比关系）。一般来说，倒易空间中的特征是来自真实（正）空间的实体的傅里叶变换。因此，正空间中的一组原子平面通过傅里叶变换对应于倒易空间中的一个点（在这种情况下，相对于倒易空间原点的距离为 $2\pi/d$）。

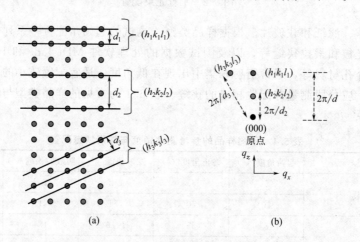

图5.3　晶面间距和晶体取向在正空间和倒易空间表达的不同
（a）正空间的晶面和取向对应；（b）倒易空间中距离原点不同距离和方向的点

从图 5.3 中也可以看出，不同的原子平面（具有不同的原子间距和/或不同的角度）将对应于倒易空间中的点，这些点位于与原点不同的间距和相对于原点的不同角度。这在晶体结构分析上非常重要，因为仔细选择要在倒易空间中探测的点可以用于探索材料的特定属性，如用倾斜晶格平面确定方向和平面内的应变）。

图 5.4 描绘了正空间和倒易空间中的衍射过程。图 5.4(a) 显示 X 射线以相对于材料表面的入射角 ω 撞击材料。衍射光束以 2θ 角（相对于入射光束方向测量）呈现，该角度可用于确定相应的原子间距 d。倒易空间表示也是一个点阵（每个点对应于正空间原子平面的傅里叶变换）。这组特定的平面通常由密勒指数（hkl）表示，其对应于倒易空间中的特定（hkl）点。描述倒易空间中衍射过程的最佳方法是使用埃瓦尔德（Ewald）球的结构。在这种情况下，入射光束由与入射光束方向相同的波矢量 k_0 表示。矢量 k_0 的末端被放置在倒易空间中的一个特定点上，k_0 的长度定义了埃瓦尔德球的半径 [见图 5.4(b)]。在角度 ω 和/或 2θ 变化的正空间中的衍射实验期间，埃瓦尔德球将在倒易空间中由于波矢量方向的相应

变化而发生旋转。可以看出，对于衍射波矢量 k_1（对应于正空间中的衍射光束），当 Ewald 球体与倒易晶格点相交时会发生衍射（见图 5.4）。

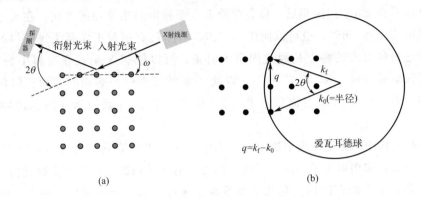

图 5.4　正空间和倒易空间中的衍射过程示意
(a) 正空间的衍射过程；(b) 倒易空间的衍射过程

以入射波矢量为半径的 Ewald 球是理解倒易空间中的衍射和测量方法的有用结构。散射矢量 q 定义为 $k_1 - k_0$，它是衍射分析中的一个重要矢量，其与衍射角的关系为

$$q = \frac{4\pi}{\lambda}\sin\theta \tag{5.2}$$

由于衍射是弹性散射，因而 $|k_1| = |k_0|$。在接下来的部分，我们将经常提到晶体空间点阵在倒易空间和正空间上表示方法之间的关系。衍射实验只给出了倒易空间晶体点阵的表示方法，而两个空间之间的关系对于使用数据推断材料特性很重要。由于倒易空间和正空间之间的大小呈现反比关系，在衍射数据中看到的倒易空间中具有大尺寸的特征实际上对应于在正空间中具有小尺寸的结构。这就是大而宽的衍射峰对应于真实空间中小的相干体积（某些情况下指晶粒尺寸）的原因。相应地，在小衍射角（小 q 值）处观察到的峰对应于实际空间中的大的原子晶面间距 d。

3.3　X射线衍射分析的基本原理

3.3.1　物相分析

任何一种结晶物质都具有特定的晶体结构。在一定波长的 X 射线照射下，每种晶体物质都产生自己特有的衍射花样（即衍射线的方向、衍射峰位置及强度）。每一种物质与它的衍射花样都是一一对应的。如果试样中存在两种以上不同结构的物质时，每种物质所特有的衍射花样不变，多相试样的衍射花样只是由它所含各物质的衍射花样机械叠加而成。在进行相分析时，为了便于对比，通常用面间距 d 和相对强度 I 的数据组代表衍射花样。这就是说，用 d-I 数据组作为定性分析的基本判据。其中又以 d 值为主要判据，I 值为辅助判据。定性相分析的方法，就是将由试样测得的 d-I 数据组（即衍射花样）与已知结构物质的标准 d-I 数据组（即标准衍射花样）进行对比，从而鉴定出试样中存在的物相。

3.3.2　薄膜分析（掠入射 X 射线衍射）

薄膜分析受薄膜厚度的影响，需要通过改变 X 射线束相对于样品表面的入射角 ω 来进

行常规 $2\theta/\omega$ 扫描，从而实现 X 射线探测深度的控制。另外，掠入射 XRD（GI-XRD）使用固定的入射角 ω，并且仅通过扫描探测器（2θ 扫描）进行测量。因此，该方法探测各种晶体学方向（与常规 $2\theta/\omega$ 扫描相反，后者探测垂直于特定晶格平面的方向，在大多数情况下垂直于表面的方向）。同时，也可以使用 GI-XRD 检测具有相对于样品法线倾斜的取向的晶粒。这种方法最吸引人的特点是通过固定入射角，可以控制 X 射线在材料中的穿透深度。通常使用低入射角（对于 ω，$0.2°\sim2°$），以便 X 射线照射样品表面的大面积但仅覆盖穿过材料的较浅深度，以提供近表面信息和/或避免来自较深区域的峰（例如薄膜衬底物质的峰）。

X 射线在材料中的穿透深度取决于几个因素，例如光束能量（波长和辐射类型）、材料特性（例如密度）和相对于表面的入射角。作为入射角的函数，对于大多数材料，X 射线穿透深度在 ω 角低于 $1°$ 的范围内变化几个数量级。通过正确选择入射角，可以探测特定的样品深度。不同 ω 角（一般选取 $0.5°$ 或 $1°$）的测量探测不同的样品深度，可用于"深度剖析"材料特性，例如相位变化、应变变化和缺陷形成等。

3.3.3　织构分析

在晶体材料中，就晶粒取向分布而言，可分为两种情况。一种是取向分布呈完全无序状态，另一种是取向分布完全偏离无序状态，呈现某种择优取向分布，即所谓的织构。天然的和人工制备的材料很少是取向分布完全无序的，绝大部分都存在着不同程度的织构，且经证实，这些取向结构对材料（薄膜、块体材料甚至粉末）的电子、光学和机械性能都有较强的影响。例如在金属板深冲加工时，织构的存在会产生制耳，降低产品的质量和合格率。而在变压器硅钢片和坡莫合金加工时，沿晶体易磁化方向形成强织构则可提高磁性能。可见，织构的测定具有重要的实际应用价值。

使用常规的 $2\theta/\omega$ 扫描方法获得择优取向数据。对于材料中存在的每个相，测量其在分析材料中观察到的各种 $<hkl>$ 取向的相对强度（或峰面积），并将它们与来自没有择优取向的相同参考材料的对应相对强度进行比较。可以从 ICDD 数据库中的高质量 PDF 卡片中获得"未织构化"的参考强度。该过程的定量方法由 Lotgering 因子 f_{HKL} 给出，其与具有特定晶面（HKL）在材料织构中的体积相关。Lotgering 因子可用于提供材料中择优取向程度的近似量化，即

$$f_{HKL} = \frac{p_{HKL} - p_0}{1 - p_0} \tag{5.3}$$

式中，p_{HKL} 是来自特定 $\{HKL\}$ 晶面的衍射峰面积之和除以在衍射图中观察到的所有峰的所有面积之和，即

$$p_{HKL} = \frac{\sum I_{HKL}（仅来自特定\{HKL\}晶面峰）}{\sum I（所有峰）} \tag{5.4}$$

另外，p_0 的计算与 p_{HKL} 类似，但使用来自相同材料的无织构样品的峰值强度（该材料的相应 PDF 卡中的强度通常用于 p_0）。Lotgering 因子在 0 和 1 之间变化，对于完全随机取向（$p_{HKL} = p_0$）的情况为 0，对于高度取向的材料为 1。

4 实验内容

4.1 实验准备

进行 X 射线衍射实验前需要具有样品制备、靶材选择和仪器操作等方面的理论储备与实践认知，同时对 X 射线谱图及其代表的意义以及后续的数据处理等都要有较深入的认识。

4.1.1 样品制备

X 射线衍射的样品，就材质而言，可以是金属、陶瓷、矿物、药材、塑料等。从形态上讲，主要分为粉体、块体和包括薄膜的特殊样品。

（1）粉末样品制样。衍射线的形态是由试样的内部结构状态决定的。若晶粒过大，将因参与衍射的晶粒数目太少而导致线条不连续（出现麻点，对应于德拜照片）；若晶粒太小或存在微观应力，将因晶体的不完整性，或晶面弯曲等，致使衍射线变宽。上述现象都将影响测量的准确性。因此，粉末样品应有一定的粒度要求。尽管衍射仪上照射面积较大，允许采用稍粗的颗粒，仍然要求颗粒均匀，粒度为 $1 \sim 10 \mu m$ 数量级。根据粉末的数量可压在玻璃制成的通框或浅框中。压制时一般不加黏合剂，所加压力以使粉末样品粘牢为宜，压力过大可能导致颗粒的择优取向。当粉末数量很少时，可在平玻璃片上抹一层凡士林，再将粉末均匀覆上。

（2）块体样品制样。金属样多数为块体，从大块中切割合适的尺寸，经砂轮、砂纸磨平和磨光，测试面平整，清洁后装入中空样品架固定。值得注意的是，测试面的厚度最好不超过 10mm。另外，多数块体仍然制作为粉体后测试，其基本程序是：对非脆性材料，用锉刀将块样锉成粉末，再将粉末置于真空炉内或保护性气氛中退火，以消除微观应力，最后，经 $250 \sim 325$ 目的粉末筛进行筛选，选取粒度适中的粉末。对于脆性材料，可以先敲碎，然后用研钵研磨成粉末。当材料中含有两个以上的相组分时，必须让全部粉末通过所需要的筛孔后，再取粒度适中的粉末混拌均匀制取试样。决不能丢弃粗粉而仅取先通过筛孔的细粉来制样。这是因为较脆的相容易磨细，固先通过筛孔；其余的相较少或尚未通过筛孔。这样，细粉的相含量与原合金的不同，使分析结果存在较大的人为误差。

（3）特殊样品制样。特殊样品包括极少量的微粉、非晶条带、液体样品等。特殊样品制备，一般采用特殊低背景样品架，将微粉或液体在其单晶 Si 片上均匀分散开即可，非晶条带也是平铺在单晶 Si 片上，尽可能与其贴合。

4.1.2 靶材选择

目前，XRD 仪器使用单色（即具有明确的波长）的 X 射线辐射源，主要来自 Cu、Co、Fe、Cr、Mo 或 Ag 等靶材。其中 Cu 靶，特别是其产生的 K_α 线（这是 Cu 中的特定电子跃迁，用于产生波长为 0.15418nm、能量为 8.05keV 的光子），是实验室辐射源中最常用的。Co、Fe、Cr 通常应用于 Fe 基材料的结构与物相分析，Mo 和 Ag 则用于对 X 射线穿透能力有更深要求的情况。

4.1.3 XRD 衍射图的基本信息

图 5.5 为 Bragg-Brentano（聚焦）配置下使用 Cu 靶进行 $2\theta/\omega$ 扫描后得到的 XRD 衍射

图谱。样品为一种岩石粉末，其中添加了质量分数约为20%的非晶物质。通过衍射峰的存在可以确定晶体的存在。为了确定这些峰是否来自同一族平面（彼此平行），即是否具有高度取向性，或者来自不同的晶粒取向（在粉末或多晶样品中更为典型），需要进行PDF卡片索引。使用特定软件，如MDI Jade或Highscore等根据观察到的峰的2θ角位置确定材料的晶体结构。基于这些数据，运用自动搜索和匹配程序，与粉末衍射文件中的PDF卡片数据库进行比对，以识别该样品中存在的材料（稍后将在结果分析与讨论中进行详细介绍）。因此，峰的2θ角位置和相对强度是这种物相鉴别方法中使用的关键参数。

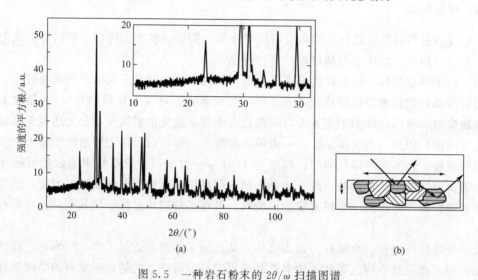

图5.5 一种岩石粉末的$2\theta/\omega$扫描图谱

（a）平行于样品表面的测试数量，其中非晶物质的数据显示在覆盖2θ范围的$10°\sim45°$的右上部插图中，存在"驼峰"；（b）样品中的探测体积（由双箭头表示）作为2θ的函数的变化

针对XRD图谱分析，峰值的位置用于晶胞确定，即可以确定晶胞长度a、b和c和角度α、β、γ。峰的面积或峰高的比较可用于提供混合物或样品中存在的各种相之间的量化关系，并确定特定材料的择优取向。衍射峰的角宽可用于峰形分析，从中可以提取有关材料中微晶尺寸、微应变和缺陷的信息。峰"尾部"的形状（即背景附近低强度处的衍射峰曲线的形状）可用于建模和识别用于点缺陷量化的漫反射散射。图中，宽衍射特征的存在［图5.5（a），大约25°附近延伸了几度］表明存在非晶材料（具有几纳米或更短的非常短程有序的非晶态材料）。此处必须认真核实这一宽化特征是否来自固定在仪器（样品架）中的材料。在该特定示例中，由于使用低背景样品架进行测量，因此该宽化的衍射特征实际上来自样品。

4.1.4 定量分析

参考强度比（RIR或I/I_c）方法可用于估算材料中结晶部分的相对量。因为对于每个相，其衍射峰的面积与混合物中该相的含量成正比。由于该方法依赖于衍射峰，因此只能用于识别结晶含量。对于不包含来自不同相的重叠甚至来自同一材料的多个布拉格反射（hkl）的峰的情况，该方法通过比较位于2θ角附近的相的峰强来获得其对应含量的效果更好。因此，最好只考虑具有良好信噪比的明确定义的峰。使用峰拟合确定图5.5中的数据衍射峰的位置、宽度、强度（高度）和面积，进而采用RIR方法对其数据进行计算，即可得到材料组成的估计值，此处为79.2%（质量分数）的方解石和20.8%（质量分数）的白云石。需要注意这些百分比仅与结晶含量有关（不包括非晶含量）。

除了与特定仪器设置相关的因素（入射光束强度和横截面积、辐射波长、衍射仪半径等）和该特定材料的固有参数（结构因子、多重因子、温度因子、线性吸收系数等）之外，RIR 方法是依据混合物中特定成分的衍射峰强度与该成分的质量分数成比例的现象来实施的。由于 RIR 方法使用的是在相同模式中观察到的强度比，假设每个阶段的几个仪器贡献相同，则可以被抵消。特定材料的固有参数（定义为 RIR 或 I/I_c）常近似为常数，可在 ICDD 的 PDF 卡片数据库中查询得到，如图 5.5 中方解石和白云石的 I/I_c 值分别为 3.45 和 2.51。

这里有一个常见的错误是假设在图谱中观察到的衍射强度的比率等于混合物中各部分的比率。例如，两相 A 和 B 之间的峰面积比为 1∶3 并不意味着 A 和 B 的成分比也为 1∶3，因为观察到的每个相的峰值强度必须首先除以该特定相的 I/I_c。（I/I_c 包括该特定材料的材料属性，例如散射因子等，反映每种材料的不同 X 射线"散射属性"）。只有当 A 相和 B 相的 I/I_c 大致相同时，1∶3 的峰比例才会转化为 $A+B$ 混合物中 1∶3 的组成比例。通常在计算混合物含量时，某个相的高 I/I_c 值会降低该相的峰面积贡献，可能导致该相的质量百分比更小。

RIR 方法对于快速简便的定量分析很有效，但其准确度约为 10%，并且不如 Rietveld 优化等完整模式分析那么严谨（见后文）。如果存在峰重叠时必须小心使用，并且受限于实际峰拟合过程的质量和准确性。

4.1.5　择优取向、晶格常数和晶粒尺寸测定

在前面的讨论中，相对峰面积用于估计两相或多相混合物的定量组成（RIR 方法）。另一方面，比较同一相峰的相对面积可以获得有关择优取向的信息。对于相同的材料，对应于特定<hkl>晶粒取向的每个峰的强度与样品中存在的具有该特定取向的晶粒的数量成比例。与上述涉及 RIR 方法的讨论类似，相同材料的每个（hkl）峰之间的峰面积比并不直接等于每个<hkl>取向的相对含量。然而，我们可以将观察到的峰面积（或强度）与来自具有完全随机晶粒分布的无织构样品或标准（相同材料）的相应值进行比较。可以从 ICDD 的 PDF 卡片数据库中检索无织构材料的相对方向强度，该卡片带有最常见材料的高质量标记。

在图 5.5 的示例中，可以将观察到的来自白云石的每个（hkl）峰的强度（从上面讨论的峰拟合程序中获得）与相应 PDF 卡中列出的强度进行比较。然后，相对强度之间的差异将揭示是否存在择优取向。如果观察到的峰值强度（相对于其他方向的强度）显著高于无织构标准（或该材料的 PDF 卡数据库）给出的相对强度，则某个<hkl>方向将对应于择优方向。图 5.6 中的数据显示在我们的示例中没有任何明显的择优取向。

如上所述，通过将测试数据与 ICDD 条目进行匹配，不仅可以鉴别存在的相，还可以获得每个相的结构信息，如本例中的相为六边形结构。通过峰值拟合正确识别峰值位置（2θ 值和对应的晶面间距 d 通过布拉格定律获得）和相应的密勒指数（hkl 值从索引模式或与 ICDD 的相位匹配获得 PDF 卡数据获得），用于确定每种材料的实际晶格常数（晶胞长度 a、b 和 c 以及角度 α、β 和 γ）。对于立方晶系、四方晶系和六方晶系晶胞结构，只需要几个峰（及其相应的密勒指数），但对于更复杂的单斜晶胞，则需要更多的峰来获得相的结构信息。作为晶面间距 d 的函数，晶格常数和晶胞体积一般可以在文献中找到。通过对比晶格常数

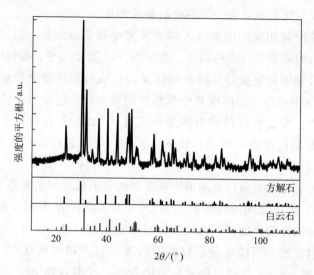

图 5.6　岩石粉末（图 5.5 衍射数据）XRD 的峰识别

的测量值与文献中找到的数据可以提取出有关晶格膨胀或收缩的信息。这通常与宏观应变（或应力）有关，在一般的薄膜或涂层的研究中非常重要。

在确定峰的半高宽（也称半峰宽，FWHM）时适当考虑仪器分辨率，则所得峰宽包含有关材料特性的信息。一种简单（且常见）的方法是忽略微应变和缺陷对峰宽 Γ（弧度）的贡献，并假设对峰宽化的唯一贡献来自晶粒尺寸 L，则材料的平均晶体尺寸可以用 Scherrer 方程进行估算，即

$$L=\frac{k_s\lambda}{(\cos\theta)\Gamma} \tag{5.5}$$

式中，k_s 是 $0.8 \sim 1.2$ 的形状因子常数（通常取 0.9）。

晶体尺寸对应于材料中与观察到的特定衍射峰相关的相干体积。在多数情况下，它对应于构成粉末样品或多晶薄膜或块状材料的晶粒尺寸。然而，在某些情况下，晶体尺寸可能小于晶粒尺寸，如单晶（或外延、高质量薄膜），其估算的晶体尺寸只是一个相干域，小于单晶的总厚度。如式(5.5) 所示，晶体尺寸与峰宽成反比。尖锐的衍射峰（0.1°内的小 Γ）表示大的晶体尺寸（数百纳米），而宽峰（几度内的大 Γ）表示小的晶体尺寸（几纳米）。

4.1.6　基于 Rietveld 方法的结构精修

Rietveld 方法是一种强大、巧妙的衍射数据结构精修方法，可用于提高上述几个参数（晶格常数、晶体尺寸、择优取向、混合物的质量分数等）的精度，此外还有大量关于样品材料的补充信息。它不是一种相结构的确定方法，它是一种数据的结构精修方法。在应用该方法处理数据之前，必须先进行峰值和背景的拟合，需要大致了解物相和晶体的结构类型。Rietveld 方法将从基于现有材料结构的理论计算开始（通过峰值拟合和搜索/匹配分析预先确定），以匹配观察到的数据。该方法不仅使用观察到的峰，还使用整个观察到的背景，因此，为了获得有意义的结果，整个图谱都需要非常好的信噪比。

简而言之，Rietveld 方法使用非线性最小二乘法来优化与每个数据点的观察强度和计算

强度之间的差异相对应的函数。该过程使用相关的参数 R 来评价精修过程的质量，通常 R 值越低，优化效果越好，但具体情况取决于使用的软件或算法。一些商业和免费软件包使 Rietveld 方法实施起来非常简单，但必须注意输入样品、材料、仪器设置和晶体结构的正确初始信息。通常采用具有高数据密度的长时间测量扫描来获得良好的数据质量。Rietveld 方法可用于优化和提供结构参数和非结构参数。其中结构参数包括峰形函数、晶胞参数、择优取向、晶粒大小、晶胞中试样衍射峰的半高宽、微观应力、消光和微吸收。非结构参数包括背景、样品位移、样品透明性、样品吸收、仪器参数、衍射峰的非对称性和零偏移校正。

使用图 5.5 中的数据进行 Rietveld 优化，经过峰值拟合和物相鉴别（见图 5.6），得到岩石样品由 80.7%（质量分数）的方解石、22.2%（质量分数）的白云石和 17.1%（质量分数）的非晶态组成。这些值与先前使用峰面积比的 RIR 方法获得的数据接近，但 Rietveld 方法由于优化了整个观察模式，其获得的数据更准确。优化后的方解石和白云石的平均晶体尺寸分别为 56.8nm 和 35.6nm。

4.2　实验过程

该实验过程以帕纳科 Empyrean X 射线衍射仪为例，实验过程主要包括设备开机、装样、程序设定、取样及数据分析几个步骤。

设备开机首先按下循环水冷机的开关，即黑色按钮拨到运行挡，水压为 3.8~5.4MPa、水温到达（20±0.5）℃可进行下一步操作；连接总电源，检查并确保设备主、辅机的各开关在正常位后，合上设备总电源；随后打开设备电源，将电源箱内的 50A 电源闸合上，艾普斯稳压器开启，约 1min 后，连续声响传出后，按下方标有 Push to Reset 的红色开关；然后启动压缩机电源，按下压缩机的绿色按钮，观察压力指数达 4~5×10⁵Pa 后，打开衍射仪主机。按下设备面板上的 POWER ON 键，依次出现仓内探测器有蓝光闪烁，面板上电压、电流分别显示 0kV、0mA，入射、衍射光路回复到初始位置。等待约 3min 后即可进行下一步工作。开高压，把高压控制钥匙顺时针方向旋转拨到平行位置，等待主机面板显示 30kV、10mA，该过程一般在 4min 内完成。设备开机完成后，需要进行软件与设备的联机。双击计算机桌面含 Data Collecter 字母的标识，依次输入用户名、密码。在菜单栏 Instrument 下单击 Connect，新界面中确认样品台，单击 OK 即可。最后进行使用电压电流设置。双击左边界面的 Instrument Setting，在 X-ray 下，单击 Breed 老化光管时，老化结束后电压电流将变为 40kV、10mA，再手动升到常规工作电压电流后设备就可使用了。该设备使用 Cu 靶，因而工作电压需要升至 40kV 和 40mA。在开机过程中需要注意老化光管，如果离上次关机不大于 100h 时选 Fast（15min），不小于 100h 时选 Normal Speed（20~30min），后单击 OK 键即可。而在升高电压和电流时，先升电压、再升电流，且每次上升的数值增加 10，输入后单击 Apply。最常选择的测试参数 X 光管的管电压和管电流，分别是衍射线强度 I_{max} 和物相 2θ 值准确性的最主要影响因素。

设备升工作电压电流之前，需要将粉末或多晶衍射的样品台安装好。常见样品台主要有平板样品台、多功能样品台、旋转样品台以及反射透射旋转台。针对不同的样品选择不同的样品台，同时配置不同的光路器件（见表 5.1）。随后将装有样品的样品架装入试样台，由于该设备使用的是 Bragg-Brentano（聚焦）配置，对样品表面的平整度有要求，在装样时需要特别注意。装样完成后轻轻关闭衍射仪拉板门隔绝辐射源，并保证设备正常运行。

通过 File 菜单里的 New Program 项来新建测量程序，或单击 New Program 项来新建程序，或单击 Open Program 项来打开已有的测量程序做修改。打开 New Program 对话框，选择所要建立的测量程序的类型；对于普通粉末多晶衍射、薄膜物相分析、薄膜反射率测量等都属于绝对扫描类型（absolute scan），而织构测量（texture measurement）则用于测量织构极图等；另外批处理程序（general batch）可将不同测量条件的测量程序放在一起，对同一样品按顺序进行测量，而变温程序（non-ambient program）可用于原位反应测量的温度控制和扫描；此处，也可以通过 User Settings 菜单里的 Measurement Types and Data Folders 项打开对话框设置隐藏掉不需要的或用不上的程序类型。其他实验参数如扫描方式、扫描角度范围、扫描速度以及狭缝设置等根据实际实验进行设置即可。程序编制结束后，单击程序编制对话框右上角关闭按钮，将会弹出消息框提示是否保存程序。也可以通过单击 Open Program 项打开一个已经存在的测量程序，修改之后保存或另存为（File 菜单里的 Save As... 项）其他的程序名称。

程序运行是单击 Measure 菜单里的 Program 项，选择所需要运行的测量程序，单击 Open 按钮打开程序运行。然后在 Start 对话框中输入文件名（默认命名为程序名称＋下划线＋数字）和选择保存路径；确定之后将开始测量；如果所运行的测量程序 Settings 按钮里的仪器配置设置与 Data Collector 程序左边框中的当前配置不一样，则会弹出信息框来提示需要替换什么配件，根据该提示修改仪器上的配置，确定后，即开始测量。扫描样品结束，X 光闸指示灯熄灭，取出样品架。

该设备配置的是 Highscore 数据处理软件。打开文件，测量的原始图谱显示于界面。首先，进行图谱预处理，单击 Analyze 下的 Fit background 或（F4 键）在新界面上选择分析图谱的 2θ 范围，单击 Apply，再按住 Ctrl 键的同时单击 Strip K-alpha2 完成图谱背景和 K_{α_2} 干扰峰的扣除。其次，寻峰，单击 Analyze 下的 Find Peak，随后在 Search 和 Labeling 中相应处打"√"，并单击 Apply，寻峰完成。最后，物相鉴别。单击屏幕上方的 Identify 下的 Search/Match Set up，在其下拉的图标框中设定限项（数据库和过滤方式），单击 OK 后界面跳转至衍射峰和相关数据库页面。最后，根据一系列参数选择比对，如先 3 强线，后 8 强线，以及低 FOM 值等因素，单击标准卡片比对确定所测试样的物相。

织构测试时需要使用三轴样品台，同时使用平行光光路及平板准直器。测试前确定平行光光路狭缝尺寸，一般为 1mm×1mm。按照要求粘贴样品，利用高度计测定衍射平面，确定 Z 值。利用快扫物相程序对样品各晶面峰位进行确定，完成后修改织构测试程序对应峰位，通过 General Branch 程序调用各织构测试子程序进行测试。

对已获得的测试结果进行分析，使用 Labotex 进行极图运算。首先，把测试结果导入 Labotex 软件，设定晶格参数信息，并计算获取去除背底的不全极图数据。通过数据演算获得全极图，调整显示效果，输出极图数据。

如果需要对设备进行关机，双击界面左边框中 Instrument Settings 标签页中的电压、电流处，打开 Instrument Settings 对话框的 X-ray 标签页，修改 Tension 和 Current 框中的数字降低电压电流，先降电流再降电压，降到 15kV、5mA，也是以 10 为步进进行下降。取消勾选电压文本框边上的 Generator on 可选框，单击 Apply 按钮。将高压发生器开关钥匙逆时针转 90° 到垂直位置，随后关闭高压发生器，按下衍射仪控制面板上的 POWER OFF 按钮，然后关闭稳压电源和水冷机。

5 结果分析与讨论

5.1 薄膜材料的择优取向分析

图 5.7 为具有择优取向材料的典型 XRD 分析案例。图中给出了几种 50nm 厚的单晶亚稳态 NaCl 结构的 δ-TaN 薄膜（一种用于工具和模具上的硬质涂层、耐磨层和集成电路中的扩散阻挡层的材料）的 $2\theta/\omega$ 扫描结果。该薄膜是在 600℃下通过磁控溅射在 MgO(001) 衬底上生长出来的。XRD 仪器采用带平行光束光学器件的 Cu K$_\alpha$ 辐射进行测试（图 5.2 配置 Chi-Phi-Z 多功能样平台）。

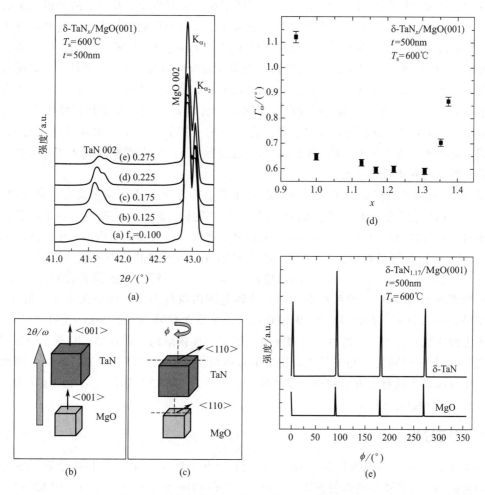

图 5.7　具有择优取向材料的典型 XRD 案例分析

（a）δ-TaN/Mg(001) 薄膜在 N$_2$ 比例下生长的 $2\theta/\omega$ 扫描图，f_{N_2} 范围从 0.100 到 0.275；（b）$2\theta/\omega$ 扫描的探测方向示意图，由此得到的薄膜与基材之间的平面平行于表面；（c）用于探测薄膜和基板之间的平面内关系的倾斜平面图；（d）$2\theta/\omega$ 扫描下的 TaN(002) 的半峰宽 Γ_ω 与 δ-TaN 薄膜中 N 含量的关系；
（e）使用来自 ⟨220⟩ 平面的反射围绕薄膜和基板的表面法线进行 ϕ 扫描

图 5.7(a) 给出了 MgO 和 TaN(002) 峰附近的区域结果图。由于 $2\theta/\omega$ 扫描探测沿表面法线的方向（薄膜生长方向），表明薄膜以单个 ⟨001⟩ 方向生长，与基板的 ⟨001⟩ 方

向对齐［见图 5.7(b)］。图 5.7(a) 显示了在溅射放电系统中薄膜随 N_2 分数 f_{N_2} 从 0.100 到 0.275 之间的生长情况。随着 f_{N_2} 的增加，薄膜衍射峰不断向更高的 2θ 角位置移动，这是由于随着 N_2 含量的增加，薄膜的成分和应变发生了改变。在更高的 f_{N_2} 下，薄膜晶格常数变得更小并接近 MgO 晶格常数。由于薄膜都具有相同的厚度，因此薄膜峰值强度的变化是由材料质量和/或取向差引起的。峰形的改变也与薄膜中的成分或应变梯度有关。因此，随着 f_{N_2} 从 0.100 增加到 0.175，薄膜质量和取向性提高，但在 f_{N_2} 值较高时薄膜质量反而会下降。这里需要注意 Cu 靶辐射 X 射线中的 K_{α_1} 和 K_{α_2} 组分的影响，这些组分在图 5.7(a) 中的尖锐 MgO(002) 峰中清晰可见。而 TaN 的衍射峰，其 K_{α_2} 组分仅以薄膜峰右侧的"肩部"存在。

在图 5.7(a) 中的 TaN(002) 峰可用于更详细地评估薄膜取向和质量的分析。正如前面实验设备部分所讨论的那样，这些扫描探测方向在倒易空间中的圆周方向，近似平行于探测平面（在本例中为 002 平面）。$2\theta/\omega$ 扫描下的半峰宽（$\Gamma\omega$）与 TaN_x 薄膜中 N_2 分数 f_{N_2} 的关系如图 5.7(d) 所示。通常，$\Gamma\omega$ 值越低，表明薄膜取向越强，而 $\Gamma\omega$ 值越高，表明薄膜取向分布在较宽的角度范围内的峰越宽。图 5.7(d) 中的结果表明，当 x 从 0.9 增加到大约 1.2 时，围绕<001>方向的薄膜择优取向增强，然后随着 x 进一步增加到将近 1.4 时择优取向减弱。在最低 N_2 分数处，(001) 取向在 ω 方向上扩展约 1.1°，而对于 x 接近 1.15 时的薄膜，角度扩展约为一半（$\Gamma\omega$ 约为 0.6°）。这与图 5.7(a) 中观察到的随 f_{N_2} 增加，薄膜的峰形和强度的变化趋势一致。

图 5.7(a) 的结果仅显示了薄膜和衬底在薄膜生长方向上的晶体学关系，即 TaN 薄膜以平行于 MgO 衬底的<001>方向的强<001>取向生长。然而，这些数据不足以获得关于薄膜相对于基板的面内取向（即沿表面）的信息。此时，需要增加材料结构中的倾斜晶面的 $2\theta/\omega$ 扫描，可以探测诸如<110>方向。该方向相对于薄膜和基板的表面法线<001>方向倾斜 45°［见图 5.7(c)］，其要探测的对应晶面是（202）。将衍射仪设置在对应于 TaN 的（202）峰值的 2θ 和 ω 值，然后在整个 360°旋转范围内执行围绕表面法线的方位角（ϕ）扫描，结果如图 5.7(e)（I-ϕ）所示。图中观察到四个彼此相隔 90°的尖峰，表明 {110} 平面相对于表面法线具有四重对称性，该薄膜具有明确的面内取向。但这里更有意思的是它们出现在与 TaN 薄膜相同的 ϕ 角的位置，这显示晶体结构中的立方体与立方体对齐。因此，从图 5.7 中可以得出具有立方结构的薄膜外延生长方式为 (001)δ-TaN∥(001)MgO 和 [100]δ-TaN∥[100]MgO。

5.2 织构分析

图 5.8(a)、(b) 分别为具有<100>和<111>织构的 Au 的 $2\theta/\omega$ 扫描结果。图 5.8(c) 为无织构的 Au 粉末样品的衍射图谱（来源于 ICDD PDF ♯ 00-004-0784）。图 5.8(a) 中主要由（100）和（200）的强峰控制，而图 5.8(b) 则由（111）和（222）的强峰控制，将两图与图 5.8(c) 中对应位置的峰的相对强度进行对比，计算得出两图的 Lotgering 因子 f_{100}［对于图 5.8(a)］和 f_{111}［对于图 5.8(b)］分别为 0.75 和 0.92。大的 Lotgering 因子代表大的取向性，即图 5.8(b) 中 Au 的织构比 5.8(a) 中的织构更强。

图 5.9 为不同取向类型和织构的 Cu 的（111）峰的极图。图 5.9(a) 为<111>取向的 Cu 单晶织构图，(111) 最大极密度位于极点图的中心（对应于表面法线方向），同时在相对于表面法线倾斜 ϕ=70.5°存在三垒的取向性分布。图 5.9(b) 为沉积在 Si 衬底上的 Cu 薄膜

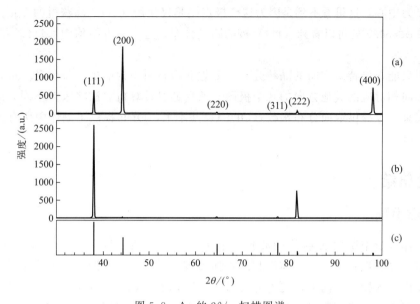

图 5.8　Au 的 $2\theta/\omega$ 扫描图谱

（a）＜100＞织构；（b）＜111＞织构；（c）PDF 标准卡片中的无织构 Au 粉末衍射

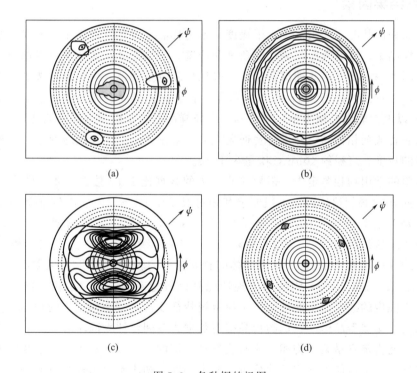

图 5.9　各种铜的极图

（a）Cu（111）单晶；（b）具有（111）纤维织构的 Cu 薄膜；（c）轧制铜箔（111）极图；（d）Cu（100）单晶

的＜111＞纤维织构图。（111）晶粒在表面法线方向上有强的择优取向（参见极点图中心的强度），但在相对于表面法线倾斜 $\psi=70.5°$ 对应的强度环则是完全随机分布。图 5.9（c）为轧制铜板，在倾斜 $\psi\approx30°$ 处强取向的晶粒分布，但仅沿方位角方向 ϕ 为 90°和 270°出现。图 5.9（d）为＜100＞取向的 Cu 单晶织构图。在图的中心没有观察到（111）极点（该图以

（100）极点为中心，这里看不到是因为这个极点图是仅使用（111）峰获得的。正如预期的那样，在倾斜 $\psi \approx 54.7°$ 处可以看到（111）极的四垒分布，这是立方结构中 <111> 和 <100> 之间的角度。

单极图只能提供特定方向的晶粒分布。要想获得材料织构的更完整信息，可以探测与晶体中主要方向相对应的其他方向的几个极图。然后通过计算机算法将来自不同方向的极图的结果组合起来，以提供取向分布函数（ODF）。基本上，ODF 提供了晶体中所有方向的晶粒取向分布的函数。

6 实验总结

6.1 注意事项

由于晶体分析中所用 X 射线的波长一般为 $0.5 \sim 2.5 Å$，与晶体点阵面间距大致相当，其能量较高，穿透性较强，对人体细胞的杀伤力较大，因此实验期间一定要注意安全，测试过程中不允许进入操作室内部，更不允许打开 XRD 衍射仪的玻璃门。在开关门或装样或更换狭缝的过程中，注意不要碰触门内的一面，其上涂有重金属用于防辐射。

6.2 影响结果因素

由于样品表面状况，如粗糙度、干燥度，粉末样品自身颗粒的大小，薄膜的厚度，样品架装填粉末样品量，样品表面与光线的角度和位置，扫描速度和光栅大小等都会对实验结果产生影响，因此一定要做好前期准备工作，确保样品制备规范，操作参数选择正确，软件分析步骤准确。针对帕纳科 Empyrean X 射线衍射仪：固体样品表面尺寸大于 $10mm \times 10mm$、厚度在 $5\mu m$ 以上，表面必须平整；对于测量金属样品的微观应力（晶格畸变），测量残余奥氏体，要求制备成金相样品，并进行普通抛光或电解抛光，消除表面应变层；粉末样品要求磨成 320 目的粒度，直径约 $40\mu m$，质量大于 $5g$。

在本实验的常用物相鉴定中，需要注意：d 的数据比 I/I_1 数据重要。即实验数据与标准数据两者的 d 值必须很接近，一般要求其相对误差在 $\pm 1\%$ 以内。I/I_1 值容许有相当大的出入。即使是对强线来说，其容许误差有时可能达到 50% 以上；低角度线的数据比高角度线的数据重要。这是因为，对于不同晶体来说，低角度线的 d 值一致的可能性很小，但是对于高角度线（即 d 值小的线），不同晶体间相互近似的较多；强线比弱线重要，特别要重视 d 值大的强线。这是因为，强线的出现情况是比较稳定的，同时也较易测得精确，而弱线则可能由于强度的减低而不能被察觉；应重视特征线，有些结构相似的物相，例如某些黏土矿物，以及许多多型晶体，它们的粉晶衍射数据相互间往往大同小异，只有当某几根线同时存在时，才能肯定它是某个物相，这些线就是所谓的特征线。对于这些物相的鉴定，必须充分重视特征线，尽可能先利用其他分析、鉴定手段，初步确定出样品可能是什么物相，将它限于一定的范围内，然后查名称索引，找出可能物相的卡片进行对比鉴定。同时，在最后做出鉴定时，还必须考虑到样品的其他特征，如形态、物理性质以及有关化学成分的分析数据等，以便做出正确的判断。

实验6
材料红外光谱分析

1 概述

红外光谱（IR）是一种利用红外辐射光束鉴别材料（气体、液体和固体）中官能团的技术。红外光谱是一种基于分子原子振动的技术，通常是让红外辐射通过样品，并检测在哪些特定能量下吸收了多少红外辐射，吸收光谱中任何一个峰值出现的能量对应于样品分子的一部分基团振动的频率。红外光谱通常表示为透过率或者吸光度随波数（cm^{-1}）的变化关系。采用红外光谱分析测定材料分子中的官能团要求被测分子必须具有红外活性，红外活性分子是指具有偶极矩的分子。当红外辐射与材料中具有电偶极子的共价键发生相互作用时，分子吸收能量，共价键开始来回振荡。因此，引起分子净偶极矩变化的振荡就能吸收红外辐射，从而被检测到。这里需要注意的是，特定频率的红外辐射会被分子中的特定键所吸收，因为每个键都有其特定的固有振动频率，这些键都在特定波长被吸收，不受其他键的影响。

红外光谱是材料分子结构研究、鉴定和定量分析的重要工具。该技术的优点在于能用于凝聚态和气态物质的结构分析。红外光谱在化学、环境、生命、材料、药物等许多技术领域发挥重要作用。与其他方法相比较，红外光谱由于对样品没有任何限制，在高聚物的化学结构和物理性质表征方面优势更为明显，可以提供材料化学、立体结构、物质状态、构象、取向等定性和定量的信息。

红外光谱分析的一大优点是几乎可以研究任何状态下的任何样品。液体、溶液、浆糊、粉末、薄膜、纤维、气体和表面都可以通过正确选择制样技术进行检测。由于仪器得到了不断改进，现在发展了各种新的高灵敏技术来检查以前难以处理的样品。自20世纪40年代以来，红外光谱仪就已经商业化。当时，仪器依靠棱镜作为色散元件，到了20世纪50年代中期，衍射光栅作为色散仪替代品被引入。然而，红外光谱最重要的进展是引入了傅里叶变换光谱仪，这类仪器采用干涉仪并利用傅里叶变换数学过程。傅里叶变换红外光谱（FTIR）技术大大提高了红外光谱的质量，缩短了获取数据所需的时间。此外，随着计算机的不断改进，红外光谱学也取得了巨大进步。

本实验的目的是：①熟悉傅里叶变换红外光谱仪的工作原理和操作方法。②初步掌握几种主要红外光谱试样的制备方法。③初步学会红外光谱图的解析，能根据图谱获取材料的分子结构信息。

2 实验设备与材料

2.1 实验设备

FTIR 光谱仪的基本组成如图 6.1 所示。傅里叶变换红外光谱仪结构包括：①光源。以产生红外辐射为主要目的的非照明用电光源。它的作用是发射稳定、能量强、具有连续波长的红外线。光源由光源用发射体、光源用电源等组成。前者使用碳化硅、陶瓷、稀土金属氧化物等发射材料，后者用电源提供稳定的电压和电流。②光阑。光阑是指在光学系统中对光束起限制作用的装置，其作用是控制光通量的大小。③干涉仪。一般使用迈克尔逊干涉仪，包括动镜、定镜和分束器三部分。④样品室。样品室由样品池、样品架、可组装附件的样品架组成。⑤检测器。检测红外干涉光通过红外样品后的能量，把光的强度转变成电信号。⑥放大器。放大检测器传出的模拟信号，使以后的信号处理系统处理方便。⑦数模转换器。为了使放大器的信号储存在计算器的存储器中，把模拟信号变为数字信号。⑧计算机系统。常用仪器有美国赛默-飞世尔 Nicolet iS 10 型傅里叶变换红外光谱仪、岛津 Labsolutions IR 红外光谱仪。

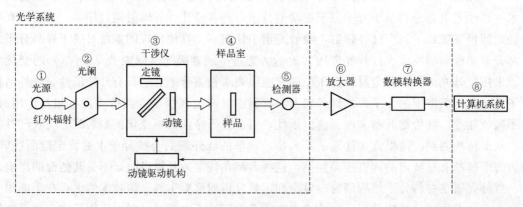

图 6.1　FTIR 光谱仪的基本组成部分

2.2　实验器材

待测试样、光谱纯溴化钾、红外干燥灯、玛瑙研钵、除湿机、压片模具、粉末压片机。

3　实验原理

3.1　振动模式

我们知道，分子的结构基团都处于一定的振动能级中，最简单双原子分子的振动类似于简谐振动，其吸收频率 ν 为

$$\nu = \frac{1}{2\pi}\sqrt{\frac{F}{\mu}} \tag{6.1}$$

式中，F 为键力常数；μ 为分子的折合质量，如式(6.2) 所示：

$$\frac{1}{\mu} = \sum_i \frac{1}{m_i} \tag{6.2}$$

式中，m_i 是构成振动结构基团的各组成原子的原子量。

力常数与键强度成正比，而折合质量则由组成原子的原子量决定。

当红外辐射通过样品时，样品中的分子基团会吸收光线并产生各种模式的振动。材料吸收红外线与分子中键的性质密切相关。一个分子要表现出红外吸收，它的电偶极矩在振动过

程中一定会发生改变,这是红外光谱的选择定则。分子的电偶极矩变化越大,基团对红外辐射吸收就会越强。

红外光谱中习惯用波数来表示吸收谱带的位置,波数即波长的倒数,与能量和频率成正向关系,代表每厘米距离中包含的电磁波的数目,通常傅里叶变换红外光谱测量的中红外范围在 $400 \sim 4000 cm^{-1}$。分子的结构基团都有其固有的特征振动频率,其波数值由各组成原子的质量、原子的排列构型以及基团中原子间作用力确定。结构基团振动时其中的原子相对位置一共有四类变化:键的伸缩,平面内角变形、扭曲及平面外弯曲,这些变化使结构基团处于一定的振动能级中。只有当入射红外辐射与分子基团的一种基本振动模式的固有频率相同时,分子才能吸收该频率的红外辐射,并使分子振动模式的振幅增加,根据被吸收的红外辐射频率即吸收峰的位置就能判断可能的结构基团,这是解读红外光谱的简便方法。红外光透光厚度为 t 的样品引起分子振动能级跃迁从而被吸收,光的强度 I_0 衰减为 I,强度的衰减率符合比尔-朗伯定律,即

$$\ln\left(\frac{I}{I_0}\right) = -\alpha t \tag{6.3}$$

式中,I/I_0 为透过率;$\ln(I_0/I)$ 为吸光度或光密度;α 为吸收系数。

该定理表明材料的吸光度与材料的厚度成正比,或者与吸收基团的浓度成正比。

3.2 傅里叶变换红外光谱仪原理

最常用的红外光谱仪为傅里叶变换红外光谱仪,仪器工作原理如图 6.2 所示。由光源发出的红外光经准直为平行光束进入干涉仪,经干涉仪调制后得到一束干涉光。干涉光通过样品,变为含有光谱信息的干涉光,到达检测器。由检测器将干涉光信号变为电信号,并经放大器放大,通过模数转换器进入计算机,由计算机进行傅里叶变换的快速计算,即获得以波数为横坐标的红外光谱图,并通过数模转换器送入绘图仪绘出光谱图。

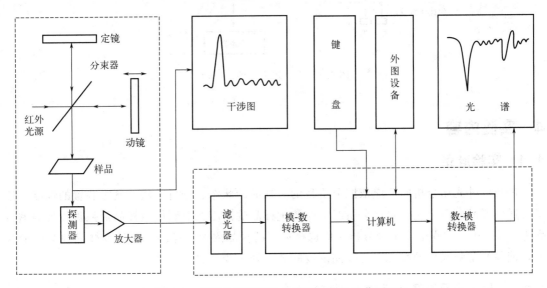

图 6.2 傅里叶变换红外光谱仪结构及工作原理

在 FTIR 光谱分析中最常用的干涉仪是迈克尔逊干涉仪,它由两个垂直的平面镜组成,其中一个固定不动,称为定镜。另一个可以沿垂直于平面的方向运动,称为动镜

（见图 6.3）。如果一个波长 λ（cm）的准直单色光束进入分束器，其中一半入射光将反射到定镜上，而另一半将透射到动镜上。两束光从这两面镜子反射回来，再回到分束器，在那里它们重新会聚并发生干涉，形成一束光离开干涉仪，与样品发生相互作用后到达检测器。动镜在干涉仪的两臂间形成光程差。当光程差为（$n+1/2$）λ 时，这两束光在透过时干涉相消，反射时干涉增强。单色光源获得的干涉图谱是一个简单的余弦函数，但多色光源因为包含所有投射到检测器上的光谱信息而具有更复杂的形式。利用式(6.4) 傅里叶变换的数学方法，干涉图函数 $I(x)$ 或 $I'(x)$ 包含光谱 $I(\nu)$ 的全部信息。实际上，$I'(x)$ 是用余弦函数运算对 $I(\nu)$ 的傅里叶变换。实现了位移域 x 和频率域 ν 信号的相互转换，把干涉图变成红外光谱图。从光源发出的光在到达检测器之前要经过一个互感计到达样品。信号放大后，通过滤波器消除高频贡献，通过模数转换器将数据转换成数字形式，并将其传输到计算机进行傅里叶变换。

$$I'(x) = I(x) - \frac{1}{2}\int_0^\infty I(\nu)\mathrm{d}\nu = \frac{1}{2}\int_0^\infty I(\nu)\cos(4\pi\nu x)\mathrm{d}\nu \tag{6.4}$$

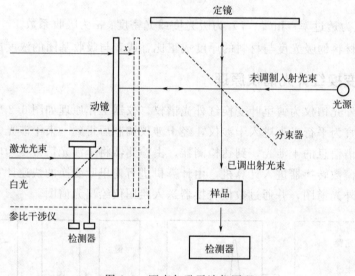

图 6.3 迈克尔逊干涉仪原理

4 实验内容

4.1 实验准备

进行红外光谱分析时，应依照分析目的、样品的状态、分析方法、测定装置的性能，选择合适的样品制备方法。定性分析时，应该把样品的浓度调节到使该样品最强吸收带的透过率为 1%～10%的程度。定量分析时应选择适当的样品浓度、样品厚度以及样品池光路的长度，使得测定吸收带的吸光度与样品浓度的关系处于线性关系区域。

4.1.1 固体样品制备法

（1）薄膜法。

① 使用甲醇、丙酮、三氯甲烷等易挥发、溶解性强的溶剂溶解样品，将此样品溶液滴

在红外透过性材料板上，扩展开，溶剂挥发后得到薄膜。

② 把热稳定的热可塑性固体样品夹在两块加热板中间，加压制成薄膜。

③ 希望尽可能不改变样品形状的情况下，用切片机切成薄片。

④ 橡胶状、发泡状等有弹性的样品，使用菱形架加压成薄膜状进行测定。

（2）压片法。

① 样品准备（固体样品）。按 1：（100～150）的比例分别取样品和干燥的 KBr 粉在红外干燥灯下用玛瑙研钵充分研磨至混合均匀。试样和 KBr 都应经干燥处理，研磨到粒度小于 $2\mu m$，以免散射光影响。

② 模具准备。将干燥器中保存的模具取出，确认模具洁净。若其表面不洁净，可用脱脂棉蘸少许无水乙醇轻轻擦拭（不得划伤模具表面），然后在红外灯下干燥。

③ 压片。将试样与纯 KBr 的混合粉末置于模具中，用 $(5\sim10)\times10^7 Pa$ 压力在压片机上压成透明薄片，即可用于测定。亦有仪器厂商提供专用制样模具，将称取混合好的试样用红外专用压片螺栓螺母模具压片，直接放在红外光谱仪的光路中测定红外光谱图。

（3）糊膏法。固体样品的糊膏制样法是将样品研磨成粉，然后在大约 50mg 粉末中加入一、两滴研糊剂形成悬浮剂，再进一步研磨直到形成顺滑的膏状，转移至液体红外窗片装置上，盖上另一窗片固定后进行测定。常用的研糊剂是液体石蜡（Nujol 油）。虽然糊膏法简单快捷，但仍需确定样品与研糊剂的合适比例。若样品太少，在光谱中就没有样品的特征峰，如果样品太多，就会产生厚厚的糊状物，红外光难以透过。经验做法是用一个微型抹刀的尖端挑取样品到 2～3 滴研糊剂中。如果研糊没有完全展开到窗片区域，红外光只能部分通过糊膏和窗片，造成光谱图出现畸变。在红外窗片之间的样品量是一个重要的影响因素，太少会导致光谱非常弱，只显示最强的特征峰。样品过量则透过率低，透过率基线可能位于50%以下。有时可以使用衰减器将参比光束的能量降低到同样水平，光束衰减器放置在样品室内，工作原理有点像百叶帘，可以调节检测器的光通量。

（4）裂解法。裂解法适用于橡胶、聚氨酯等不易溶聚合物样品，具体操作方法是，将样品切刮成小块或粉末，放入弯曲试管内，加热试管底部，样品裂解后在试管壁上冷凝成液体，刮出部分液体涂在氯化钠晶片上进行扫描。有时裂解液较少，不易刮下，此时可滴入少量丙酮，将丙酮溶液涂在氯化钠晶片上，吹干丙酮后进行测试。

4.1.2　液体样品制备法

溶液法制备红外样品之前，必须选择合适的溶剂。选择溶剂需要考虑以下因素：溶剂必须溶解样品并且应该尽可能是非极性溶剂，以尽量减少溶质-溶剂的相互作用。另外溶剂也不能强烈吸收红外线，红外光谱中使用水做溶剂时会带来一些问题。水的红外吸收非常强烈，可能与待测样品的红外吸收发生重叠，采用重水（D_2O）代替水可以避免。通常，使用二硫化碳、四氯化碳等红外吸收少的溶剂溶解样品制成溶液。

4.1.3　薄膜样品制备法

薄膜既可以采用溶剂浇注法也可以采用熔体浇注法制备。溶剂浇注需要选择一种既能溶解样品，又能形成均匀薄膜的溶剂。将样品溶解在溶剂中（浓度取决于所需的薄膜厚度），将溶液倒在平整的玻璃板（如载玻片）或金属板上，并铺展成厚度均匀的薄膜，然后放在烘箱中使溶剂蒸发，一旦干燥，就可以将薄膜从平板上剥离。然而，必须注意加热可能会导致样品降解。另外，也可以将薄膜胶片直接放到要使用的红外窗口上。采用熔体浇注法可以制备在较低温度下熔融而不分解的固体样品。用液压机在加热的金属板上加压的方法"热压"样品可制备薄膜。

4.1.4 气体样品制备法

气体的密度比液体小几个数量级，因此光路相应地要长一些，通常是 10cm 或更长。典型的气体池池壁材质为玻璃或黄铜。气体池在 0.1Pa 以下排气或经惰性气体置换清洗后，在 $0.06\sim1.0$Pa 压力下导入气体样品。分析复杂的混合物和微量杂质有必要采用更长的光路。由于仪器中样品室的尺寸有限，需要用多反射气体池形成更长的光路。在这样的气体池中，红外光束被一系列的反射镜多次反射而发生偏转，直至通过所需的等效光路后离开气体池。这种类型的气体池的光路长度最长可以达到 40m。

4.2 实验过程

本实验要求：①选择一种制样方法测定粉末样品（如亚甲基蓝）的红外光谱图，并进行谱图分析；②选择一种定量分析方法测定普通商品二甲苯中的各种异构体红外光谱图，计算它们的体积百分比含量。基本测试过程可按如下步骤进行。

4.2.1 红外透过样品室模式

（1）接通电源，预热仪器达到稳定状态。必要时测定标准物质，确认测定值、重复性在规定的范围内。

（2）按 1∶150 的比例分别取用亚甲基蓝粉末和 KBr 颗粒（约 0.2g），倒入玛瑙小研钵中，在红外干燥灯下充分磨细混匀，将混合物倒入压片模具中压成盐片。

（3）启动仪器操作程序软件，设定实验参数：扫描波数范围（$400\sim4000\text{cm}^{-1}$）、分辨率（$4\text{cm}^{-1}$）、扫描次数（32 次）、放大器增益值（1）、检测器、动镜移动速度、检测指标（如透光率、吸光度等）、背景扣除方法（自动大气背景扣除）等。

（4）背景测试。打开仪器软件中的背景扫描，不放样品记录需要的背景光谱。一般固体样品扣除空气背景，也可以用样品分散剂如溴化钾、溶剂等作为背景扣除。

（5）样品扫描。将制备好的试样放入仪器样品架上，打开仪器软件中的样品扫描，记录样品光谱扫描数据，自动扣除背景，绘出红外光谱图。设置一定时间内的自动背景扣除，可在一定时间范围内对所有测试的试样按最初背景扫描光谱数据自动扣除样品光谱背景。

（6）数据处理与保存。扫描数据可进行基线校正、平滑处理、归一化等计算处理。数据可保存为图片格式和数据格式。

4.2.2 衰减全反射检测

由于 KBr 压片法和液体池法存在缺点，衰减全反射（ATR）模式因为比传统的检测模式更简单而用于红外光谱的测试。ATR 的主要优点是它可以测量各种样品，如固体和液体样品等。该技术比较快速，不需要任何制样过程就可以在几秒内获得数据。另外，ATR 检测模式可以不间断地测试样品，这样可以避免某些生物膜材料从载体上转移下来时自然形态结构发生改变。此外，还可以检测非常薄的薄膜和表面涂层，这是常规化学方法所不能检测的。采用该方法检测时，红外线以相对于晶体表面 45°的方向进入 ATR 晶体，并在晶体与样品界面处发生全反射。由于反射光路类似于波浪线，光线不会直接被边界表面反射，而是在光密度较低的样品内由计算机生成的层间反射。隐失波是到达样品的光线的一部分，其穿透样品的深度取决于波长、ATR 晶体和样品的折射率以及入射角度，大约有几个微米深（$0.5 \sim 3\mu m$）。隐失波在光谱区被样品吸收后能量衰减。经过一次或多次内部反射后，红外光从 ATR 晶体中出来并被导向检测器。

ATR 附件是一种水平状晶体，上面有紧固装置压住样品，保证样品和 ATR 晶体之间良好接触。对于液体或黏性物质，一小滴样品就足以满足测量。ATR 晶体主要有硒化锌（ZnSe）、金刚石和锗等几种。ZnSe 较为便宜，比较适合液体和软质样品的分析，但易于划伤且只能在 pH 值为 5～9 时使用。锗材料因其折射率高比较适合检测橡胶、炭黑等高吸收性着色样品。同时锗因为红外光穿透深度较低也适合表面灵敏度高的样品如薄膜的检测。金刚石是化学惰性物质，也是制造晶体表面材料的理想物质。虽然用金刚石制作晶体材料相当昂贵，但是由于金刚石的抗划伤性能高以及完全不溶解，使其成为理想的 ATR 晶体材料。采用 ATR 附件进行红外光谱检测的步骤如下：①清洗晶体（如用纤维素织物和异丙醇）；②测量 ATR 装置的仪器背景光谱（自动大气背景）；③将样品放置在晶体上启动扫描，边慢慢旋紧紧固装置边观察谱图，确保样品与晶体面接触良好并且光谱图像清晰时停止旋压以免损伤晶体。检测液体样品时（如二甲苯溶液），滴加一滴溶液于晶体表面直接扫描，换样测试时，需酒精清理晶体表面吹干再放样品；④扫描样品后保存数据文件，处理数据。

5 结果分析与讨论

5.1 定性分析

红外吸收光谱定性分析是基于各基团具有特定波数范围内的吸收，对比测定的吸收光谱与特征吸收峰的重合情况，推测测定物中是否有该基团存在。也可以采取与已知化合物光谱进行比较的方法，即对比测试样品的吸收光谱与已知纯化合物的吸收光谱或标准谱图的相似程度，对化合物进行定性分析。鉴定化学物质或者利用基团信息推测部分结构时，应注意：①若某吸收带不存在，可以确定某基团不存在，相反，吸收带存在时不一定代表该基团肯定存在。对峰的归属判定尽可能做到反复核对，既要利用正面证据，也要利用反面证据。②使用特征吸收数据表、数据库进行解析时，应当注意测定物基团的红外吸收因受到其邻近结合的原子、分子等的影响，吸收峰的位置、强度、形状会发生变化。峰的波数变化小时要注意，这些可能是因为试样以固体、液体或溶液不同状态产生的影响。采用溶液试样检测时，有些吸收带对溶剂很敏感，溶剂产生的吸收带因为可能与样品中的谱带相混淆应尽可能将其扣减掉。③一般来说，不需要、也不可能对光谱中的所有吸收峰确认其归属，重点关注强峰，但也不能忽略某些特征弱峰和肩峰。首先看光谱的高波数端（大于 $1500cm^{-1}$），并重点观察主峰，使用相关参考图对每一个吸收带初步筛查其可能性，再利用光谱的低波数端确认可能的结构基团。④要注意峰的强度所提供的结构信息，两个特征峰相对强度的变化有时可为确证复杂基团的存在提供线索。但应该谨慎对待吸收峰的强度，某些情况下，同一基团的强度可能有很大的差异。⑤仅利用红外吸收光谱进行混合物的定性分析比较困难。应使用色谱质谱、核磁共振波谱及其他各种光谱技术和其他分析化学手段把混合物分离成单一组分，再利用已知的物理、化学性质进行解析。鉴定或者推测化合物结构时，应当与同样条件下测定的已知的纯化合物吸收光谱或者谱库中标准谱图进行比较，与多种谱图数据比对时，大多使用计算机在相应的数据库进行检索。

傅里叶红外光谱被大量用于有机物分子的研究，分子结构变化主要体现在两个方面：伸缩振动引起键长变化，弯曲振动引起键角变化。键长变化通常出现在更高的红外波数段，因为与弯曲振动相比，伸缩需要的能量更高。有机物分子中最常见的化学键有 C—C、C—H、C—X、C—O、C—N，同种原子包含不同的键，例如 C—C、C=C 和 C≡C 键的强度不同，红外吸收不同。例如，三键比双键和单键更强，因此 C≡C 键伸缩振动将出现在 2200cm^{-1}，C=C 键在 1600cm^{-1}，而 C—C 键在 1200cm^{-1}。有机分子的红外光谱吸收峰的归属通常可分为四部分：

① 2500~4000cm^{-1}，氢与其他元素形成的单键，如 O—H、N—H 和 C—H。

② 三键区 2000~2500cm^{-1}，如 C≡C，C≡N。

③ 双键区 1500~2000cm^{-1}，如 C=C 和 C=O。

④ 600~1500cm^{-1}，其中 1000~1500cm^{-1} 通常属于 C—O 和 C—C 和其他弯曲振动，400~700cm^{-1} 通常被称为指纹区，对各种化合物是唯一的，用于特殊官能团的鉴定。

H—X 键在有机分子鉴定中比较重要。例如，C—H 不对称伸缩振动出现在约 2900cm^{-1} 处。C—H 伸缩振动有各种类型，例如，在不饱和振动的情况下，由于 sp 键的键合强度较高，C—H sp(H—C≡C) 将出现在约 3300cm^{-1}，而 C—H sp^2(H—C=C) 高于 3000cm^{-1}，而 C—H sp^3 则在 3000cm^{-1} 以下。同样，CH$_3$ 的弯曲振动出现在 1460cm^{-1} 和 1375cm^{-1} 处，而 CH$_2$ 的弯曲振动出现在 1465cm^{-1} 处。CH$_3$ 的弯曲振动（不对称）和 CH$_2$ 并不总是分开的，而常常是重叠的。O—H 的振动出现在 3300~3600cm^{-1} 处。如果 O—H 基团与分子间或分子内的其他基团形成氢键，该键就会变弱，在约 3300cm^{-1} 的较低频率处出现宽频吸收带。游离 O—H（没有氢键）出现在大约 3600cm^{-1} 处。N—H 出现在 3300~3400cm^{-1} 处，有三种类型：伯 N—H 键、仲 N—H 键和叔 N—H 键。伯 N—H 键有两个峰，仲 N—H 键和叔 N—H 键则没有峰。

图 6.4 为亚甲基蓝的 FTIR 图谱。3683cm^{-1} 附近的吸收峰归属水分子中 O—H 键的伸缩振动，这是因为样品在测量的过程中受潮，使样品中掺入了少量的杂质水分；3295cm^{-1} 吸收峰归属芳环 C—H 键的伸缩振动；3147cm^{-1}、2985cm^{-1} 和 2759cm^{-1} 归属甲基中 C—H 伸缩振动；1915cm^{-1} 和 1866cm^{-1} 归属 C=N 的伸缩振动；1770cm^{-1} 和 1714cm^{-1} 归属 C=S 的伸缩振动；环的伸缩振动吸收峰在 1558cm^{-1} 和 1511cm^{-1}；1265cm^{-1} 归属 C—H 的面内

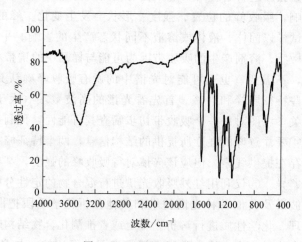

图 6.4　亚甲基蓝红外光谱

变形振动；1232cm^{-1}归属 C＝N 的伸缩振动；988cm^{-1}和927cm^{-1}归属 C—H 面内弯曲振动；850cm^{-1}、736cm^{-1}和638cm^{-1}归属 C—H 面外弯曲振动；578cm^{-1}归属 C—S—C 骨架振动。

5.2 定量分析

红外吸收光谱的定量分析是利用已知浓度样品的吸收强度与待测样品的吸收强度进行比较而得到的。定量方法有以下几种方法。

（1）工作曲线法。工作曲线是由一系列已知浓度的标准物质得到的，制作工作曲线和测定样品应在同一液体池中进行。工作曲线的横坐标为样品的浓度，纵坐标为对应分析峰的吸光度。

（2）内标法。选择一个标准化合物，它的特征吸收峰与样品的分析峰互不干扰，将样品与内标按不同比例混合做工作曲线。选用内标时，应考虑下列几点：①其红外光谱比较简单，不干扰样品测定。②热稳定，不吸潮。③易纯化。④具有不受样品谱带干扰的强谱带。⑤适合于样品制备技术。

（3）比例法。测定二元混合物中两个组分的相对含量。

（4）多组分系统定量分析法。主要用于处理二元或三元混合体系，为避免较大偏差，应考虑以下条件：①在分析峰位置处的吸光度 A 对浓度 c 的关系尽量符合比尔吸收定律。②分析峰处各组分之间的吸收系数差别要大。③分析峰的位置应尽量选在"峰尖"，而不要选"峰肩"位置。④尽量选择该组分的特征峰作为分析峰或选择该组分的相对较强峰为分析峰。

（5）差示法。可用于测量样品中的微量物质，例如有两种组分 A 和 B 的混合物，微量组分 A 的谱图被主要组分 B 的谱带严重干扰或完全掩盖，这时可以利用差示法来测量组分 A。目前在很多红外光谱仪中都配有能进行差谱分析的计算机软件功能。

（6）化学计量学方法。目前常用的化学计量学求解联立方程组的方法有十多种，每种方法都有其特点和适用范围，可根据分析指标进行选择。

（7）无需标准试样的定量方法。该方法基于同时测定大量组成各异的待测试样的各定量谱带的吸光度，运用最小二乘法求各组分的定量谱带吸收系数的最佳值，以此计算各试样的组成。

如采用红外光谱的多组分系统定量分析法同时测定混合物中二甲苯异构体的含量。商用二甲苯是邻二甲苯、间二甲苯和对二甲苯异构体的混合物。这三种纯二甲苯在环己烷溶液中的光谱［见图 6.5(a)、(b) 和 (c)］都在 600～800cm^{-1}显示出强吸收峰。环己烷在该范围的吸光度很低，因此是一种适合红外光谱分析的溶剂。图 6.5(d) 给出了二甲苯混合物的红外光谱。三种异构体在混合物样品中的浓度可用红外光谱定量分析进行估计。首先，需要测量图 6.5(a)、 (b) 和 (c) 所示的二甲苯各异构体标准物质在 740cm^{-1}、770cm^{-1} 和 800cm^{-1}处的吸光度 A，如下所示：

邻二甲苯 (740cm^{-1})：$A=0.440-0.012=0.428$

间二甲苯 (770cm^{-1})：$A=(0.460-0.015)/2=0.223$

对二甲苯 (800cm^{-1})：$A=(0.545-0.015)/2=0.265$

间二甲苯和对二甲苯的值除以 2 是因为两者溶液的体积比浓度是 2％。该范围的吸光度值扣减非零基线进行校正。吸光度值与摩尔吸光度成正比，因此，一旦测量出吸光度值，二甲苯的浓度就可以估算出来。由图 6.5(d) 可知如下数据。

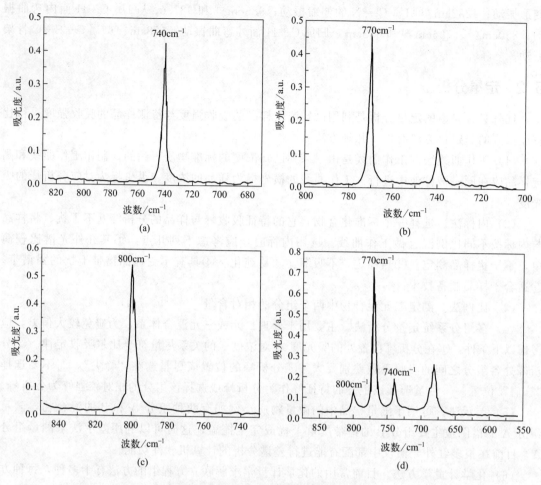

图 6.5　环己烷中二甲苯的红外光谱

（a）环己烷中邻二甲苯的红外光谱 [1%（体积分数），0.1mm 径长]；（b）环己烷中间二甲苯的红外光谱
[2%（体积分数），0.1mm 径长]；（c）环己烷中对二甲苯 [2%（体积分数），0.1mm 径长] 的红外光谱；
（d）商品二甲苯在环己烷中的红外光谱 [5%（体积分数），0.1mm 径长]

邻二甲苯（740cm^{-1}）：$A = 0.194 - 0.038 = 0.156$；
间二甲苯（770cm^{-1}）：$A = 0.720 - 0.034 = 0.686$；
对二甲苯（800cm^{-1}）：$A = 0.133 - 0.030 = 0.103$。

将这些吸光度值除以标准值，得到混合物中各异构体体积分数（％）：

邻二甲苯：0.156/0.428＝0.364％；
间二甲苯：0.686/0.223＝3.076％；
对二甲苯：0.103/0.265＝0.389％；

应该指出，该结果也可能存在一定的误差。由于峰重叠，难以为分析选择基线，因此可能会出现错误。另外，忽略了偏离比尔-朗伯定律线性特征。

6　实验总结

傅里叶变换红外光谱分析适合材料特别是有机化合物分子结构基团的分析，可以进行定性分析，也适合定量分析。需要依据不同样品形态选择合适的制样方法，压片法是最常用的制样方法。分析时需要进行背景扫描，再进行样品多次扫描自动扣除背景。ATR 模式分析不需要复杂的制样过程，是一种适用于各种试样的简单快捷的分析模式，特别有利于材料表面、膜材料的分析。红外光谱数据可进行平滑、基线校准、归一化等处理，依据标准图谱库进行峰的归属鉴定，也可以按多种方法进行定量分析。

潮气会损坏分束器从而影响仪器寿命，仪器及仪器环境要保持干燥，实验时要控制人数，必要时房间要用抽湿机除湿，仪器每周要至少开机两次。定期更换仪器内干燥剂，当仪器湿度指示标识显示粉红色，不能进行测试，只有显示蓝色时才能进行光谱扫描。水和羟基会严重影响光谱质量，固体压片法测试前，试样和溴化钾要烘干，压片时粉末要磨到足够细，制样过程要防止样品受潮，必要时使用红外干燥灯干燥。制样过程要避免引入任何杂质。使用 ATR 附件测试不能让试样与 ATR 晶体接触过紧，防止划伤 ZnSe 晶体。尽量不要测试无机粉末、酸性及碱性液体等腐蚀 ATR 晶体的样品。数据处理要避免过度平滑曲线以免忽略弱峰或肩峰，计算机检索技术将未知光谱与已知化合物谱图库进行比对，扩大了红外光谱可获取信息的范围。一旦确定了化合物的分类，就可以在光谱图谱中寻找相同或非常相似的光谱。

实验7
材料显微激光拉曼光谱分析

1 概述

拉曼光谱是一种用于基于拉曼散射效应探测特定原子或离子基团的振动状态，以此鉴定存在于材料中的不同结构基团的重要分析工具。拉曼效应是一种非弹性光散射现象，即入射单色光（通常是激光）与被测样品相互作用后频率会发生变化。激光散射的变化受分子的化学成分和结构影响，其频率变化提供了有关样品中分子或分子基团的振动、转动及其他低频跃迁的信息。虽然该技术最初用于检测无机物，但它在聚合物分析中也得到了广泛应用，拉曼光谱在定量分析中起着至关重要的作用。近年来，拉曼光谱在工业领域、材料科学、艺术、考古学和生物技术领域的应用不断扩大，在法医鉴定和工艺过程分析方面取得了极大进展。拉曼散射在材料科学研究中得到了广泛的应用，主要包括超导体、半导体、碳素材料（如富勒烯）、催化剂、氧化物/凝胶/玻璃/黏土，分子与分子系统、环境材料、考古材料、生物材料、聚合物、颗粒/液滴等。

拉曼和红外光谱作为振动光谱互补技术，它们的能级跃迁的选择定则不同，这两种技术检测原理和方式有所不同。红外光谱产生于分子偶极矩的变化，而拉曼光谱则是由分子极化率的变化引起的。拉曼光谱比红外光谱检测的波数范围宽，多数固体材料可以直接检测，水溶液等液体试样可以用容器盛装后直接检测，无须像红外光谱那样进行复杂的制样。红外光谱法和紫外/可见分光光度法用吸收光谱（或透射光谱）分析样品的特征，而拉曼光谱则表示为散射光强度随频移的变化，峰高不像红外光谱依赖于样品厚度而是随激光功率变化。由于散射光的强度很低，为了排除入射光的干扰，拉曼散射一般在入射线的垂直方向检测。在设计或组装拉曼光谱仪和进行拉曼光谱实验时，必须同时考虑尽可能增强入射光的光强和最大限度地收集散射光，还要尽量地抑制和消除主要来自瑞利散射的背景杂散光，提高仪器的信噪比。

本实验的主要目的是：①掌握拉曼光谱仪的原理和使用方法；②测定无机材料如硼硅酸盐玻璃、有机化合物如亚甲基蓝的拉曼光谱；③掌握拉曼光谱的数据处理和谱图解析方法。

2 实验设备与材料

2.1 实验设备

一般来说，现代拉曼光谱仪主要包括：激光光源，样品室（包括滤光器、准直光学系统、样品台），分光仪（包括收集拉曼散射光的收集光学器件即分光单色仪），检测器（对到达检测器的光子进行计数）。显微拉曼光谱仪还配备光学显微镜。在选用拉曼光谱仪时，应考虑上述各部件满足测试工作要求。拉曼效应仅占入射激光的约 10^{-6}，是其固有缺点，也是拉曼光谱仪存在的主要问题。因此要求光学系统准直度高，检测器灵敏度要高，背景噪声要低。拉曼光谱仪 I 级性能指标主要有：光谱分辨率不大于 $1cm^{-1}$、位移准确度 $\pm 1.0cm^{-1}$、位移重复性 $0.5cm^{-1}$、强度重复性不大于 1%、信噪比不小于 10：1（单晶硅三阶峰）。显微激光拉曼光谱仪结构如图 7.1 所示。

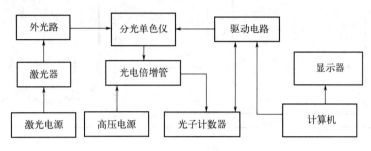

图 7.1　激光拉曼光谱仪的结构

2.2　实验器材

硅片（校准用）、待测试样（氧化钛、亚甲基蓝、硼硅酸盐玻璃、乙醇等）、载玻片。

3　实验原理

3.1　拉曼效应

材料中的分子在入射光的电场作用下产生变形，分子的极化率变化产生拉曼效应。用于激发的入射光束（一般是激光）可以看作具有电矢量的振荡电磁波，与试样相互作用后，产生电偶极矩，使分子或分子基团发生变形，达到一种虚拟态。虚拟态不是分子的真实态，而是激光与电子相互作用并导致极化而产生的，虚拟态能量决定于所使用光源的频率。分子的极化率与分子的振动有关，组成这些分子或分子基团的原子或离子在平衡位置做周期性振荡，形成具有一定特征频率 ω_m 的振动模式，如果振动时分子的极化率发生变化，则该振动是拉曼活性的。

但当频率为 ω_0 的激光光子与处于基态振动能级的拉曼活性分子发生碰撞时，在非弹性碰撞过程中，光子与分子有能量交换，光子转移一部分能量给分子，或者从分子中吸收一部分能量，从而使激光光子的频率改变，它取自或给予散射分子的能量只能是分子两定态能级之间的差值（$h\omega_m$，此处 h 为普朗克常数）。一方面，在激光光子与分子发生非弹性碰撞过程中，光子把一部分能量传递给分子时，分子吸收能量转变成为分子的振动或转动能量，并将分子振动能级提升到能量更高的激发态。激光光子的则以较小的频率散射出去，成为频率降低为 $(\omega_0 - \omega_m)$ 的光（即斯托克斯线），其中 ω_m 称为拉曼位移（即拉曼效应频率），如图 7.2(a) 所示，这种情况属于斯托克斯拉曼效应，其拉曼频率也称作斯托克斯频率。另一方面，由于热能的作用，一些分子可能已处于振动或转动的激发态时，激光光量子则从散射分子中取得了能量（振动或转动能量），以较大的频率散射，成为频率较高的光（即反斯托克斯线），这时散射光频率增加为 $\omega_0 + \omega_m$，称为反斯托克斯拉曼效应，如图 7.2(b) 所示。这两个过程涉及散射光子的能量转移，相对强度取决于分子所处不同能态的数量，不同能态的分子数量符合玻尔兹曼分布规律。因此，在拉曼光谱中，我们所测量分子的特征振动频率（ω_m）相当于入射激光频率（ω_0）的偏移量，称为拉曼频移，如图 7.2(c) 所示。根据特征峰对应的拉曼频移，就可以推断这些拉曼峰归属于何种分子基团。

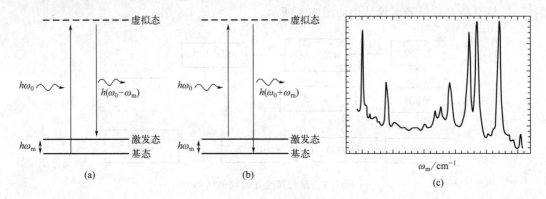

图 7.2　拉曼效应

（a）斯托克斯拉曼散射；（b）反斯托克斯拉曼散射；（c）分子的拉曼光谱

3.2　显微激光拉曼光谱仪光学原理

　　显微激光拉曼光谱仪包括光学显微镜和拉曼光谱仪两部分。气体激光器产生的激光作为拉曼光源通过滤光片被引入滤波器，该滤波器仅让所需的激光谱线通过并将其他等离子线去除。显微镜通常配备一个分束器来介导激光并收集信号，将一半激光反射，将另一半透射。激光射向显微镜的物镜并在样品上聚焦。散射拉曼信号被同一物镜接收并被导向单色仪，在此处通过光栅分光并被光电倍增管（PMT）或电荷耦合器件（CCD）进行检测。当光谱仪的光栅转动时，光谱信号通过检测器转换成相应的电脉冲，并由光子计数器放大、计数，进入计算机进行处理，得到光谱曲线并在显示器上显示。其光学原理示意图如图 7.3 所示。该系统中样品被放置在显微镜载玻片上，并采取背散射几何方位进行观察。

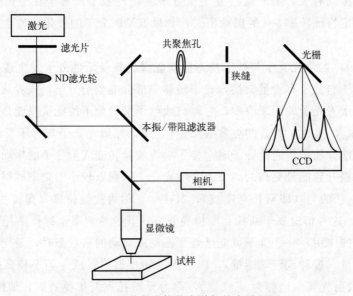

图 7.3　显微激光拉曼光谱仪的光学原理

4 实验内容

4.1 实验准备

大多数片状、块状、薄膜、纤维均质材料样品可以在室温下直接放在拉曼光谱仪的光路上进行检测,无须特别制样。对于粉末或液体试样,可以直接将粉末和液体放置在光路中的容器里进行检测。典型拉曼样品附件有粉末样品架、比色皿架、小液体样品架,但要求容器的外部必须是干净的,没有会产生荧光的指纹,容器上标签不遮挡样品。如果样品的拉曼散射弱,则容器的光谱会干扰样品的光谱。检测粉末时如果信号微弱,可将粉末松散装填在容器中,也可装在固体容器中压实装填。粉末样品的拉曼强度随颗粒尺寸的减小而增大。然而,对于晶体样品,取向效应和粉末粒径一样可以使光谱发生变化。某些样品信号太微弱、激光打上后会燃烧或产生荧光则不能检测,因此不是所有的样品都可以直接检测。

纯粉末样品如果尺寸比激光束斑还小或装在瓶中在激光辐照下会燃烧,例如某些超敏感或辐射吸收强的样品在功率非常低的激光下也会燃烧,这些情况下,可以用类似于红外光谱检测的压片法制备卤化物盐片,采用该方法即便在高功率(如 1400MW)激光下也能测得较强光谱而样品并不发生燃烧。由于一些样品具有很强的吸收和燃烧能力,早期的色散型拉曼光谱仪采用了样品旋转装置来不断刷新样品在光束中的暴露面。吸收强的粉末可用 KCl、KBr、液体石蜡等进行稀释,氯化钾常常被认为是用于压片的最好稀释剂。压片过程需要施加压力并会使样品发生变化,因此如果要考虑同质多晶,压片法就不太适宜。

如果样品分散在另一种基质材料中,如聚合物或涂料树脂中的填料、乳液中的液滴等,样品颗粒的大小低于照明波长时,拉曼信号强度会骤降。由于拉曼散射信号很弱,样品的荧光效应产生的宽化峰会对拉曼光谱产生很大影响,特别是采用可见光波长的激光时,影响会更为显著。用可见光激光激发样品测量拉曼光谱前可以通过将样品置于激光下一段时间来消除荧光,但这会比较耗时。样品荧光效应与样品本身的颜色没有直接关系。液体样品会产生荧光,但很少会产生燃烧,这是由于它们的流动性及热容量高。

各种形状和各种尺寸的聚合物都可以用拉曼光谱进行检测,但一般来说,聚合物的拉曼散射相对较弱。检测聚合物薄膜时,建议尽可能将薄膜折叠多次,以形成一个厚膜层,这样可以消除各种取向效应。如果薄膜太小无法折叠,可将其放置在反射背面支架上进行检测以获得增强拉曼光谱。

玻璃管制样法。许多样品如液体、松散固体,不能直接检测,使用小口径玻璃管可以很容易地安装到最佳位置。固体也可以放在管子的开口端,然后安装,这样光束就聚焦在粉末上,而不是穿过玻璃管壁。如果粉末在管的主干部分出现热降解(燃烧),则需要缓慢旋转管体以便不断改变样品暴露面。纤维和聚合物薄膜可以通过松散装填在管子里或者缠绕在管子外面直到达到一定的厚度后进行检测,这样可以获得满足信噪比要求的光谱。吸收能力强的粉末样品也可以用 KCl、KBr 和液体石蜡稀释后用同样方法装在玻璃管中进行检测。

4.2 实验过程

4.2.1 拉曼波数校正

初始校准标样应选用散射强的物质,如 CCl_4、环己烷、茚、单质硫、聚苯乙烯、硅片

（主峰在 520.7cm^{-1} 处）。常用标准物质的参考位移值如表 7.1 所示。

表 7.1 标准物质的参考位移值

物质	波数标准值/cm^{-1}
CCl$_4$	主峰位于 218、314 和 459 处
环己烷	主峰在 801、2853 和 2938 处
单质硫	153.8、219.1、473.2
聚苯乙烯	513.8、763.8、1021.6、1147.2、1382.2、1464.5、1576.6、3056.4
硅片	520.7

例如采用单晶硅的特征峰 520cm^{-1} 校正拉曼波数的过程如下。

（1）将单晶硅片放置在样品台上，调整样品位置，使激光光源照射在硅样品的待测区域。

（2）打开相机，关闭激光开关（激光衰减为 0），切换到监控状态。

（3）旋转粗调旋钮，先进行粗调调焦，使样品在图像区域内可见。旋转细调旋钮，进行物镜调焦，使监控摄像头的样品图像最清晰。微调样品位置，使样品待测点在视场中央。

（4）关闭相机，打开激光开关，切换到测试状态。设置测量参数，包括激光波长、功率。光栅刻线数：600g/mm，范围：100～1000cm^{-1}，重叠区：30%，狭缝大小：100μm，积分时间：0.3s，累计次数：1 次。点击扫描按钮进行校正测试。

（5）观察硅的拉曼特征峰频移是否位于 520cm^{-1}，若大于 520cm^{-1}，则增大激光波长值；若小于 520cm^{-1}，则减小激光波长值。

4.2.2 样品测试

（1）将待测样品放置在样品台上，调整样品位置，使激光光源照射在硅样品的待测区域。

（2）打开相机，关闭激光开关（激光衰减为 0），切换到监控状态。旋转粗调旋钮，先进行粗调调焦，使样品在图像区域内可见。旋转细调旋钮，进行物镜调焦，使监控摄像头的样品图像最清晰。

（3）微调样品位置，使样品待测点在视场中央，关闭相机，打开激光开关，切换到测试状态。

（4）设置用户界面测量参数。拉曼光谱测试需要设置多个参数：激光波长、功率，光栅刻线数，波数范围，重叠区，狭缝大小，积分时间，累计次数等，在测量之前，须先检查参数是否正确。

（5）进行初步扫描测试，找出拉曼峰位置。

（6）若所测的拉曼峰不符合需要，可以调节微调旋钮，寻找信号最强位置。记录光谱，保存数据。

5 结果分析与讨论

5.1 图谱显示

在拉曼测试实验之后，我们需要考虑如何生成和处理光谱数据。振动谱的解读有许多不同的用法，数据处理方法取决于数据的用途。可以根据每个拉曼峰的归属对分子结构进行定性分析，此外，拉曼光谱还可以用于定量分析或确定成分。

有时候获得的光谱强度很弱，如果不仔细解析，可能会丢失弱峰的信息。光谱强度弱可能是由于样品太少、制样方法不当、样品中添加了稀释剂（如卤化物盐类）。当然也有可能是因为样品本身的拉曼散射效果差，这种情况得到的光谱可能来自样品中拉曼散射强的杂质。此外，常常需要将多个光谱共同的波数段叠放在一起进行比较分析，有时候还需要观察远离主峰的光谱噪声，以判断原始谱峰的相对强度。不过我们可以使用软件对谱图进行平滑处理，这样可以去除频谱中的噪声，还可以用软件进行扩展、基线校正、光谱扣减等处理。用软件对原始光谱数据进行进一步处理虽然可以使谱图看起来很美观，但会导致谱图重要信息丢失，因此需要谨慎对待。

拉曼光谱通常表示为斯托克斯谱峰图，而反斯托克斯谱峰常被省略。谱图显示方法的不同主要在于波长显示方式不一样，有时从高波数到低波数，但往往是从低波数到高波数。红外光谱图的横坐标习惯于波数从高到低显示，如果采取这种格式，来自同一样品的红外和拉曼光谱可以叠加，这样它们的谱峰位置具有可比性。拉曼光谱中的所有谱峰都是从基线上出峰，峰的大小因仪器的不同而不同，虽然不能简单地用于直接定量检测，但可用于对比检测以及谱峰相对比值的定量分析。

光谱强度弱可能是由于仪器影响、样品安装、稀释剂或样品的拉曼散射截面小，为了便于比较，可以采用对光谱进行合理的缩放即归一化。其通常做法是添加一个标准值或选择所有光谱共同的谱峰，以最强光谱的谱峰强度为固定基准，对参与比较的各光谱中的该谱峰按比例拟合，光谱中的其他谱峰相应地被缩放，但这些峰的强度相对于主峰保持不变。拉曼光谱分析中可能存在的一个主要问题是荧光背景的存在，荧光会使拉曼信号变得完全模糊不清。通常可以换用不同的激发波长进行测试，也可以设法直接去除荧光宽背景，恢复拉曼信号。

5.2　定性分析

拉曼光谱实际分析中，重要的是要综合利用所有可用的信息并要考虑样品可能污染带来的影响。仪器影响如空间射线、房间灯光特别是灯管和阴极射线管，可以在光谱中显示谱峰。应从全谱图进行分析判断，不能仅根据个别特别强的峰做出对整个样品分子结构的分析结论，例如聚合物的拉曼散射弱，而其中的硫的散射峰很强，不能据此判断聚合物主要是硫。拉曼光谱与被检测样品的物理化学环境关系不大，但其物理状态确实会影响光谱整体强度和谱峰形状。一般来说，晶态固体的拉曼光谱包含尖锐的强峰，而液体和蒸气的谱峰则要弱得多。压力、取向、晶体尺寸、晶体完整程度和多晶性都可能影响光谱，但变化可能很微小。然而，拉曼光谱对温度特别敏感。拉曼光谱的宽峰往往是由于荧光、燃烧、低分辨率或弱峰被增强而引起的，例如玻璃或水的峰很宽。化学基团也可能会受到氢键和 pH 值变化的影响，但这些变化往往表现为峰的移动，而不是峰形的改变。

光谱分析前要了解样品的历史，样品的合成工艺设备、副产物、溶剂都可能引入杂质在光谱中出现谱峰。另外检测的制样过程如样品状态、容器、溶剂及稀释剂等也会影响光谱质量。排除了样品合成和制样方法对光谱的谱峰和谱图形状的影响之后，还要考虑光谱是否受到了测试条件如激光波长、背景荧光、环境射线、数据处理方法等的影响。获得了样品历史的所有信息，并识别或排除了所有可能的失真和伪影，就可以根据谱峰位置和强度进行谱图定性分析。

首先观察整图是否符合预期，峰的宽窄及其强弱、背景基线是否平整。拉曼光谱可以通过图谱匹配来鉴定物质，可以通过计算机也可以通过人工检索数据库来进行。目前用于红外光谱快速检索的软件包和数据库较多，但用于拉曼光谱的软件相对较少。计算机辅助光谱解析最常见的是数据库搜索以及谱图匹配，如果使用计算机检索，还必须对样品和标准光谱进行人工交叉核对。

拉曼光谱是一种很好的检测无机材料或含有无机成分材料的分析工具，拉曼光谱是目前唯一能根据光谱中谱带的形状和位置对碳元素进行定性鉴别和表征的分析技术，从无定形碳开始，随着结晶度的增加，谱峰逐渐锐化，直至纯金刚石最终出现位于 $1365cm^{-1}$ 的尖峰。表 7.2 列举了部分无机化合物的特征峰拉曼频移值，绝大多数无机化合物的光谱具有非常尖锐的拉曼散射峰，这使它们在其他化合物的光谱中相对容易被识别出来。不过在无机化合物的拉曼光谱中，TiO_2 的拉曼峰比较宽。TiO_2 包括锐钛矿和金红石两种类型，两者的拉曼光谱特征峰不一样。如图 7.4 所示为两种晶型 TiO_2 的拉曼光谱图，锐钛矿型 TiO_2 的拉曼峰位于 $640cm^{-1}$、$515cm^{-1}$、$395cm^{-1}$ 和 $145cm^{-1}$，而金红石型拉曼峰位于 $610cm^{-1}$ 和 $450cm^{-1}$ 处，采用这些峰进行定量分析可准确测定金红石中锐钛矿的含量。

表 7.2 部分无机化合物的特征峰拉曼频移值

化合物	拉曼频移/cm^{-1}	化合物	拉曼频移/cm^{-1}
氨基甲酸铵	1039	一水磷酸三钾	1061,939
金刚石	1331	磷酸氢二铵	948
碳酸铵	1044	磷酸氢二钠	1131,1065,934,560
碳酸钙	1087,713,282	三水磷酸氢二钾	1048,950,879,556
碳酸铅	1479,1365,1055	硫酸氢钾	1101,1027,855,581,412,327
碳酸锶	1072	硫酸氢钠	1065,1004,868,601
碳酸钾	1062,687	一水硫酸氢钠	1039,857,603,412
碳酸钠	1607,1080,1062	氢氧化钙	1086,358
二氯异氰尿酸钠	1733,1051,707,577,365,230	氢氧化钠	205
重铬酸钾	909,571,387,235	一水氢氧化锂	1090,839,517,397,213
重铬酸钠	908,371,236	羟基氯化铵	1495,1001
磷酸二氢铵	925	碘酸钾	754
磷酸二氢钾	915	焦亚硫酸钠	1064,660,433,275
锐钛矿氧化钛	639,516,398	硝酸钡	1048,733
金红石氧化钛	610,448,237	硝酸铋	1037
连二亚硫酸钠	1033,364,258	硝酸镧	1046,739
六水硫酸亚铁铵	982,613,453	硝酸锂	1384,1070,735,237
六偏磷酸钠	1162	硝酸钾	1051,716
碳酸氢铵	1045	硝酸银	1046
碳酸氢钾	1281,1030,677,636,193	硝酸钠	1386,1068,725,193
碳酸氢钠	1269,1046,686	六水硝酸镁	1060
磷酸三钠	1005,940,548,417	九水硝酸铁	1046
磷酸三钾	1062,972,857,549	亚硝酸钾	1322,806
十二水磷酸三钠	940,550,413	亚硝酸钠	1327,828

化合物	拉曼频移/cm^{-1}	化合物	拉曼频移/cm^{-1}
亚硝酸银	1045,847	硫酸钙	1129,1017,676,628,609,500
二水硝普酸钠	2174,1946,1068,656,471	硫酸镁	984
氧化铜	296	硫酸钾	1146,984,618,453
氧化锌	438	硫酸银	969
高氯酸镁	964,643,456	无水硫酸钠	993
过硫酸铵	1072,805	二水硫酸钙	1135,1009,669,629,491,415
过硫酸钾	1292,1082,814	七水硫酸锌	985
过硫酸钠	1294,1089,853	硫酸钡	988,462
硫酸钠	938	亚硫酸钠	987,950,639,497
硅酸钙	983,578,373	亚硫酸钾	988,627,482
硅酸锂	601	六水硫代硫酸镁	1165,1000,659,439
硅酸锆	3019,2821,2662,1004,438,355,197	硫	471,216,151
水化硅酸钙	983,578,372	硫代硫酸钡	1004,687,466,354
水化硅酸镁（滑石）	677,362,195	水合硫代硫酸钾	1164,1000,667,446,347
羟基化硅酸铝（高岭土）	912,791,752,705,473,466,430,338	五水硫代硫酸钠	1018,434
硫酸铵	975	草酸钛	1751,1386,1252,850,530,425,352,300
硫酸钡	988,454		

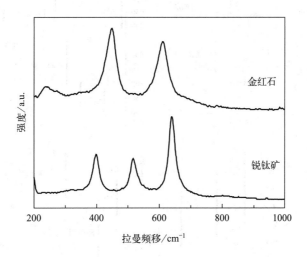

图 7.4 两类 TiO$_2$ 的拉曼光谱

用拉曼光谱鉴别有机物的分子结构，从高波数端开始，查看 3600~3100cm^{-1} 区域是否有—OH 或—NH 拉曼峰。在 3200~2700cm^{-1} 区域检查不饱和键峰或脂肪峰，一般不饱和键拉曼峰波数高于 3000cm^{-1}，而脂肪族拉曼峰波数低于 3000cm^{-1}。脂肪族基团可以是甲基或者更长的—CH$_2$—基团。鉴别 1800~1600cm^{-1} 范围内是否存在双键（例如—C=O，—C=C—），拉曼光谱中的不饱和双键峰通常比羰基峰更强、更尖锐，红外活性基团的峰也可以出现在该波数段。1600cm^{-1} 以下区域包含的许多峰主要是分子的指纹峰，从该区域可以获得分子主链的结构信息，可以确定苯环模式和基团。峰出现在该区域的其他基团往往是含氧有机物，例如硝基、磺基或高卤代烃。除了根据谱峰指认出存在的基团外，也可以根据光谱判断不存在的峰。例如 $3200\sim2700\text{cm}^{-1}$ 区域只有弱峰或者没有峰，那么说明可能存在非寻常物质，如卤化物等，这些基团的拉曼峰弱。确定了光谱中可能出现的基团后，根据已知的化学性质判断是否与预期的分子一致。在可能的情况下，根据该分子的或相似结构的标准光谱进行交叉检查。图 7.5 表示了部分有机物单键和基团的常见峰的拉曼频移值及可能强度指示。

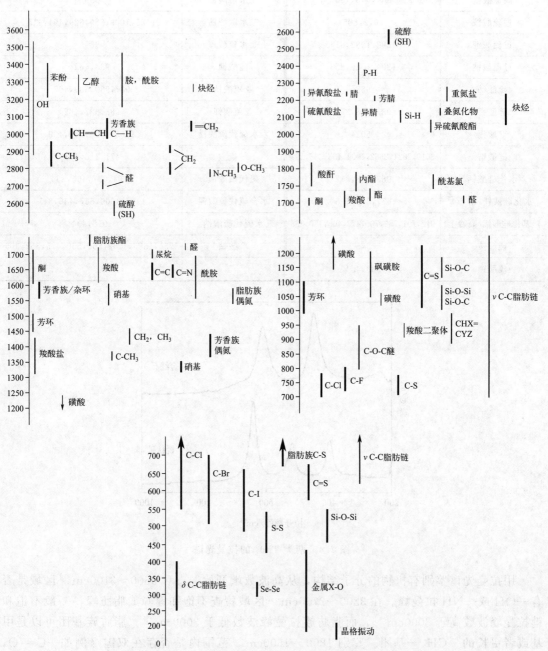

图 7.5　单键和基团频率以及拉曼光谱常见峰的可能强度指示［竖线长度表示每一种振动模式的波数范围（cm^{-1}），线条粗细表示强度相对大小］

5.3 定量分析

在大多数实验中拉曼光谱都不用于绝对的定量分析，而主要是用于对比分析。不过，通过对相关数据进行处理并考虑可能影响结果的因素，可以从拉曼峰中获得定量信息。

由于拉曼光谱采用了散射技术，因此峰的绝对强度取决于许多因素，如取向、激光功率以及其他影响结果重现性的仪器效应。目前定量分析不建议直接度量拉曼峰的绝对强度，在多组分样品中，可以通过测量峰的强度比值来确定相对强度，但是应该考虑各组分的相对拉曼散射截面，而且应该用已知成分的类似标样构建理想的校准曲线。用于定量分析的强度可以用各种方法进行度量，最常用的方法是测量主峰的高度，但有时更好的方法是测量峰面积。峰的测量必须在光谱的某个点构建无拉曼散射的基线，构建基线点必须考虑峰的形状、相邻峰及可能的荧光效应。基线点的绝对位置并不重要，但校准测试和样品测试中确定基线点的方法必须相同。与定性分析的数据处理一样，定量分析也可用很多软件包进行处理。通常情况下，用多个高斯峰来拟合一个宽峰总是有可能的，为了能准确获得样品光谱信息，需要多次尝试峰拟合以达到最佳。峰的拟合函数一般有三种：高斯函数（Gauss）、洛伦兹函数（Lorentz）、沃伊特函数（Voigt）。图 7.6 为硼硅酸盐玻璃的 $850 \sim 1250 \mathrm{cm}^{-1}$ 拉曼光谱图，其中一个宽峰为含不同桥氧数的硅氧四面体结构单元的振动合峰（图中实心圆轮廓线），采用分峰软件（如 origin8.5）用 5 个高斯函数对其作分峰处理，分别得到结构单元 $[SiO_4]^{4-}$、$[SiO_{7/2}]^{3-}$、$[SiO_3]^{2-}$、$[SiO_{5/2}]^{1-}$、$[SiO_2]^0$ 的波数和面积，可计算出它们的面积百分数，各结构单元的含量与其面积百分数成正比。

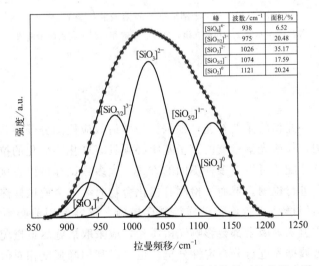

峰	波数/cm^{-1}	面积/%
$[SiO_4]^{4-}$	938	6.52
$[SiO_{7/2}]^{3-}$	975	20.48
$[SiO_3]^{2-}$	1026	35.17
$[SiO_{5/2}]^{1-}$	1074	17.59
$[SiO_2]^0$	1121	20.24

图 7.6 某硼硅酸盐玻璃的硅氧四面体结构单元的拉曼光谱

例如，采用拉曼光谱对乙醇溶液的浓度进行定量分析。将分析纯乙醇和一次去离子水按不同比例混合，乙醇的浓度分别为 0%、25%、50%、75% 和 100%，将配好的溶液装到样品瓶中以备检测。利用激光拉曼光谱仪记录样品的拉曼光谱，将样品瓶放在样品待测处，调整瓶的位置使激光光线直射入样品瓶。实验中激发源功率设置为 1W，不同浓度乙醇溶液的拉曼光谱如图 7.7 所示，其拉曼光谱各峰的形状相似但峰的强度不同。乙醇有 8 个典型的特征峰：峰 2（2969.2cm^{-1}）为 CH 非对称伸缩振动；峰 3（2924.0cm^{-1}）为 CH$_2$ 非对称伸缩振动；峰 4（2873.4cm^{-1}）为 CH$_3$ 伸缩振动；峰 5（1411.7cm^{-1}）为 CH$_3$ 反对称变形振动；峰 6 (1237.7cm^{-1}) 为 CH_2 变形振动；峰 7 (1050.8cm^{-1}) 为 CCO 骨架剪切摇摆振动；峰 8 (1006.6cm^{-1}) 为 CO 伸缩振动；峰 9 (840.4cm^{-1}) 为对称 CCO 骨架伸缩振动；另外峰 1 (3312.3cm^{-1} 左右) 是一个峰宽很大的 OH 伸缩振动。明显可以看出 2969.2cm^{-1}、2924.0cm^{-1}、2873.4cm^{-1} 三个峰的强度随乙醇浓度的变化而呈一致的线性变化，因此可以用 2969.2cm^{-1} 和 2873.4cm^{-1} 两个峰的相对强度关系作为检测乙醇浓度关系的依据。由图 7.7(b) 得出直线的拟合度 r 超过 0.99，这说明用该方法获得的实验结果同样具有较高的精确度。利用该拟合直线就可以用拉曼光谱检测其他乙醇水溶液的浓度。

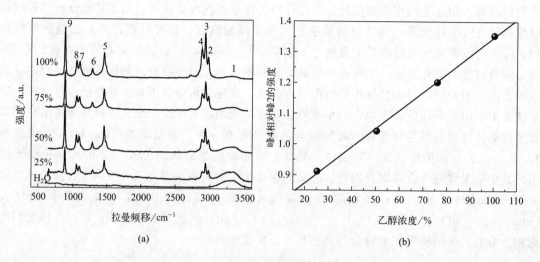

图 7.7　不同比例浓度乙醇溶液的拉曼光谱

(a) 不同浓度乙醇水溶液的拉曼光谱；(b) 特征峰相对强度与乙醇溶液浓度的关系

6　实验总结

拉曼光谱作为红外光谱的重要补充，根据拉曼散射效应检测分子中基团的振动模式从而分析材料的分子结构，拉曼光谱检测的分子基团必须具有极化率变化的拉曼活性。拉曼光谱仪使用非常灵活，仪器配置可以有多种不同的方式。大多数试样可以直接进行检测，粉末及液体可以放入容器中进行检测。然而，检测有机化合物时激光会使试样热老化甚至燃烧，需要采取容器装样、稀释样品或者旋转试样等制样措施。仪器使用前必须进行校正，荧光效应、环境射线、杂质引入等因素都会影响光谱质量，应采取措施尽量避免。拉曼光谱数据可以通过比对标准图谱数据库进行分析定性分析，也可以利用峰强度相对值或峰面积相对值进行定量分析。

实验8
材料扫描电镜形貌观察

1 概述

    显微镜根据成像的射线源不同可分为光学显微镜（OM）和电子显微镜（EM）两类。扫描电子显微镜（SEM）是用于直接分析固体表面的一种电子显微镜，它利用能量相对较低的聚焦电子束作为电子探针，对样品进行有规律的扫描。产生和聚焦光束的电子源和电磁透镜与透射电子显微镜（TEM）所描述的类似。电子束的作用激发了样品表面的高能背散射电子和低能二次电子的发射。

    扫描电子显微镜在传统材料和损伤分析、电子和半导体工业乃至生物、化学和生命科学中都有广泛的应用。扫描电子显微镜与传统光学显微镜和其他分析方法相比还具有另一些优点：电子显微镜技术利用电子束与样品发生相互作用产生的各种物理信号，对试样表面成像或进行元素分析。电子显微镜不仅能观察样品形貌结构，同时也能获得试样的组成信息，使其成为材料研究和制造的必要工具。它包括透射电子显微分析、扫描电子显微分析以及用电子探针仪进行的X射线显微分析等。电子显微镜与其他的形貌、结构、成分分析方法相比具有以下特点：①可以在极高放大倍率下直接观察试样的形貌、结构并可进行选区分析。②属于微区分析方法，具有高的分辨率，成像分辨率可达到 0.2～0.3nm。③各种电子显微分析仪器日益向多功能、综合性分析方向发展，可以进行材料形貌、物相、晶体结构和化学组成等的综合分析。

    扫描电子显微镜是依据电子与物质的相互作用的原理。当一束聚焦的高能入射电子束轰击样品表面时，被激发的区域将产生各类电子或射线。利用电子和物质的相互作用，可以获取被测样品本身的各种物理、化学性质的信息。扫描电子显微镜正是根据上述不同信息产生的机理，采用不同的信号检测器，使检测得以实现。正因如此，根据不同需求，可制造出功能配置不同的扫描电子显微镜。

    本实验的目的是：①了解场发射扫描电镜和钨灯丝扫描电镜的仪器装置、工作原理，根据扫描原理了解扫描电镜各部分的功能及用途；②学习用扫描电镜分析材料的表面形貌；③熟悉扫描电镜操作中参数设置对形貌观测的影响。

2 实验设备与材料

2.1 实验设备

    扫描电子显微镜由三大部分组成：电子光学系统，真空系统以及信号收集处理，图像显示和记录系统。如图 8.1 所示为典型扫描电镜的构造示意图。本实验采用蔡司（Zeiss）场发射扫描电镜。

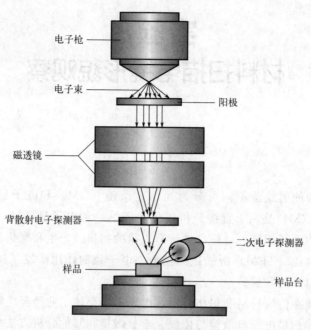

电子枪

电子束 ————— 阳极

磁透镜

背散射电子探测器

二次电子探测器

样品

样品台

图 8.1　扫描电镜构造

（1）电子光学系统。主要用于产生一束能量分布极窄的、电子能量确定的电子束用以扫描成像，包括：ⓐ电子枪，用于产生电子。ⓑ电磁透镜，热发射电子需要电磁透镜来成束，所以在用热发射电子枪的扫描电镜上，电磁透镜必不可少。通常会装配两组，即汇聚透镜和物镜。汇聚透镜仅仅用于汇聚电子束，与成像会焦无关，物镜负责将电子束的焦点汇聚到样品表面。ⓒ扫描线圈，其作用是使电子束偏转，并在样品表面做有规则的扫动，电子束在样品上的扫描动作和显像管上的扫描动作保持严格同步，因为它们是由同一扫描发生器控制的。ⓓ样品室，室内除放置样品外，还安置信号探测器。

（2）信号探测处理和显示系统。电子经过一系列电磁透镜成束后，打到样品上与样品发生相互作用，会产生二次电子、背散射电子、俄歇电子以及 X 射线等一系列信号。所以需要不同的探测器如二次电子探测器、X 射线能谱分析仪等来区分这些信号以获得所需要的信息。虽然 X 射线信号不能用于成像，但习惯上，仍然将 X 射线分析系统划分到成像系统中。

（3）真空系统。真空系统主要包括真空泵和真空柱两部分。真空柱是一个密封的柱形容器，真空泵用来在真空柱内产生真空，有机械泵、油扩散泵以及涡轮分子泵三大类。机械泵加油扩散泵的组合可以满足配置钨灯丝枪的扫描电镜的真空要求，但对于装置了场致发射枪或六硼化镧及六硼化铈枪的扫描电镜，则需要机械泵、涡轮分子泵和离子泵的组合。成像系统和电子束系统均内置在真空柱中。真空柱底端即为样品室，用于放置样品。扫描电镜需要真空的原因包括：一是电子束系统中的灯丝在普通大气中会迅速氧化而失效，所以需要抽真空。二是为了增大电子的平均自由程，从而使得用于成像的电子更多。

2.2　实验器材

待测样品、导电胶、镊子、手套、电吹风、导电膜喷涂装置。

3 实验原理

当一束高能的入射电子轰击物质表面时，被激发的区域将产生二次电子、俄歇电子、特征 X 射线和连续谱 X 射线、背散射电子、透射电子，以及在可见、紫外、红外光区域产生的电磁辐射，如图 8.2 所示。同时，也可产生电子-空穴对、晶格振动（声子）、电子振荡（等离子体）。利用电子和物质的相互作用，可以获取被测样品本身的各种物理、化学性质的信息，如形貌、组成、晶体结构、电子结构和内部电场或磁场等。扫描电子显微镜正是根据上述不同信息产生的机理，采用不同的信息检测器，使检测得以实现。如对二次电子、背散射电子的采集，可得到有关物质微观形貌的信息；对 X 射线的采集，可得到物质化学成分的信息。

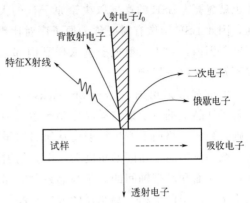

图 8.2　电子与材料相互作用时产生的信号

高能电子束激发出样品表面的各种物理信号，扫描电镜利用不同的信号探测器接受物理信号转换成图像信息，其基本工作原理如图 8.3 所示。SEM 利用材料表面微区的特征（如形貌、原子序数、化学成分或晶体结构等）的差异，在电子束作用下通过试样不同区域产生不同的亮度差异，从而获得具有一定衬度的图像。成像信号是二次电子、背散射电子或吸收电子，其中二次电子（SE）是最主要的成像信号，是在入射电子束作用下被轰击出来并离开样品表面的核外电子。二次电子一般是在表层 5～10nm 深度发射出来的，它对样品表面形貌十分敏感，因此能有效显示样品的表面形貌。

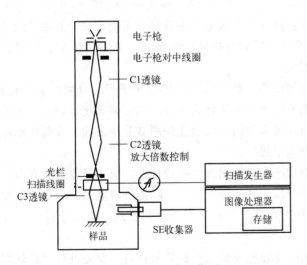

图 8.3　SEM 的基本工作原理

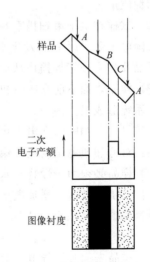

图 8.4　二次电子形貌衬度

图像的亮度与二次电子的产额有关，一般倾斜度越大，亮度越高。凸出的尖棱、小颗粒以及比较陡的斜面处二次电子产额较多，在屏幕上亮度也较高，平面上二次电子产额小，亮度低。但在深槽的底部，虽然也能产生较多的二次电子，但不易被检测器收集到，因此会较暗，如图 8.4 所示。

背散射电子（backscattered electrons，BSE），入射电子与样品发生弹性碰撞，而逃离样品表面的高能量电子，其动能等于或略小于入射电子的能量。BSE 产生的数量，会因样品元素种类不同而有差异，样品中平均原子序越高的区域，释放出来的 BSE 越多，BSE 影像也就越亮，BSE 的产率取决于原子核的大小。BSE 图像对比度反映了样品表面的成分衬度，因此 BSE 影像有时又称为原子序对比影像。由于 BSE 产生于距样品表面约 5000nm 的深度范围内，由于入射电子进入样品内部较深，电子束已被散射开来，因此 BSE 影像分辨率不及二次电子影像。

电子背散射衍射（electron backscattered diffraction，EBSD）。在扫描电子显微镜中，入射于样品上的电子束与样品作用产生几种不同效应，其中之一就是在每一个晶体或晶粒内规则排列的晶格面上产生衍射。从所有原子面上产生的衍射组成"衍射花样"，这可被看成是一张晶体中原子面间的角度关系图。衍射花样包含晶系（立方、六方等）对称性的信息，而且，晶面和晶带轴间的夹角与晶系种类和晶体的晶格参数相对应，这些数据可用于 EBSD 相鉴定。对于已知相，则花样的取向与晶体的取向直接对应。

4 实验过程

4.1 实验准备

4.1.1 样品基本要求

（1）试样可以是块状或粉末颗粒，在真空中能保持稳定且耐高真空；含有挥发性组分的样品例如含水样品、有内部孔隙的样品，或者是由含水材料制成的样品，由于这些试样在成像过程中会释放出气体，这些释放出的气体可能会污染镜筒或探测器，损害仪器的功能，或影响图像质量等。

（2）试样在电子束扫描下热稳定性要好，不会被电子束分解。不稳定试样的某些元素的含量会随电子轰击时间而发生变化。或者试样的分析区产生溶化、开裂、龟裂、变黑、起泡、析晶及晶格破坏等损伤从而影响观察。

（3）样品表面不能含有有机油脂类污染物。油污在电子束作用下容易分解成碳氢化物，对真空系统造成极大污染。样品表面细节会被碳氢化合物遮盖，同时碳氢化合物减弱了成像信号。碳氢化合物吸附在电子束光路引起极大像散，吸附在探测器晶体表面会降低探测器效率，还会对低加速电压的电子束产生严重干扰。

（4）样品必须为干燥物。水蒸气会加速电子枪阴极材料的挥发，极大降低灯丝寿命。水蒸气会使电子束散射，增加电子束能量分散，从而增大色差，降低分辨能力。扫描电子显微镜分析都要求对样品进行干燥，干燥方法有烘箱干燥、空气自然干燥、真空干燥、冷冻干燥等。

（5）样品表面必需导电。对于块状的非导电或导电性较差的材料，要先进行镀膜处理。

（6）对磁性试样要预先退磁，以免观察时电子束受到磁场的影响。

（7）试样大小：要适合仪器专用样品座的尺寸，不能过大，样品座尺寸各仪器不均相同，一般小的样品座为 φ3~5mm，大的样品座为 φ30~50mm，以分别用来放置不同大小的试样，样品的高度也有一定的限制，一般为 5~10mm。

4.1.2　不同形态样品的制样方法

（1）块状试样：可在不影响样品性质的条件下，对受污染的试样进行超声波清洗并烘干或用电吹风吹干。对于块状导电材料，除了大小要适合仪器样品座尺寸外，基本上不需要进行什么制备，用导电胶把试样粘接在样品座上，即可放在扫描电镜中观察。注意一定要粘接牢固，松动的样品会造成观察时产生晃动而使图像模糊。

（2）粉末试样：对于导电的粉末样品，应先将导电胶带粘接在样品座上，再均匀地把粉末样撒在上面，一般将粉末在称量纸（A4 纸等）上均匀铺开，再用带导电胶样品台粘粉。粘粉后要用洗耳球吹去未黏住的粉末。为了加快测试速度，一个样品座上通常可以同时放置多个样品，但在用洗耳球吹走未黏住的粉末时，应注意不要造成样品之间相互污染。对不导电或导电性能差的粉末样品，还要镀上一层导电膜后方可用电镜观察。粉末样品的厚度要均匀，表面要平整，且量不要太多，一般 1g 左右即可，否则容易导致粉末在观察时剥离表面，或者容易造成样品的底层部分喷不到金而使导电性能不佳，导致观察的形貌对比度效果差。尽可能不要挤压样品，以保持其自然形貌状态。特别细且量少的样品，可以放在乙醇或者合适的溶剂中用超声波分散一下，再用毛细管滴加到样品台上的导电胶带上（也可用牙签点一滴到样品台上），再晾干或在强光下烘干即开。对于诸如聚苯乙烯微球等的小球类样品，如果要获得铺展开的单层密堆积层，可以采用稀释溶液但不易控制，也可以用滤纸将溶液拉伸到载玻片上进一步处理后进行观察。

（3）颗粒和纤维试样：这些试样大多数是非导电样品，在用电镜观察时候，往往由于静电排斥作用导致机械不稳定，出现所谓的样品漂移。样品尺度小于 $1\mu m$ 时，电子束可能穿透样品，随后基底散射产生的信号将使图像衬度降低。同时 X 射线信号会增加基底的成分。

（4）断口及截面试样：新断开的断口或断面，一般不需要进行处理，以免破坏断口或表面的原始结构状态。有些试样的表面、断口需要进行适当的侵蚀，才能暴露某些结构细节，但在侵蚀后应将表面或断口清洗干净后烘干。观察样品截面/侧面可使用特殊的样品台，可以利用样品台的厚度将试样粘接在样品台的边缘上。注意粘接试样时尽量降低样品的高度，否则不利于喷金和电镜观察。要获得韧性材料的试样截面（如高分子材料），可将试样用液氮冷却后掰断即可，不宜用剪刀或手术刀进行切割，因为这样容易引起试样拉伸变形。

4.1.3　表面镀导电膜

扫描电镜要求样品表面必须导电，在大多数情况下，初级电子束电荷数量都大于背散射电子和二次电子数量之和，多余的电子必须导入接地端，即样品表面电位必须保持在 0 电位。如果样品表面不导电，或者样品接地线断裂，那么样品表面就会存在静电荷，从而使得表面负电势不断增加，出现充电效应，使图像畸变，入射电子束减速，此时样品如同一个电子平面镜。不导电试样在高真空样品室内不能进行 EDS 定性、定量分析，也无法获得高质量图像。因此对于块状的非导电或导电性较差的材料，要先进行镀膜处理，在材料表面形成一层导电膜，以避免电荷积累影响图像质量，并可防止试样的热损伤。

镀膜的方法有两种，一种是真空镀膜，另一种是离子溅射镀膜。离子溅射镀膜的原理是：在低气压系统中，气体分子在相隔一定距离的阳极和阴极之间的强电场作用下电离成正离子和电子，正离子飞向阴极，电子飞向阳极，二电极间形成辉光放电。在辉光放电过程中，具有一定动量的正离子撞击阴极，使阴极表面的原子被逐出，这一过程称为溅射。如果阴极表面为用于镀膜的材料（靶材），需要镀膜的样品放在作为阳极的样品台上，则被正离子轰击而溅射出来的靶材原子就沉积在试样上，形成一定厚度的膜层。离子溅射时常用的气体为惰性气体氩，要求不高时，也可以用空气，气压约为 5×10^{-2} Torr（1Torr＝133.322Pa）。离子溅射镀膜与真空镀膜相比，其主要优点是：①装置结构简单，使用方便，溅射一次只需几分钟，而真空镀膜则要半个小时以上。②消耗贵金属少，每次仅约几毫克。③对同一种镀膜材料，离子溅射镀膜质量好，能形成颗粒更细、更致密、更均匀、附着力更强的膜。

喷金一般都没有厚度指示，采用弱电流喷镀，喷金时间依经验而定。金颗粒会在电镜下成像，如果观察的放大倍率不高，一般不容易观察到金颗粒的产生的图像。比较好的喷金仪，可以控制在膜层厚度为 10nm 以内。如果粉末样品太细，则要注意尽量使样品颗粒密实，并适当延长喷金时间以防污染。另外，喷金时也可以通过适当调整样品高度位置来调节喷金的厚度。

4.1.4　特殊样品

（1）生物样品。生物样品制样必须满足以下要求：①保持完好的组织和细胞形态；②充分暴露要观察的部位；③样品具有良好的导电性和较高的二次电子产额；④样品保持充分干燥的状态。某些含水量低且不易变形的生物材料，可以不经固定和干燥而在较低加速电压下直接观察，如动物毛发、昆虫、植物种子、花粉等，但图像质量差，而且观察和拍摄照片时须尽可能迅速。对大多数的生物材料，则应首先采用化学或物理方法固定、脱水和干燥，然后喷镀碳或金属以提高材料的导电性和二次电子产额。

（2）地质样品。地质矿物样品是典型的非导电样品，必要喷镀导电膜。也可以使用低加速电压模式或者环境扫描电镜进行观察。黏土、沙子和土壤样品制备需要从两个方面考虑：有机成分与无机成分，只有环境扫描电镜才可以直接观察这两种成分。

（3）电子材料和器件。电子材料和器件也需要喷镀导电膜，采用低加速电压模式或高加速电压的高分辨模式观察效果更好。对于半导体材料，一般的制样方法都比较合适，但有些特殊的反差机制，如电压反差、电子通道反差、感生电流、样品电流等，此时半导体材料需要经过特殊的制样。

（4）EBSD 样品。衍射电子来于几十纳米厚的试样表面，任何表面的缺陷和形变、表面污染及氧化层都会影响结果。采用化学抛光、电解抛光或氩离子抛光机等能产生一个几乎消除形貌的镜面。EBSD 样品的要求：样品能够产生计算机可以识别且能正确标定的菊池衍射花样，要求样品表面平整，无较大的应变；表面法线相对入射束倾斜约 70°。制样方法：金属样品用电解抛光；陶瓷样品用机械抛光＋硅胶抛光；金属基复合材料用离子束刻蚀。

4.2　实验过程

4.2.1　钨灯丝扫描电镜的操作（日立 JSM-6460LV）

（1）开机步骤。打开电源总开关（循环水及主机），打开循环水电源主机电源旋至 ON（用钥匙），打开计算机（扫描电镜及能谱）能谱仪机箱后开关拨至 1。

（2）测试步骤。

① 单击 SEM 图标进入程序，进入样品（sample）窗口，单击 VENT 键放气。

② 将准备好的样品用导电胶粘贴在样品台上，打开样品仓安放样品，然后关闭舱门。

③ 在 sample 窗口中单击 EVAC 键抽真空，进样品台（stage）窗口，将样品台移动到合适位置（工作距离为 10～20mm）。

④ 打开高压（通常选择 20kV，导电性差的可以适当调低），选择视场和放大倍数开始观察。

⑤ 如需打能谱，双击进入 INCA 程序，并按程序提示做点扫描、面扫描或线扫描以及 EBSD 等。

（3）关机步骤。

① 关高压，进入 sample 窗口然后打开 VENT 放气，将样品台移动至安全位置。

② 取出样品，在 sample 窗口中单击 EVAC 抽真空。

③ 将能谱仪机箱后开关拨至 0，关闭 INCA 程序，关闭能谱仪计算机。

④ 关闭扫描点，单击 SEM 程序，关闭计算机，将主机开关旋至 OFF（用钥匙）。

⑤ 关闭循环水电源。

4.2.2　场发射扫描电镜的操作（蔡司 Sigma-HD）

（1）查看 SEM 是否在正常状态。

① 开启电子枪监控（Gun Monitor）软件并记录。

② 开启 Stage Navigation Bar 软件，并使样品台在原始位置（中心在数字 9）。

③ SmartSEM-［system］软件中：Vac（√）；Gun（√）；EHT（×）。

（2）开腔，保证氮气状态。

（3）放真空即按 VENT 键后，等待 10min（氮气气流存在状态下）。

（4）打开腔门，将样品放入样品室，抽真空（抽真空时手推紧仓门）。

（5）真空度达到 5×10^{-3} Pa 以下时，可打开设定的高压，取像。

（6）移动样品台，使样品在物镜正下方，调节样品和物镜之间的工作距离。选择需要的光阑和探头。放大倍率到最小。使用鼠标聚焦，调节光阑对中和像散。提高放大倍数，再聚焦，调节光阑对中和像散。以此类推，至需要的放大倍数。

（7）用去除噪声的模式，取得高质量的图片，保存到指定的硬盘目录中。

（8）取得高质量的图片后开启 AZTEC 软件；信号连接软件需要同时开启。

（9）在 AZTEC 软件中做 EDS 操作和 EBSD 操作。

（10）操作完成后退探头，关高压，放真空，取样，再抽真空即可。

（11）试验过程中或完成后均可打开分析软件对试验图片进行分析、测定。试验曲线可打印输出或作为图片文件输出，试验数据也可作为数据文件输出。

4.2.3　台式钨灯丝扫描电镜的操作（日立 JCM 7000）

（1）安装样品。

① 准备样品托和样品座，把样品切成可以放到样品座上的大小。

② 把样品贴到样品托上，把样品放进样品座，调整高度，使样品位置与样品座的表面对齐（如果样品位置超过样品座的表面，插入样品会碰到仪器），拧紧固定螺栓以固定样品座。

（2）启动仪器。

① 把电源箱的 MAIN BREAKER 调到 ON。

② 把主机的 START 开关启动成 ON（蓝色 LED 会点亮）。

③ 启动计算机，单击桌面右下角的"∧"键，确认 Operation Server 图标点亮绿灯。

④ 双击 SEM Operation EZ 图标。

⑤ 启动 SEM GUI（操作画面）。

（3）交换样品。

① 按 GUI 左上方的交换样品键，显示交换样品画面。

② 按 VENT 键，选择"是"。

③ 大约 30s 后，样品室门会自动向外打开。

④ 打开项目管理界面，输入项目名称，按 Enter 键，等名称出来后，按 Close 键。

⑤ 输入样品名称。

⑥ 选择准备使用的样品座，按照不同的观察样品选择真空模式。

⑦ 拉出样品台并连接/取下样品架，取出样品座时，将样品座向逆时针方向转 45°；安装样品座时，将样品座的缺口处放在与样品台 4 点钟方向的位置并与之对齐，之后顺时针方向转 45°固定样品座。

⑧ 关闭样品舱门，确认关紧，真空排气开始 3s 之内，需要按住样品舱门。

⑨ 大约 3min 之后显示 SEM 的最低倍率图像。

（4）观察 SEM 图像。

① 选择"目的 1"（观察 SEM 图像），选择"目的 2"（有形状、表面、成分衬度、减轻带电），切换使用目的时会自动进行图像调整。

② 双击观察对象，将其移到画面中央。

③ 将倍率调到能够清晰观察到对象物的位置。

④ 单击调整图像的自动键，单击拍摄键，拍摄结束后，会自动保存图像。

（5）元素分析（定性分析—定量分析）。

① 选择"目的 1"（元素分析）；选择"目的 2"（定性/定量）。

② 双击观察对象，将其移到画面中央。

③ 将倍率调到能够清晰观察到对象物的位置，单击调整图像的自动键，单击想测量的分析键（点、线、区域、颗粒）。

④ 在 SEM 图像画面上指定希望分析的位置，单击开始键，测量结束后，会自动保存分析结果。

（6）元素面分布图分析。

① 选择"目的 1"（元素面分布图分析）；选择"目的 2"（元素面分布）。

② 同（5）其他步骤。

（7）停机。

① 确定真空排气是否结束，确认 VENT 按钮是否亮灯。

② 按 START 开关，确认灯已灭。

③ 关闭计算机屏幕的 GUI（SEM 操作画面）。

④ 计算机关机。

⑤ 电源箱的 MAIN BREAKER 调到 OFF。

5 实验结果与分析

5.1 探测器对表面成像的影响

In-lens 探测器的主要优点是检测效率高，特别是在加速电压非常低，或者几乎单纯检测 SE 的情况下，In-lens 是样品表面成像的理想工具。即使在高加速电压下，In-lens 探测器成像也比 SE2 探测器包含更多的表面信息。这是由于单纯二次电子检测时，In-lens 探测器的信号几乎完全是通过检测 SE1 和 SE2 电子而产生的，并且几乎没有背散射电子或 SE3 型电子的信号叠加。如图 8.5(a) 和（b）所示。图 8.5(a) In-lens 成像显示有明显的边缘效应和精细的表面结构，而图 8.5(b) 的 SE2 成像则显示表面信息少且图像均匀发散。在 10kV 的加速电压下，In-lens 探测器的图像显示了更多的表面结构。在 SE2 探测器成像时〔见图 8.5(b)〕，由于图像中同时包含了背散射电子的深度信息，精细面被强烈发散。如果有非常薄的表层，由于相互作用体积的增加，这种效应可能也会导致相应薄层的图像发散，从而使该层不能被观测到，如图 8.5(c) 和（d）所示。在加速电压为 10kV 时，用 In-lens 探测器成像时，可以清楚地看到金属涂层上的污染物〔见图 8.5(c)〕，但用 SE2 检测器〔见图 8.5(d)〕则不显示任何有关试样污染的信息。

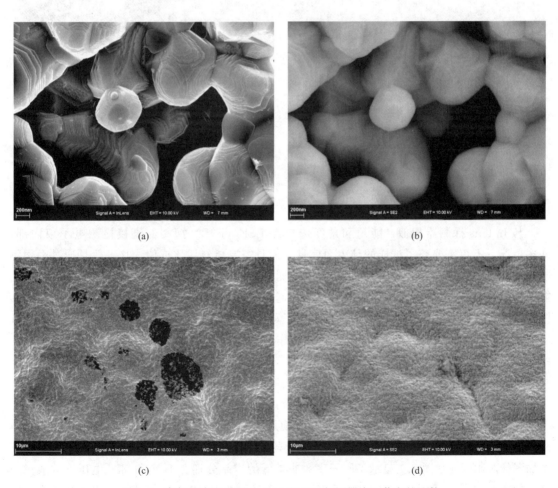

(a)

(b)

(c)

(d)

图 8.5 高加速度电压下 In-lens 和 SE2 探测器表面信息的比较

扫描电镜 90％的信号是由 SE 产生的，只有 10％是由 BSE 产生的。因此，成像在很大程度上代表的是 SE 图像。图 8.6(a) 显示的用 SE2 探测器得到的材料表面信息，几乎看不到样品材料的衬度。然而，需要注意的是，由于样品表面经过抛光，只有 SE 电子的产率降低。因此，SE/BSE 比值偏向于形成更多的 BSE 电子。扫描电子显微镜中经常使用的另一个探测器是 BSE 探测器，它可以非常有效地显示样品中的材料差异，其中一个主要原因是 BSE 探测器所处的位置。与 SE 探测器从侧面观察样本不同，BSE 探测器位于终端透镜的下方，因此能从上方观察样本。这个位置提供了非常大的立体角，可以用来检测 BSE 电子。虽然 BSE 探测器可以用于各种类型的对比度成像（如晶体取向对比，磁性对比Ⅱ型等），但其主要应用还是显示材料的成分衬度。这种衬度是基于电子的背散射系数随着原子序数增加而增加的原理。背散射系数越高，一次电子束产生的可用于探测的 BSE 电子越多。如果样品中存在不同的相，平均原子序数大的相比平均原子序数小的相会显示得更亮。图 8.6(b) 所示 SEM 图片用 BSE 探测器拍摄的同样材料的表面形貌，照片显示出了较高的材料衬度。如果在扫描电镜实际应用中涉及材料的对比成像，建议使用 BSE 探测器。

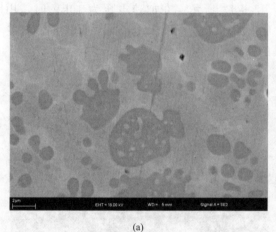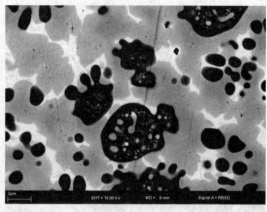

(a)　　　　　　　　　　　　　　　　　　(b)

图 8.6　采用 SE2 以及 BSE 探测器获得的抛光试样的材料形貌对比

(a) SE2 探测器；(b) BSE 探测器

与 In-lens 探测器相似，能量和角度选择性 BSE（EsB）探测器直接检测电子束内部。许多情况下不仅需要获得试样的纯表面信息，而且需要材料对比成像。这一般是通过采用不同的 BSE 检测系统来实现的。然而，这些探测器有一些缺点，特别是在非常低的相互作用能下使用或与 In-lens 探测器结合使用时。它们被设计在末端透镜的下方，这影响了静电透镜的场和透镜内探测器的检测效率，也限制了可用的最小工作距离。这两种影响都大大降低了 In-lens 探测器的信噪比和分辨率。因此，作为替代方案，某些电镜的 EsB 检测器弥补这些检测器的弱点。

5.2　加速电压对表面成像的影响

In-lens 探测器通常在较低的加速电压下使用。初级电子的能量越低，电子的相互作用体积和穿透深度越小。而电子的穿透深度越小，样品上层产生的 SE 电子份额就越高，这有助于增加图像对比度。如图 8.7 显示了原子序数非常低的样品分别在 1kV 和 5kV 电压下的成像照片。如图 8.7(a) 所示为在 1kV 电压下成像，图像显示结构清晰的样品表面：由于电子穿透深度小，即使非常小的表面局部结构也会产生相对强的信号修正，因此图像对比度非常好。而在 5kV 电压下观察同一样品的同一位点，如图 8.7(b) 所示，样品图像显示了非常明显的发散和透明度，这是由于来自更大范围和更深处的信息增加了相互作用体积而产生的。这种效应不仅会在原子序数较低的材料上出现，而且也在密度较高的材料上出现，但加速电压通常较高。

 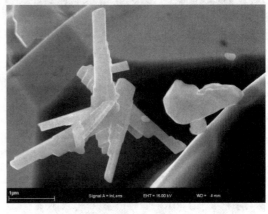

(a)   (b)

图 8.7　在 1kV 和 5kV 电压下用 In-lens 探测器扫描高原子序数样品表面信息的对比

图 8.8 的例子也显示了这种影响。图 8.8(a) 为加速电压仅为 200V 时试样的 SEM 照片，图像显示亮度均匀，表面对比度好。加速电压增加到 1kV［见图 8.8(b)］会导致边缘效应增强和精细结构对比度的明显改变。如图 8.8(c) 所示，在 5kV 加速电压下工作，样品表面某些结构的对比甚至发生了逆转。精细结构产生越来越多的发散，看起来呈透明状。在 10kV 时，如图 8.8(d) 所示，电子穿透得非常深，只能分辨出合适表面的轮廓，整个图像看起来像玻璃。

极低的激发能量也用于补偿或减少非导电或导电不良的样品上的电荷。如果一个非导电性或导电性差的样品被电子充电，这些电子就会在表面积聚，因为导电性降低，它们不能流动。这将导致在局部空间形成电荷，从而影响电子束的成像，导致成像质量大幅度下降。然而，可以通过减少一次电子的能量和探针电流（光阑大小）来进行补偿或使这种影响最小化。图 8.9(a) 显示了样品腐蚀层只能在电压为 0.8kV 时达到电荷平衡。同样，用 In-lens 探测器拍摄的图像清晰地显示了氧化层的表面结构，表面的针状晶体也能被区分出来。然而，在相同的加速电压，只有 EsB 探测器拍摄的图像［见图 8.9(b)］显示了这些晶体是某些沉积物或转化产物，其原子序数比残余氧化物层高得多。尽管在更高的能量（1~1.5kV）下也可以成像，但 BSE 电子的能量比 SE 电子高得多，而且会在样品表面的更深层处产生，多数情况下电荷会直接存在于样品表面。因此，与 In-lens 探测器提供的纯 SE 图像相比，BSE 图像质量往往只有在更高的能量（加速电压）下才会明显变差。

5.3　工作距离对表面成像的影响

工作距离是影响检测效率的另一个关键参数。当 SE2 探测器的工作距离过低时，图像就会产生阴影效应。如果样品的位置太靠近末端透镜，大多数电子会被静电透镜的电场偏转或运动到末端透镜，即无法被 SE2 探测器检测到。根据样品材料和样品几何形状的不同，建议最小工作距离约为 4mm。大多数情况下，设置较小的工作距离将导致严重的信号损失。

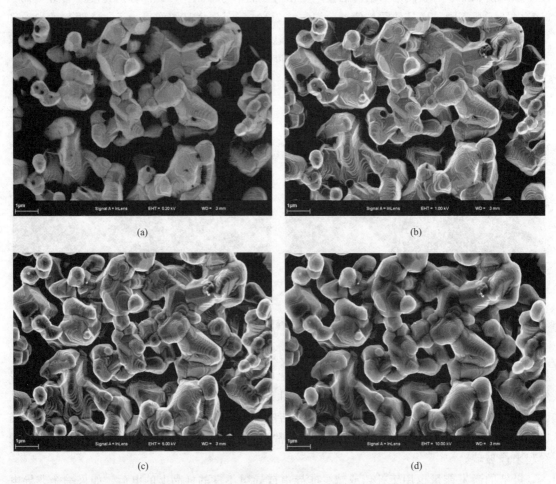

图 8.8　用 In-lens 探测器在不同加速电压下扫描的表面信息的对比

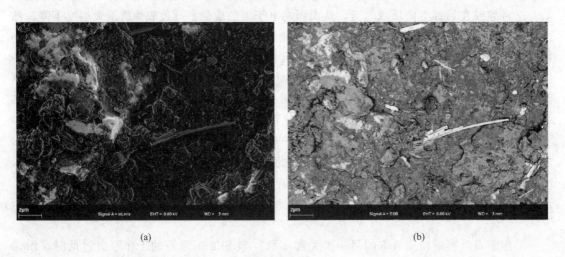

图 8.9　In-lens 与 EsB 检测器在低电压范围内扫描图像的比较

（a）材料表面信息较好；（b）显著的材料衬度

另外，检测器在工作距离很长的情况下处于理想状态，这对于样品台定位或待测样品重新定位所需的低功率放大尤其重要。当试样室放入新试样时，通常建议将初始工作距离设定为 10～20mm，加速电压设定为约 10kV，并使用 SE2 探测器作为信号源。这种配置下允许设置的最小放大倍数为 20 倍，以方便对样品或样品台进行定位。当样品各范围确定后，可以按建议值设置参数，也可以根据合理的应用需要设置参数。图 8.10 表明，可能的最小放大倍数取决于工作距离。当工作距离为 30mm、加速电压为 10kV 时，如图 8.10（a）所示，SE2 探测器具有相当好的信噪比。在该条件下，可以设置最小放大倍数，使样品能在几毫米尺度内被观察到。如果设置更小的工作距离，如图 8.10（b）所示，这将大大降低低功率放大倍数。

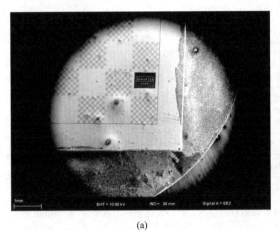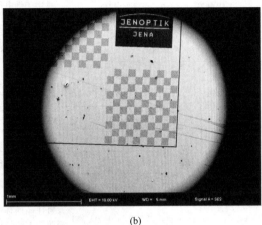

(a)   (b)

图 8.10　调节工作距离实现全景放大

综合上述分析，表 8-1～表 8.4 列出了 Zeiss 扫描电镜各类探测器的推荐测试条件/备注，可根据检测样品的实际需要进行合理选择。

表 8.1　In-lens 探测器的推荐测试条件/备注

参数		推荐条件/备注
加速电压	0.1～20kV	原则上,适用于 20kV 以上,在 20kV 以上的电子束加速器将被关闭
	0.1～3kV	用于电荷补偿和表面敏感成像的低电压应用
	3～10kV	平均电压范围,适用于许多不同的应用
	10～20kV	常用于分析目的的电压范围
工作距离	≤10mm	由于对物镜静电场的依赖,工作距离应尽可能小
	2～3mm	适用于低电压应用（100～3000V）
	3～6mm	适用于平均电压范围（3～10kV）
光阑	30μm	推荐用于许多情况下的标准光阑
	7.5～20μm	用于补偿电荷或分析束敏样品的探针电流极限值
	60～120μm	一般情况下只建议用于分析特殊样品
样品倾斜度		尽可能避免剧烈倾斜
操作模式		只适用于高真空,因为电子束加速器在 VP 模式下失效物镜下方引入的 BSE 探测器会影响静电透镜的电场

表 8.2 SE2 探测器的推荐测试条件/备注

参数		推荐条件/备注
加速电压	0.1~30kV	原则上,适用于全高压范围;然而,大多数情况下,只有从 1kV 起才能达到足够的信噪比
	1~5kV	低电压应用以补偿电荷和发散,及表面敏感样品成像
	5~20kV	平均电压范围,适用于多数情况
	20~30kV	常用于分析目的的电压范围
工作距离	≥4mm	如果工作距离过短,就会产生阴影效应,降低探测器的效率。电压低于 20kV 时,SE 电子被静电透镜的电场吸收
	4~6mm	适用于低电压条件(1~5kV)
	6~12mm	推荐用于平均电压范围(5~20kV)
	12~30mm	通常只推荐用于低功率放大或增加景深
集极电压	300V	集电极电压标准值
	0~400V	在高倍率下改变集电极电压以获得光信号
	−150~0V	降低集电极电压通常也可以减少伪 BSE 图像的发散
光阑	30μm	推荐用于许多情况下的标准光阑
	7.5~20μm	用于补偿电荷或分析束敏样品的探针电流极限值
	60~120μm	通常只推荐用于全景放大或样品分析
样品倾斜度		将样品向探测器倾斜将改变 SE 和 BSE 电子的出射角度,从而增加 SE2 探测器上的信号
操作模式		仅适用于高真空下,闪烁体电压在 VP 模式下关闭的情形

表 8.3 EsB 探测器的推荐测试条件/备注

参数		推荐条件/备注
加速电压	0.1~20kV	原则上,使用电压可达 20kV,高于 20kV 时电子束加速器将被关闭
	0.1~3kV	采用低电压以补偿电荷并增加样品对比度的横向分辨率
	3~10kV	适用于许多情况的平均电压范围
	10~20kV	常用于分析目的的电压范围
工作距离	≤8mm	由于取决于物镜静电场,工作距离应尽可能小
	2~4mm	适用于低电压情况(0.1~3kV)
	4~8mm	适用于平均电压及较高电压范围(3~20kV)
滤光器电压(ESB 栅)	0~1.5kV	低压情况下的特殊应用,可以通过能量过滤优化增加材料对比度
光阑	30μm	推荐用于许多情况下的标准光阑
	7.5~20μm	用于补偿电荷或分析束敏样品的探针电流极限值
	60~120μm	通常只推荐用于分析目的
样品倾斜度		避免强烈倾斜
操作模式		只适用于高真空,因为电子束加速器在 VP 模式下关闭。在物镜下方引入的 BSE 探测器会影响静电透镜的电场

表 8.4　BSE 探测器的推荐测试条件备注

参数		推荐条件/备注
工作电压	1～30kV	可以使用的电压范围,但一般只有在 3～5kV 才能充分获得的材料衬度
工作距离	7～12mm	如果工作距离过短或过长,可用于检测的最佳立体角就会变差
光阑	30μm	许多情况下,采用这一标准光阑就够了
	7.5～20μm	采用该范围光阑,探头电流往往太低,无法获得足够的信噪比和所需的衬度
	60μm	较高的探头电流通常会改善衬度
	120μm	通常只推荐用于分析型检测
样品倾斜度		尽可能避免剧烈倾斜
操作模式		可在高真空和 VP 模式下使用

6　实验总结

扫描电子显微镜通过采集样品的二次电子、背散射电子,可得到有关样品物质微观形貌的信息,对样品特征 X 射线的采集,可得到物质化学成分的信息。测试样品的 SEM 图片质量与设备本身、操作过程以及环境因素有关:例如设备的分辨率及放大倍数等仪器参数对图片的拍摄结果的影响,还有样品制备及样品拍摄参数的选择等对结果的影响。制样条件对扫描电镜的观察有着非常重要的影响,样品的导电性直接关系到电镜观察质量,导电性差的样品要进行喷涂导电膜处理,放大倍率高的试样要注意金导电膜的金粒对纳米粒子观测的影响。成像模式、工作距离以及加速电压等对图像质量有很大影响,样品能谱测试中需要注意 SEM 图像并选择合适的工作距离和加速电压。一般来说,In-lens 探测器的主要优点是检测效率高,加速电压非常低,加速电压越小,样品上层产生的二次电子份额就越高,图像对比度越强,背散射电子成像能显示较高的材料对比度。

实验9
材料电子背散射衍射织构分析

1 概述

电子背散射衍射（electron backscatter diffraction，EBSD）分析是基于扫描电镜的一种测量晶体取向的技术。晶体材料的微观组织形貌、结构与取向分布、成分分布是表征和决定材料各项性能的关键，缺少一类信息就有可能使我们难以解决某一材料问题。基于 EBSD 技术的取向成像分析可获得更加丰富的材料内部信息，包括各晶粒的取向、不同相的分布、晶（相）界的类型和位错密度的高低等。EBSD 技术对我们全面认识材料制备过程机理和本质至关重要。该技术可用于各种晶体材料（如金属、陶瓷、地质、矿物）的分析，解决在结晶、薄膜制备、半导体器件、形变、再结晶、相变、断裂、腐蚀等过程中的问题。

EBSD 技术可同时展现晶体材料微观形貌、结构与取向分布，与场发射扫描电子显微镜配合使用可达到纳米级的高分辨率，并且与透射电子显微镜（TEM）相比，EBSD 技术样品制备简单，可直接分析大块样品。

本实验的目的是：①熟悉 EBSD 技术的工作原理和操作方法。②初步掌握几种主要 EBSD 试样的制备方法。③初步学会 EBSD 技术的结果分析，能根据结果图获取材料的晶体取向信息。

2 实验设备与材料

2.1 实验设备

EBSD 系统硬件由 EBSD 探头、图像处理器和计算机系统组成。最重要的硬件是探头部分，包括探头外表面的磷屏幕和屏幕后的 CCD（charge coupled device）相机，如图 9.1 所示。目前的探头都采用 CCD 相机，优点是稳定、不随工作条件变化、菊池花样不畸变、不怕可见光、寿命长。带相机的探头从扫描电镜样品室的侧面（或后面）与电镜相连。探头通常以机械方式插入（使用）或抽出，由 EBSD 设备数据采集软件控制。探头表面的磷屏很娇脆，不能与任何硬质物体碰撞。EBSD 探头表面还常安装一组前置背散射电子探测晶片。它与电镜本身配置的背散射电子探头（晶片）本质相同，

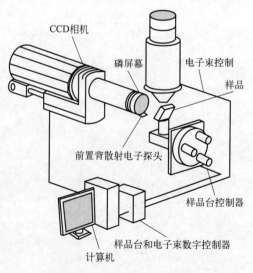

图 9.1 EBSD 分析系统结构

只是前者安装在有利于探测到大角度倾转样品的背散射电子信号的前置位置，专门在 EBSD 分析时使用。这组用于观察大角度倾转的组织形貌的探头晶片能显著提高组织衬度，有利于得到低原子序数样品的取向衬度，如矿物、岩石、铝合金。

EBSD 仪器的空间分辨率远低于扫描电镜的图像分辨率，为 $25 \sim 100 \mathrm{nm}$。角分辨率为 $0.25° \sim 1.0°$。因样品是倾斜的，电子在样品表面下的作用区不对称，因此造成电子束在水平和垂直方向的分辨率有差异。垂直分辨率低于水平分辨率。为提高分辨率，可采用较低的加速电压、低的电子束流和尽可能小的工作距离，同时要优化探测器参数获得高灵敏度来补偿由于加速电压和束流降低导致的信号减弱。否则，采集速度将大大降低。

英国牛津仪器（Oxford Instrument）NordlysMax2 型 EBSD 探测器主要技术指标：①数据采集速率可达 $870 \mathrm{Hz}$；②CCD 分辨率可达 1344×1024 像素；③$0.5 \mathrm{nA}$ 低束流下可进行正常数据采集。菊池花样灵敏性好，光学畸变小，分辨率高，能有效区分晶格参数非常接近的晶体。

2.2 实验器材

待测试样、抛光剂、电解抛光液、无水酒精等。

3 实验原理

3.1 工作原理

当一束高能电子入射到试样上时，电子与试样内的原子以及核外电子相互作用而发生散射，其运功方向和/或能量发生变化。只改变运动方向而能量不变的散射是弹性散射，而运动方向和能量都改变的是非弹性散射。其中散射角 $\theta > \pi/2$ 的散射电子将从原入射表面射出，成为背散射电子。

入射电子在试样晶体中发生非弹性散射，能量损失很小的非弹性散射电子再在晶体的 (hkl) 晶面上发生布拉格衍射，同一列晶面的衍射束构成一个圆锥面，而 $(\bar{h}\,\bar{k}\,\bar{l})$ 晶面的衍射束则同时形成相对的另一个圆锥，两个圆锥的轴线平行于反射镜面的法线，衍射束圆锥的半顶角为 $(\pi/2 - \theta_B)$，θ_B 是相应反射晶面的布拉格角。由入射电子波长和晶面间距值可以估计出布拉格角 θ_B 约为 $10^{-2} \mathrm{rad}$，因此衍射束圆锥的半顶角接近 $\pi/2$。这意味着衍射束圆锥非常平坦，这一对圆锥与荧光屏相交形成一对平行线，即菊池带。晶体内多个晶面的菊池带构成菊池花样或菊池图。

图 9.2(a) 为背散射电子在一列晶面上衍射并形成一对菊池带的示意图。背散射电子在晶体的一列平面 (hkl) 上发生布拉格衍射，在三维空间产生两个衍射圆锥，它们与荧光屏交截时就在荧光屏上形成一对平行线，即一个菊池带。每一个菊池带代表晶体中平面 (hkl) 和 $(\bar{h}\,\bar{k}\,\bar{l})$ 的衍射束，指数为 hkl 的菊池带对间距反比于晶面间距 d_{hkl}。所有不同晶面产生的菊池带构成一个电子背散射衍射花样（electron backscatter diffraction pattern，EBSP），不同菊池带的交叉点代表一个结晶学方向。菊池花样还有其他方面的信息，如点阵的应变情况；若点阵弯曲，菊池带会变模糊；再结晶晶粒比形变晶粒的菊池带清晰很多，这也是软件自动鉴别再结晶区域和形变区域的依据。

3.2 EBSD 的数据采集

通过 EBSD 技术采集的数据经过分析软件处理后可提供大量关于试样微观组织结构的信

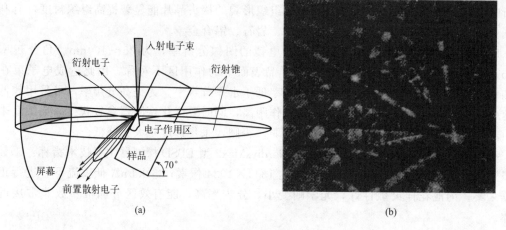

图中标注：入射电子束、衍射电子、衍射锥、电子作用区、样品、70°、屏幕、前置散射电子

(a)   (b)

图 9.2 扫描电镜下菊池带的产生原理

(a) 扫描电镜下菊池带的产生；(b) 钢的 EBSD 菊池花样

息，EBSD 所包含的晶体学信息可用来识别未知相。对于已知相，衍射花样的取向直接与晶体取向相对应，因此可得到晶体间的取向关系，用于研究相界、界面开裂或界面反应等。晶格内存在应变会造成衍射花样中菊池带模糊，因此可定性评估应变量大小。这些信息对于研究材料的组织与性能关系、材料加工过程的组织变化与控制等十分关键。EBSD 最常见的应用如下。

3.2.1 菊池花样的指数自动标定

目前的技术是通过"Hough 变换"方法自动识别菊池花样。这是一种纯数学变换，基本原理是把 EBSD 花样上一条菊池带按照其坐标转换成 Hough 空间的一个点，而 EBSD 上的一个点转换成 Hough 空间中的一条正弦曲线。进而把一条菊池带变换为一个含有上下一对暗谷底的亮峰，该亮峰对应着菊池带的中心，暗谷则对应着菊池带的两个边缘。计算机通过运算可以显示出 Hough 变换的图像并给出相关菊池花样的晶面间距、面间夹角和晶带轴指数。

标定指数时先在软件中选择被分析试样的晶体结构，系统把数据库中模拟的菊池花样和实验测得的花样进行对比，找出最佳匹配，然后标定各条菊池带的指数。标定完成后，系统会根据模拟花样与实测花样的角度偏差给出匹配度指数。

3.2.2 物相鉴别

在分析单一物相的多晶体试样时，电子束扫描过程中激发的 EBSD 花样分别对应着各个晶粒的结构和晶体取向。把 EBSD 花样上得到晶面间距、面间夹角和晶带轴指数与计算机内的晶体数据库相比较，在一系列可能的物相中找出互相匹配的晶体就可以确定试样的晶体结构。图 9.3 为铁素体（bcc 结构）的指数标定。

当试样由两个以上物相组成时，应用 EBSD 分析可区别晶体学上不同的物相。利用 EBSD 技术还可确定两个成分接近但晶体结构不同的物相（例如马氏体和残余奥氏体），并可显示出相的分布，测出各个相所占的比例。

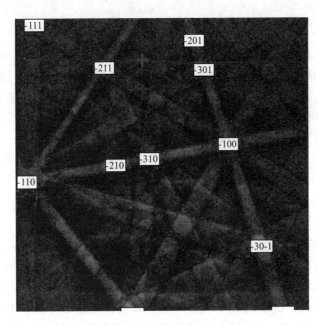

图 9.3　铁素体（bcc 结构）衍射花样的标定

3.2.3　取向成像图

取向成像（orientation imaging microscopy，OIM）技术是在试样中选定一个感兴趣区，入射电子束对该区扫描逐点激发衍射花样、自动测定该点处的晶体结构与取向并存储，显示为试样的取向分布图。取向成像图包含了试样的形貌、取向、结构以及晶界类型、应变大小的分布，还有各个晶粒形变的难易程度和晶粒间形变的协调性等。在取向成像图上可显示为不同取向的晶粒和晶界。

3.2.4　晶粒尺寸和晶界表征

晶粒尺寸是材料显微组织的一个重要参数，直接影响材料的使用性能。例如钢铁材料中，细化晶粒时提高其强度并保持优良韧性的最重要途径。新一代钢铁材料的一个显著特征就是超细晶粒组织。采用 EBSD 技术确定晶粒尺寸，可将晶粒的形状和尺寸用图示表达，还可以分析试样中各个相的晶粒尺寸分布。

测定晶粒尺寸时首先要定义晶粒间的临界取向差角，例如定义 $10°$ 作为临界晶界角度，当相邻像素间的取向差大于这个临界角时则定义为晶界。通过测量各个像素之间的取向差，可以确定单个晶粒的边界，即晶界。如果对试样观察区的每个晶粒都检测到，就可以统计出试样中的晶粒概况并给出晶粒的分布图。

晶界特征是材料组织的另一个重要参数，通过增加或减少某种特定类型晶界所占的比例可优化材料性能。EBSD 技术通过晶粒间的取向差来确定晶界类型。通常取向差小于 $5°$ 的是小角晶界或亚晶界，可显示各个晶粒内的亚结构，而大角晶界的取向差一般在 $10°$ 以上。当计算出取向差的角度以后，取向差的轴也可以计算出来。这意味着 EBSD 不仅可用于识别不同取向差角的界面，还可以用于识别具有特定取向差角和取向差轴的界面。因此可以确定重合位置点阵（CSL）晶界和孪晶界。

3.2.5 织构

多晶材料中各晶粒的取向偏离随机分布，而沿某个或某些方向附近排列的概率较大的现象即择优取向称为织构。织构是大多数材料中较为普遍存在的现象，对材料的性能有重要影响。测定织构的方法通常有两类，第一种是 X 射线衍射方法，第二种就是电子背散射衍射方法。后者观察的试样范围要小得多，又称微观织构。在 X 射线晶体学中表示织构的方法有多种，如晶体学指数法、正极图法、反极图法、三维取向分布函数法（ODF）等。

4 实验内容

4.1 实验准备

由于衍射电子来自只有几十纳米厚的试样表面，任何表面缺陷，例如表面形变、表面污染以及氧化层，都会影响电子衍射信号，从而导致 EBSD 花样的质量下降或者错误。因此 EBSD 样品的基本要求是导电性良好，表面平整、清洁，并且无制样过程残留的变形层。对于大多数块状试样来说，精细的试样制备才能保证获得理想的 EBSD 花样。但是，有些样品，如 CVD 技术生长的表面比较平坦的薄膜等则无须特别的试样制备过程。

EBSD 的样品制备遵循能简单尽量用简单方法的原则，常规方法包括机械抛光、化学抛光、电解抛光和离子束技术，需根据样品的成分和状态才能正确地选择合适的制样方法。

4.1.1 机械抛光

机械抛光对于几乎所有的 EBSD 样品制备都是必须的，因为通过机械抛光可以容易得到大面积平整的表面。对于较硬的样品机械抛光基本上可以满足分析的需要。对于较软的样品就不太合适。机械抛光的一般过程为：

切割—镶嵌—研磨—抛光—化学腐蚀

（1）切割：样品的切割过程也是很重要的，但往往被忽视。对于不同材料必须选择合适的切割刀片的类型和参数，不同刀片在切割过程中造成的变形损伤层的厚度是不同的。切割过程速度不宜过快，慢速切割时造成的变形损伤层更小，便于后续的磨抛过程。此外，应避免切割表面产生加热或形变，这些损伤可能深入材料内部，导致在随后的研磨和抛光过程中无法去除。

（2）镶嵌：为便于后期的研磨和抛光，小试样可进行镶嵌，且需采用具有良好导电性的镶嵌材料。

（3）研磨：每一道研磨后，建议用光学显微镜观察研磨表面，保证来自前一阶段的切割或研磨造成的损伤全部被去除。

（4）抛光：这一步是为去除大多数由于研磨导致的表面缺陷，选用合适抛光剂抛光最终获得平整无损伤的抛光面。

（5）化学腐蚀：样品抛光后，通过化学腐蚀可以增强样品的形貌特征。化学腐蚀一定程度上也可以改善样品表面质量，减少形变层，起到化学抛光的作用。

4.1.2 电解抛光

电解抛光（见图 9.4）是目前最常用的样品制备方法。电解抛光需选择适当的电解抛光液和合适的抛光条件，包括温度、电压、电流等。进行电解抛光前，样品需先经研磨和机械抛光保证表面尽量平整。

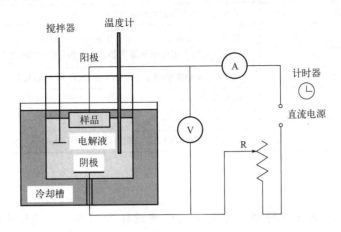

图 9.4　电解抛光

很多金属样品采用电解抛光可得到很好的表面质量，这种方法可以去除样品表面的形变层，得到无变形损伤的平整表面。但电解抛光并不合适所有金属，特别是双相或多相合金。

4.1.3　离子束技术

离子束技术是一种在真空下由高能量离子束轰击试样表面的过程。通过旋转轰击角度来加速试样表面的腐蚀并且使损伤影响降到最小。离子束轰击使某些晶粒、晶界和相可能会以不同的速度被腐蚀，从而实现材料的快速去除，将表面的损伤变形层有效地去除。离子束轰击设备成本高，但离子束轰击是制样更稳定更易控制的方法，适用于大多数材料，特别是对于处理多相材料、异种材料、较软或导电性差的材料。因此，如果常规制样方法得不到满意的标定花样，可采用离子束轰击的方法制样，如锆及其合金。

离子束轰击方法根据当前实际应用情况可分为：离子束轰击和聚焦离子束（FIB）技术。这两种方法都是在机械抛光的基础上进行的。

离子束轰击技术包括大面积离子轰击和小区域离子轰击。在离子轰击过程中，样品表面会出现凹凸现象，当现象不严重时，并不影响 EBSD 的标定率，但经过长时间离子轰击后，样品表面可能非常不平整，从而影响 EBSD 分析。小区域离子轰击因调节抛光角度和使用挡板，只对样品的截面进行轰击，抛光面积小。这种方法可适用于几乎所有样品。

FIB 设备与 SEM 相似，但采用的不是电子束，而是离子束。FIB 设备配备高电流密度的 Ga^+ 离子枪，不仅能成像还能对样品表面进行显微机械加工、切片和去除表面层。FIB 制备的表面可以直接用于 EBSD 测试，因此若集成 FIB 和 EBSD 设备，可对样品表面进行逐层的 EBSD 分析。但是，FIB 测试费用昂贵并且时耗长。

一些常见材料的 EBSD 样品制备方法见表 9.1。

表 9.1　常见材料的 EBSD 样品制备方法

材料名称	制备方法
工业纯铝或钛合金	电解抛光，5％高氯酸甲醇，−25℃
钢	用 2％硝酸酒精浸蚀

材料名称	制备方法
铝锂合金	用 Keller 溶液浸泡几秒,微加热
镁合金(如 Az31)	电解抛光,用商业产品 AC-2 电解液; 对冷形变镁中很薄的压缩孪晶进行分析,可短时用离子轰击
铝及铝合金	在 50% NaOH 中浸蚀 10~20min,加热到 60℃效果最好
铜	在稀 HNO_3 中浸蚀
低碳钢,硅钢	100mL H_2O_2+(5~15mL)HF 溶液,浸蚀 1~2min
bcc 金属	100mL HCl,90mL HF,100mL HNO_3,30mL H_2O_2

4.2 实验过程

本实验要求:①选择一种制样方法进行待测试样的制备,并进行 EBSD 分析;②对 EBSD 分析结果进行处理,计算最终做出结果分析。

基本测试过程可按如下步骤进行。

(1)启动扫描电镜、EBSD 控制计算机、EBSD 图像处理器。

(2)样品预先装在 70°预倾样品台上,装入样品,使样品坐标系与电镜坐标系重合。一般使样品边缘平行或垂直于拉伸轴或平行(垂直)于轧向。

(3)使样品观察面面对 EBSD,进行倾转校正和动态聚焦。

(4)插入 EBSD 探头,打开 EBSD 操作软件,以点模式产生菊池花样。

(5)回到扫描电镜图像分析模式,使电镜处在最快的扫描速度,在 EBSD 系统计算机上进行菊池花样的扣背底。

(6)再返回点模式,看扣背底后的菊池带效果,并调整图像处理器上或其软件窗口中的亮度、衬度,优化菊池带。

(7)软件上选择参照对比用的晶体学库文件,选几个菊池花样进行自动标定,检查标定的可靠性和误差并优化。

(8)选择取向成像测定时的相应参数,如步长大小、X/Y 方向的测定点数、放大倍数,确定后开始测定。

(9)取向成像完成后,最好对照测量区域照张形貌像,作为与 EBSD 取向成像图的对比。将 EBSD 分析数据结果导出到专用数据处理软件,进行数据处理。

(10)抽出 EBSD 探头,关闭电镜高压,取出样品,关闭 EBSD 控制计算机和图像处理器。

5 结果分析与讨论

在扫描电镜下完成 EBSD 分析的数据采集之后,需通过专业数据处理软件对采集数据进行分析。本实验采用英国牛津 EBSD 设备,其配备的处理软件为 Channel 5。

5.1 双相钢试样物相鉴别

(1)制样方式:采用机械抛光+电解抛光的制备方式。

(2)软件处理过程:用 EBSD 技术对双相钢试样进行物相鉴别。将数据导入 Channel 5

分析软件的 Tango 模块中，创建花样质量（BC）分析图，选择 Noise Reduction 选项去除 BC 图中的未标定点和噪点。创建相分布图，将奥氏体（FCC 结构）设置为蓝色，铁素体（bcc 结构）设置为红色，并可得到相分布图的图例（Legend）。

（3）结果分析：图 9.5(a) 为双相钢显微组织的 EBSD 相分布图，清楚显示出试样中的奥氏体（FCC 结构）与铁素体（bcc 结构）两相，蓝色（图中深灰色）为奥氏体，红色（图中浅灰色）为铁素体。根据图 9.5(b) 图例结果可得出各相所占的比例，奥氏体占比为 41.8%，铁素体占比为 56.9%。

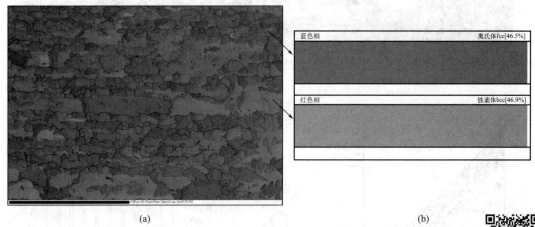

(a)　　　　　　　　　　　　　　　　　(b)

图 9.5　双相钢显微组织的 EBSD 相分布图

(a) 相分布图；(b) 各个相所占比例

5.2　bcc 结构低碳钢取向成像分析

（1）制样方式：采用机械抛光＋电解抛光的制备方式。

（2）软件处理过程：将数据导入 Channel 5 分析软件的 Tango 模块中，创建 BC 分析图，选择 Noise Reduction 选项去除 BC 图中的未标定点和噪点。在 Grain Boundaries 选项里设置角度临界值来界定亚晶界，大角晶界设置为 15°取向差，用黑色粗线表示，小角晶界设置为 5°取向差，用红色细线表示。再将数据导入 Mambo 模块中，进行反极图分析。

（3）结果分析：低碳钢经热压缩发生动态再结晶细化后的组织可见图 9.6(a)，图 9.6(b) 中取向成像的结果表明样品内有很强的织构。绝大多数晶粒的取向为<100>‖压缩轴（黄色，图中浅灰），少数晶粒的取向为<111>‖压缩轴（红色，图中深灰）。该微区内<111>晶粒占比 13.8%，<100>晶粒占比 73.9%。由图 9.6(c) 可知，即使不是<100>、<111>取向的晶粒，其取向也已转到<100>与<111>的连线上。取向成像图上不少晶粒仍是形变长条状，存在大量亚晶界［如图 9.6(b) 和（e），红色晶界线为 5°取向差］。显然，这样强的织构会造成性能的各向异性。由此可知，单靠一种简单的应变状态细化晶粒需要很大的应变量，并伴随强织构的产生。

6　实验总结

电子背散射衍射技术是一种十分便捷有效的晶体分析技术，经数据处理后可得到物相、晶粒取向、晶界、织构等多种晶体学信息。

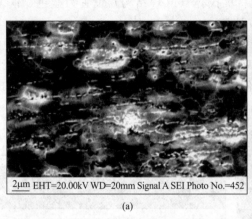

2μm EHT=20.00kV WD=20mm Signal A SEI Photo No.=452

(a)

25μm Map3：Step=0.7μm；Grid150×120

(b)

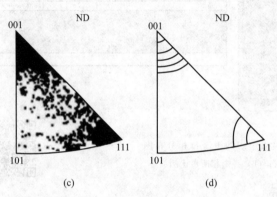

(c)   (d)

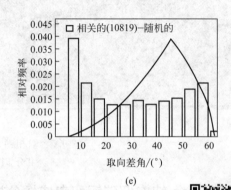

(e)

图 9.6   低碳钢取向成像分析

（a）组织形貌像；（b）取向成像；（c）反极图（散点）；（d）反极图（等高线）；（e）取向差分布

　　EBSD 样品制备过程中，若样品尺寸小，难以手持，可采用镶样的办法解决。镶嵌可采用导电的镶嵌料或者镀膜解决导电问题。EBSD 的分析范围为样品表面下 10～50nm 厚的区域，样品制备好以后，需要采用适当的方法保存，以防止表面发生污染、氧化、产生划痕等问题影响分析结果。保存的最适合位置是干燥器，或干净房间中合适的容器或样品柜中。移动样品时一定避免接触表面产生二次污染。对于表面污染或氧化的样品，应及时超声清洗或离子轰击。

　　试样在测试前最好先在光学显微镜下预观察试样，确定待测试样区的位置并做好标记，以便 EBSD 分析中可快速准确地找到目标区域。EBSD 分析中常出现的问题是图像的漂移，一般是由于样品导电性不好造成的，可通过调整参数或镀膜处理改善。但 EBSD 样品镀膜要尽量薄（2～5nm），以免信噪比降低得不到清晰的 EBSP 花样。理想状况下镀层材料最好选用碳。

　　进行 EBSD 分析时，电子束能量越高，波长越短。根据布拉格衍射方程可得，波长越短，发生衍射的 θ 就越小，衍射带宽度越小。因此电子束的加速电压越低，衍射花样的角分辨率也越高。在进行应变分析时，可采用较低的加速电压，但带来的背散射信号强度降低会降低数据的采集速度。此外，加速电压也与 EBSD 分析的空间分辨率有关，加速电压越高，电子束与样品的作用体积越大，空间分辨率就越低。因此，在进行高分辨工作时，也需适当降低加速电压。

实验10
材料形貌结构的透射电子显微镜分析

1 概述

透射电子显微镜（transmission electron microscope，TEM）是一种以波长极短的电子束为照明源表征材料超微结构的电子光学仪器。TEM与光学显微镜的成像原理相似，不同之处是TEM以电子束为光源，以电磁场做透镜聚焦成像。电子束的波长比可见光和紫外光短得多，因此可以得到更高的分辨率，目前TEM的分辨率可达0.1nm。

随着现代科学技术的迅速发展，对具有良好性能的结构材料和功能材料的需求变得越来越紧迫，而材料的化学成分、微观组织和结构对材料的宏观性能有巨大的影响。因此，具备高分辨能力的设备对于新材料的开发和材料性能的提升有重要意义。

相较扫描电子显微镜及能谱仪，TEM不仅可获得更高分辨率的显微组织形貌，还可通过电子衍射原位分析样品的晶体结构，并且在添加附件后，可进行原位分析同步获得材料形貌特征、原子排列、成分和晶体结构等信息。这也是光学显微镜、X射线衍射仪都不具备的，并且TEM电子衍射的散射能力远大于X射线的散射能力，为微小晶体结构的分析测试提供了有力的研究途径。

透射电子显微镜因其空间分辨率高、综合分析能力强等优点，在材料从微纳尺寸到原子水平的形貌、晶体结构、原子成像、矿物相鉴定、元素分布、化学价态分析、纳米晶体内势场和微磁结构等研究中发挥着巨大作用。

本实验的目的是：①熟悉TEM的工作原理和操作方法。②初步掌握几种主要TEM试样的制备方法。③初步学会TEM结果的分析，能根据结果图获取材料的晶体结构信息。

2 实验设备与材料

2.1 实验设备

TEM的基本组成如图10.1所示，主要由电子光学系统、真空系统、电源与控制系统三部分组成。其中电子光学系统是TEM的核心组件，主要由三部分组成。

（1）照明系统。照明系统主要由电子枪和聚光镜组成。电子枪发射高能电子束，提供照明源。电子枪主要分两种类型：热电子发射型和场发射型（FEG）。场发射型又分为冷场发射型和热场发射型（又可称为Schottky型）。热电子发射型TEM电子枪产生电子是通过加热阴极材料（通常为钨或六硼化镧）产生热电子发射现象。场发射TEM阴极发射材料有一个非常尖锐的顶端，在外加电压下尖端电场强度极大，从而使电子离开阴极由高速电压加速产生高速电子流。不同类型的电子枪参数如表10.1所示。场发射型电子枪［如ZrO_2/W（100）用于热场发射；W（310）用于冷场发射］因发射更为尖细、直径更小的电子束，分

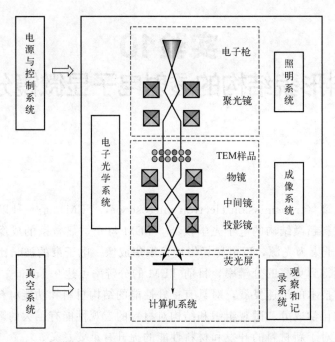

图 10.1 TEM 基本结构

辨率较热电子发射型显著提高，更亮并有更长的寿命。但是场发射型电子枪对真空度要求更高，设备维护成本高，价格相对昂贵。冷场发射型 TEM 亮度高且均一，光源尺寸小，相干性极好，技术指标和分析能力优于热电场发射型 TEM。但其由于电流大小的限制，不适合进行波谱分析、电子背散射衍射分析和阴极荧光分析等。因此，热场发射型 TEM 目前应用最为广泛。此外，基于场发射 TEM 加入球差校正器（聚光镜球差和/或物镜球差）后的球差校正 TEM，可接近分辨率极限，达到原子尺度乃至皮米尺度，分析能力远远优于常规TEM 和场发射 TEM。照明系统的作用就是提供一束亮度高、照明孔径角小、平行度好、束流稳定的照明源。现代 TEM 的照明系统通常包括双聚焦透镜系统，其功能是将经加速管加速的电子会聚并照射到试样上，并且控制该处的照明孔径角、电流密度（照明亮度）和光斑尺寸。在聚光镜系统里面还装有偏转线圈，用于合轴调整和电子束的倾斜、移动和扫描等操作。

表 10.1 不同类型电子枪参数

电子枪参数	钨丝热电子发射	Schottky FEG	冷场 FEG
有效光源直径/nm	$>10^5$	15	3
亮度(100kV 时)/[A/(cm² · sr)]	10^{10}	5×10^{12}	10^{13}
要求的真空度/Pa	10^{-2}	10^{-6}	10^{-9}
阴极温度/K	2700	1700	300
灯丝寿命/h	>100	>5000	>5000

　　(2) 成像系统。成像系统主要由物镜、中间镜、投影镜及各类光阑组成。物镜是 TEM 的核心部件，它是衍射成像透镜，透过试样的电子束在物镜后焦平面上形成试样的衍射花样，而在它的像平面上形成一次放大像。TEM 分辨本领的高低主要取决于物镜。放大系统

由中间镜和投影镜组成，中间镜把物镜形成的一次放大像或衍射花样投射到投影镜的物平面上，投影镜把一次放大像或衍射花样再次放大最后投射到荧光屏上。通过改变中间镜电流，可选择在荧光屏上显示衍射花样或放大的形貌像。

成像系统里的光阑包括物镜光阑和选区光阑。位于物镜后焦平面上的物镜光阑可以遮挡散射电子从而提高试样像的衬度，尤其是利用物镜光阑可以选择通过光阑成像的电子束，例如仅让中心投射束通过形成明场像，或令一个衍射束通过形成暗场像。选区光阑位于物镜的一次像平面上，通过选区光阑在试样的一次放大像上选择产生衍射花样的试样区。两种光阑具有不同尺寸的光阑孔，可根据试样情况、成像模式和分辨率要求选择不同的孔径来达到理想效果。

（3）观察和记录系统。包括试样台、观察屏和成像设备。TEM 的试样台通常有单倾台、双倾台、倾动-转动台、双倾-转动台等。还可配备加热台、低温台、拉伸台等，根据研究目的和试样情况选择适当的试样台。

美国赛默飞世尔科技（ThermoFisher Scientific）Falos F200s 型场发射透射电子显微镜主要技术指标如下。①加速电压：200kV；总电子束电流＞150nA；探针电流：1nm 探针，1nA（200kV）；②分辨率：0.25nm（TEM），0.16nm（STEM HAADF）；③放大倍率范围：25×～1.5M×（TEM）；150×－230M×（STEM）；④最大衍射角度：24°；⑤样品台：配备单倾、双倾、低背景双倾台；配备双倾斜支架的最大倾斜角度±30°；载物台最大测角倾斜角度±90°。该 TEM 有多种分析模式，可分为：①普通高分辨透射成像模式。进行形貌、物相和高分辨结构等分析，包括 TEM（明场、暗场成像）、HRTEM（高分辨成像）。②电子衍射模式。用于物相、晶体结构研究。可进行选区电子衍射、会聚束电子衍射等。③扫描透射成像模式。用于形貌及结构的观察与分析，包括 BF/DF2/DF4/HAADF 四个成像探头。④EDS 能谱分析。用于样品化学成分的定性和定量分析。

2.2 实验器材

待测试样、金相砂纸、铜网、无水乙醇、超声波分散机、超薄切片机。

3 实验原理

3.1 工作原理

常规透射电镜成像和分析原理是，以电子束为光源，并将其置于加速管内加速，再通过两级聚光镜的聚焦后形成极细的高压电子束，然后入射到纳米级厚度的薄试样上，与样品物质的原子核及核外电子相互作用后，入射电子束的方向或能量发生改变，或二者同时改变，这种现象称为电子散射。根据散射中能量是否发生变化，分为弹性散射（仅方向改变）和非弹性散射（方向与能量均改变）。弹性散射是电子衍射谱和相位衬度成像的基础，而损失能量的非弹性电子及其转成的其他信号（X 射线、二次电子、阴极荧光、俄歇电子和透射电子等）主要用于样品的化学元素分析或表面观察。上述电子或能量信号携带了样品的特征信息，再依次经过物镜、中间镜和投影镜的三级放大作用，最终将样品的信息投射到下游的荧光屏上，并通过照相室成像和拍照，最终获取实验结果，如明/暗场像、电子衍射图、高分辨像和化学信息等。

3.2 衬度像

在 TEM 模式下，平行入射的电子束穿过样品后，因样品质量厚度差异或晶体材料各个部分对入射电子的衍射能力不同而形成电子图像上强度（明暗）的变化，即衬度像，主要包括明场（bright field，BF）像、暗场（dark field，DF）像，如图 10.2 所示。从衬度像中可获得试样形貌、位错线和孪晶板条等信息。

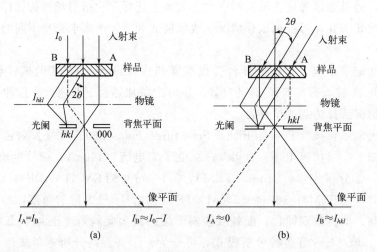

图 10.2 衍射衬度成像原理
(a) 明场成像；(b) 暗场成像

（1）质厚衬度。由于试样的质量和厚度不同，各部分与入射电子发生相互作用，产生的吸收与散射程度不同，而使得透射电子束的强度分布不同，形成反差。因试样很薄，吸收很少。衬度主要取决于散射电子。试样上质量厚度大的地方对电子的散射角大，通过物镜的电子较少，其像的亮度就较暗。

（2）衍射衬度。由于晶体试样满足布拉格反射条件程度差异以及结构振幅不同而形成电子图像反差。衍射衬度是利用电子衍射效应来产生晶体样品像衬度的一种方法，仅存在于晶体结构材料中，光路原理如图 10.2 所示。

① 衍射衬度明场成像。采用物镜光阑将衍射束挡掉，只允许透射束通过而得到图像衬度的方法称为明场成像。若将未发生衍射的 A 晶粒的像强度 I_A 作为像的背景像强度，则 B 晶粒的像衬度为

$$\left(\frac{\Delta I}{I}\right)_B = \frac{I_A - I_B}{I_A} = \frac{I}{I_0} \tag{10.1}$$

② 衍射衬度暗场成像。用物镜光阑挡住透射束及其余衍射束，只让一束强衍射束通过光阑参与成像的方法称为暗场成像。若仍以 A 晶粒的像强度为背景强度，则暗场衍射像衬度为

$$\frac{\Delta I}{I} = \frac{I_A - I_B}{I_A} \tag{10.2}$$

在一个晶粒内，明场像和暗场像的衬度恰好相反，即在明场下亮的区域，在暗场下暗。

3.3　电子衍射

在 TEM 中，当高能电子束入射到薄晶体试样上，在物镜的后焦平面上将产生电子衍射花样。花样经放大显示在观察屏和照相底板上（见图 10.3）。晶体对电子波的衍射现象，与 X 射线衍射一样，可以用布拉格定律描述。

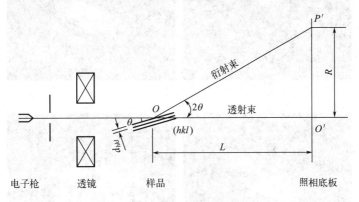

图 10.3　普通电子衍射装置

电子衍射的布拉格公式，即

$$Rd_{hkl} = \lambda L \tag{10.3}$$

式中，λL 叫作电子衍射相机常数或仪器常数；d_{hkl} 是试样的（hkl）晶面间距；R 是衍射花样上晶面（hkl）的衍射斑到中心斑的距离。

一般情况下，$K = \lambda L$ 为一常数，所以有

$$R \propto \frac{1}{d} \tag{10.4}$$

采用选区电子衍射分析方法，可获得试样晶体对称性、点阵常数和布拉菲格子类型等数据，适用于各种金属与非金属晶体薄膜（包括粉末试样与萃取复型试样）的电子衍射分析。

3.4　电子衍射花样的标定

在透射电镜的衍射花样中，对于不同的试样，采用不同的衍射方式时，可观察到各种形式的衍射结果（见图 10.4）。一般来讲，单晶体的电子衍射图呈规则分布的斑点，多晶体的电子衍射图呈一系列同心圆环，非晶态物质的电子衍射图呈一系列弥散的同心晕环，单晶体的会聚束电子衍射图呈规则分布的衍射圆盘。当晶体较厚且完整时，可以得到一种由非弹性散射效应而形成的衍射图，衍射图由许多对相互平行的黑、白线所组成，这种衍射图称菊池衍射图，可以用来精确测定晶体的取向。

对于一个电子衍射花样，其中的任何一个阵点或圆环是哪一个晶面组产生的，需要对其进行标定，标定原理为晶带定律。

3.4.1　单晶电子衍射花样的标定

单晶体的电子衍射结果得到的是一系列规则排列的斑点。通过倒易点阵可以把晶体的电子衍射斑点直接解释成晶体相应晶面的衍射结果，即电子衍射斑点就是与晶体相对应的倒易点阵中某一截面上阵点排列的像。

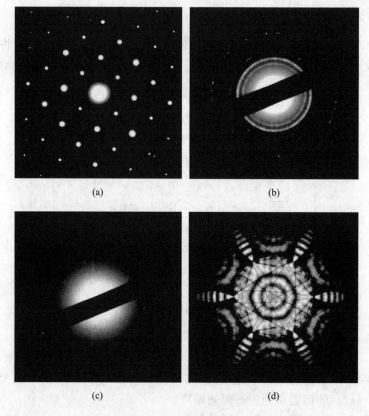

图 10.4　透射电镜衍射花样

（a）单晶衍射花样（橄榄石）；（b）多晶衍射花样（Fe_3O_4）；
（c）非晶衍射花样（长石）；（d）会聚束衍射花样（晶体材料）

　　每个衍射斑点与中心斑点的距离符合电子衍射的基本公式：$Rd=\lambda L$，从而可以确定每个倒易矢量对应的晶面间距和晶面指数；两个不同方向的倒易点矢量遵循晶带定律：$hU+kV+lW=0$，因此可以确定倒易点阵平面（UVW）的指数；该指数也是平行于电子束的入射方向的晶带轴的指数。

3.4.2　多晶电子衍射花样的标定

　　多晶电子衍射花样示意图如图 10.5 所示，其标定步骤如下。

　　（1）测量衍射环的半径 R_i。计算 $\dfrac{R_i^2}{R_1^2}$，确定其最简单的整数比，从而确定样品晶体的结构类型，并写出相应衍射环的指数。

　　（2）计算晶面间距 d（如果相机常数未知，可用标准样品计算出实验条件下电镜的相机常数 $K=L\lambda$），然后根据衍射环的相对强度，查出 PDF 卡片，确认与所测数据相对应的物相。

3.5　晶体缺陷分析

　　晶体中或多或少存在缺陷，如晶界、孪晶、位错、相转变等。缺陷的存在改变了原子的正常排列情况，使缺陷处晶面与电子束的相对位相发生改变。它与完整晶体比较，满足布拉

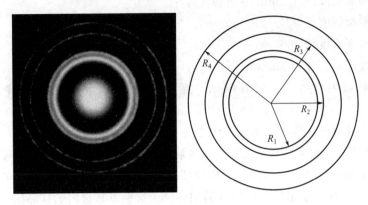

图 10.5　多晶电子衍射花样

格条件不一样，因而造成了有缺陷区域与完整区域的衍射强度差异，从而产生了衬度。根据这种衬度效应，可判断晶体内存在的缺陷。

3.6　化学分析

入射电子束与样品相互作用产生的特征 X 射线和非弹性散射电子能被各种谱仪或探测器接收，从而得到样品的化学信息，如元素种类、化学价态、电子结构及其空间分布等。透射电镜中最常用的化学分析方法为能谱色散谱仪分析（EDX），通过接收电子束与样品作用产生的特征 X 射线信号，获得样品中的元素和化学信息。

4　实验内容

4.1　实验准备

因为电子波长较短，穿透能力较弱，因此需制备非常薄的样品。样品观察区域厚度需小于 $200\mu m$，尺寸为直径 3mm 的圆片。试样表面应清洁、干燥、平坦、无氧化层、无污染物且无磁性。常用制备方法可分为以下几类。

4.1.1　块状样品制备法

（1）离子减薄法　离子减薄制备方法不受材料电性能和材料结构复杂程度的影响，因此适用性很广。其制样流程为：

① 将块状样品切成约 0.3mm 厚的均匀薄片。

② 将薄片冲成直径为 3mm 的圆片。

③ 将圆片用金相砂纸研磨、抛光至厚度低于 $100\mu m$。

④ 用凹坑仪将圆片中心单面凹坑厚度减薄至 $10\sim30\mu m$。

⑤ 使用离子减薄仪，设置好离子枪角度、减薄时间和加速电压，将样品减薄至出现足够薄区（厚度小于 500nm）。

（2）电解双喷法　电解双喷制备方法受材料电性能的影响，只能用于金属和合金样品的制备，但操作方便，耗时短、成本低。其制样流程如下。

① 将块状样品切成约 0.3mm 厚的均匀薄片。

② 用金相砂纸研磨至厚度 $120\sim150\mu m$。

③ 抛光研磨至厚度约 $100\mu m$。

④ 将薄片冲压成直径为 3mm 的圆片。

⑤ 使用电解双喷设备，设置好电压、温度和电解液，将圆片样品中心减薄至出现小孔。

⑥ 迅速取出减薄样品放入无水乙醇中漂洗干净。

（3）超薄切片法　超薄切片法是用环氧树脂将样品固定包埋，然后利用超薄切片机把固定后的样品切割成小于 100nm 的薄片，连续切出的薄片样品漂浮于水面，再用金属载网捞起形成 TEM 样品。该方法适用于生物样品和高分子材料等软材料的样品制备。

（4）聚焦离子束法　聚焦离子束技术（focused ion beam，FIB），是基于扫描电镜的微区精准微切割技术。其工作原理是利用静电透镜将离子源产生的离子束进行会聚，并加速使离子轰击样品使其表面原子发生溅射，实现样品的加工和减薄，并可在指定位置准确定位切割进行 TEM 样品的制备，如图 10.6 所示。该方法应用广泛，常用于半导体材料研究。其制样流程如下。

① 样品尺寸 $5cm\times5cm\times1cm$，如样品过大需切割取样，且样品需导电。

② 使用 FIB 设备，找到目标位置，在该区域沉积厚 $1\mu m$、宽 $2\mu m$ 的 Pt（或 C、W）保护层。

③ 将目标位置前后两侧样品挖出楔形凹槽，剩下目标区域。

④ 用纳米机械手将薄片取出，转移焊接到金属载网上。

⑤ 将薄片最终减薄至理想厚度。

图 10.6　聚焦离子束法制备 TEM 样品

4.1.2　粉末样品制备法

粉末样品制备的关键是如何将超细颗粒均匀分散开，使之各自独立且不团聚。常用制备方法分为胶粉混合法和支持膜分散法。

胶粉混合法是在干净玻璃片上滴火棉胶溶液，然后在胶液上放少许粉末并搅匀，将另一片玻璃片压上，两玻璃片对研并突然抽开，等待膜干。用刀片将膜划成小方格后将玻璃片斜插入水杯中，在水面上下空插，待膜片逐渐脱落后用铜网将方形膜捞出，晾干待观察。

支持膜分散法是将研磨后的粉末（颗粒尺寸最好小于 $1\mu m$）加入溶液（通常为去离子水或无水乙醇溶液）中，粉末要求无磁性，用超声波分散器均匀分散成悬浮液。用滴管滴几滴在覆盖有支持膜的电镜载网（通常为铜网）上，待其完全干燥后，即成为电镜观察用的粉末样品。不导电的材料还需在观察前预镀一层导电膜。

4.1.3 复型样品制备法

电镜中不稳定和难以制成薄膜的试样可通过表面复型技术制备样品，这是一种间接样品制备方法。复型技术就是把样品表面的显微组织浮雕复制到一种很薄的膜上，然后把所得到的复型薄膜样品放到 TEM 中去观察分析。复型方法中用得较普遍的是碳一级复型、塑料二级复型和萃取复型。

4.2 实验过程

4.2.1 纳米材料微观结构表征

本实验要求熟悉使用透射电镜对纳米材料微观结构进行表征，基本操作步骤如下。

（1）样品制备。将少许纳米材料粉体置于干净的 50mL 烧杯中，加入 30mL 无水乙醇，用超声分散器分散成悬浮液。用滴管滴几滴在覆盖有火棉胶支持膜的电镜铜网上。待其干燥后，再蒸上一层碳膜，即成为电镜观察用的粉末样品。

（2）安装样品。

① 依次打开循环水、总电源、真空泵、扩散电源。

② 30min 后打开镜筒电源，等高真空与底片室的绿色指示灯均亮后，表示真空度符合要求，即可开始工作，加压至 80kV 或 100kV，加灯丝电流至饱和点。

③ 将样品安装到样品托上，插入镜筒，同时打开样品室预抽开关，边推边顺时针旋转托柄至全部推进。

（3）观察样品。

① 逐渐增加工作电压，将灯丝电流开到设定位置。

② 先在低倍镜中寻找所需要观察的区域，调节亮度并对准，再调节到高倍镜下观察并拍照记录。

（4）取出样品。在关闭灯丝电流后拉出样品托。边拉边逆时针旋转，同时还要关闭样品室预抽开关。

（5）关机。依次关闭工作电压、镜筒电源、真空泵电源、机械泵电源及总电源，20min后才能关闭循环水。

（6）数据处理与保存。

4.2.2 选区电子衍射分析

本实验要求熟悉使用透射电镜对单晶材料进行选区电子衍射分析，基本操作步骤如下。

（1）样品制备。试样须制备成直径 3mm 的薄原片或用电镜专用铜网夹持。

（2）安装样品。

① 依次打开循环水、总电源、真空泵、扩散电源。

② 30min 后打开镜筒电源，等高真空与底片室的绿色指示灯均亮后，表示真空度符合要求，即可开始工作，加压至 80kV 或 100kV，加灯丝电流至饱和点。

③ 将样品安装到样品托上，插入镜筒，同时打开样品室预抽开关，边推边顺时针旋转托柄至全部推进。

（3）观察样品。

① 选用适当的加速电压，获得试样的明场放大像，初步确定待分析区域。

② 调节试样高度，调整放大倍数使试样细节能清晰显示，一般可在 10000～1000000 倍之间选择。

③ 用选区光阑选取被分析试样区，避开相界和晶界。

④ 转换到衍射模式，调节像聚焦。返回明场像模式再次聚焦。

⑤ 再次转到衍射模式，退出物镜光阑，在荧光屏上获得一个电子衍射谱 $[U_1V_1W_1]$，调整第二聚光镜电流使衍射斑变得清晰明锐，记录该衍射图。

⑥ 在荧光屏的衍射谱上选择一列通过透射斑的较密排衍射斑，以该列衍射斑的方向为轴转动试样直到第二个衍射谱，照相记录第二个衍射谱 $[U_2V_2W_2]$。

⑦ 记录试样台绕 x 和 y 轴转动的角度。两张衍射谱之间的夹角，即两个晶带轴 $[U_1V_1W_1]$ 和 $[U_2V_2W_2]$ 的夹角可由试样台绕 x 轴和 y 轴的转角得出。

⑧ 在完全相同的实验条件下，获得参照样品的电子衍射图。

（4）取出样品。在关闭灯丝电流后拉出样品托。边拉边逆时针旋转，同时还要关闭样品室预抽开关。

（5）关机。依次关闭工作电压、镜筒电源、真空泵电源、机械泵电源及总电源，20min 后才能关闭循环水。

（6）数据处理与保存。

5 结果分析与讨论

5.1 纳米材料微观结构表征

以纳米金包覆的 Fe_3O_4 粉体为研究对象，透射电镜微观照片如图 10.7 所示。由图可看出，Fe_3O_4 纳米粉体呈球形分布，尺寸为 60～80nm，纳米金包覆厚度为 25～40nm，包覆层致密，厚度均匀完整。

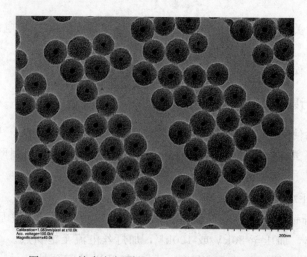

图 10.7 纳米金包覆的 Fe_3O_4 粉体透射电镜照片

5.2 选区电子衍射分析

（1）在第一张衍射谱上选两个最接近中心斑 000 而不与中心斑共线的衍射斑 $(h_1k_1l_1)$ 和 $(h_2k_2l_2)$，将这两个衍射斑、中心斑和 $(h_1k_1l_1+h_2k_2l_2)$ 组成一个平行四边形（如图 10.8 所示）。量出它们到中心的距离和 R_2 以及 R_1 与 R_2 的夹角 γ^*，再在另一张衍射谱上测量第三个距中心较近的衍射斑 $(h'k'l')$ 到中心的距离 R'。

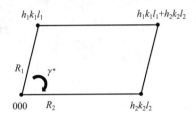

图 10.8　两个衍射斑、中心斑和 $(h_1k_1l_1+h_2k_2l_2)$ 组成的平行四边形

（2）根据各衍射斑的 R 大小，分别读取该 R 值相应的衍射常数 $L_1\lambda$、$L_2\lambda$ 和 $L_3\lambda$，由公式 $Rd_{hkl}=\lambda L$ 可分别计算出上述衍射斑对应的晶面间距 d_{hkl}。

（3）R_2 与 R' 的夹角 α^* 以及 R_1 与 R' 的夹角 β^* 可由式(10.5)、式(10.6)算出：

$$\cos\alpha^* = \sin\varphi_2\sin\varphi_3\cos\varphi + \cos\varphi_2\cos\varphi_3 \tag{10.5}$$

$$\cos\beta^* = \sin\varphi_1\sin\varphi_3\cos\varphi + \cos\varphi_1\cos\varphi_3 \tag{10.6}$$

式中，φ_1、φ_2、φ_3 分别是这三个衍射斑到中心斑的连线 R_1、R_2、R' 与试样旋转轴之间的夹角。

（4）衍射斑的指数标定。

① 预先计算出试样晶体各倒异点阵平面上二维约化胞的特征参数，即约化倒易矢 g_1 与 g_2 的指数 $h_1k_1l_1$ 和 $h_2k_2l_2$ 二者的长度比 $g_1:g_2$ 以及它们的夹角 φ。面心立方、体心立方和密排六方晶体的低指数晶带轴倒易点阵平面特征参数可参见国家标准 GB/T 18907—2013《透射电子显微镜选区电子衍射分析方法》附录 B。

② 将实验测得的衍射谱几何特征分别与计算的二维约化胞参数比较，如果实测值和计算的约化胞之间角度差小于 3°，长度差小于 10%，即可标定这些衍射斑的指数，如 $(h_1k_1l_1)$、$(h_2k_2l_2)$、$(h_3k_3l_3)$。

③ 根据晶带定理和衍射指数得出每个衍射谱的晶带轴指数 $[U_1V_1W_1]$ 和 $[U_2V_2W_2]$。

IJ22HS 合金试样添加 Nb 元素经热处理后发现晶界及晶粒内部均出现了明显的析出相（γ_2 相），现用选区电子衍射探究合金中析出相的结构。为了减少基底对合金的影响，选取离子减薄孔洞附近区域的析出相进行试验，选区从不同晶带轴入射进行衍射分析，结果如图 10.9 所示。

在图谱中，不同衍射斑点代表一个特定的晶面，其与透射斑点连线的距离即为此晶面的晶面间距，而不同连线之间的夹角即为两个晶面之间的夹角。根据衍射斑点中，距离透射斑点最近与次近的斑点之间距离的比值与夹角，同时参阅各晶系常见衍射斑点图，可以判定析出相属于六方晶系，对应晶面与晶带轴已在图中标注。进而可以估算出晶格常数为 $a=0.4789$ nm。根据能谱仪对析出相的分析结果可知，析出相主要由 Nb、Co 构成，且原子比 Nb：(Co+Fe)≈1：3，查阅 Nb-Co 相图后发现，Co_3Nb 的晶格常数和结构与 γ_2 相十分吻

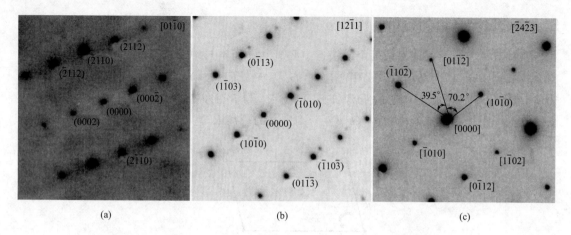

图 10.9 IJ22HS 合金带材中析出相（γ_2 相）选区电子衍射结果

合，因此可以推测，γ_2 相为 Co_3Nb，其中部分 Co 替换为 Fe，其空间群为 P63/mmc。

6 实验总结

透射电子显微镜分辨率高，综合分析能力强，是物质微观分析最强有力的手段之一。在实验中还需要注意以下几点。

（1）TEM 开始实验之前，须明确自己希望得到哪些结果信息。如需做高分辨 TEM 分析，样品最好先做 XRD 测试确定结构，这样不仅能节约 TEM 实验时间，还能在 XRD 结果上得到更多微观结构信息。

（2）TEM 分析中，样品制备起着非常重要的作用。薄膜样品的制备，在研磨和抛光过程中一定要避免引起组织结构变化，最终减薄时需去除损伤层。

（3）电解双喷制样过程中的电解液有很强的腐蚀性，操作人员需注意安全。

（4）TEM 制样完成后样品需轻取、轻拿、轻放并妥善装好保存，否则试样容易破损。

实验11
材料表面结构的原子力显微镜分析

1 概述

原子力显微镜（atomic force microscope，AFM）是一种利用原子间相互作用力来观察物体表面微观形貌的实验技术。AFM 能给出几纳米到几百微米区域的表面结构的高分辨像，可用于表面微观粗糙度的高精度和高灵敏度定量分析，能观测到表面物质的组成分布，高聚物的单个大分子、晶粒和层状结构以及微相分离等物质微观结构。在许多情况下还能显示次表面结构。AFM 还可用于表征固体表面局部区域的力学性能（弹性、塑形、硬度、黏着力和摩擦力等）、电学、电磁学等物理性质，与试样的导电性无关。AFM 分析对样品无特殊要求，工作环境多样化，可在大气、真空、液体环境下直接测试，系统及配套相对简单，被广泛应用于纳米科技、材料科学、物理、化学和生命科学等领域。

本实验的目的是：①熟悉原子力显微镜的工作原理和结构。②掌握用原子力显微镜进行样品表面观察和测量的方法。③掌握原子力显微镜的测试结果分析方法。

2 实验设备与材料

2.1 实验设备

AFM 主要包含四个子系统：微探针、光电探测系统、扫描平台和控制系统。图11.1 为AFM 结构。

微探针部分是 AFM 的核心部件之一，包括探针悬臂和探针针尖。AFM 是借针尖与试样表面之间的原子作用力，使探针悬臂发生微小位移，从而得到表面形貌和结构信息。这种原子间力很小，需要实现高灵敏度的测量，要求探针微悬臂对于微小力具有足够高的灵敏度。因此微悬臂需由对微弱力极敏感的材料制成，具有高的固有频率（大于 10kHz），以便在扫描过程中跟随样品表面轮廓起伏而变化；为满足力弹性系数小且固有频率高的条件，悬臂的质量必须很小，尺寸应在微米量级；有足够高的侧向刚性，以克服由于水平方向摩擦力造成的信号干扰；带有能

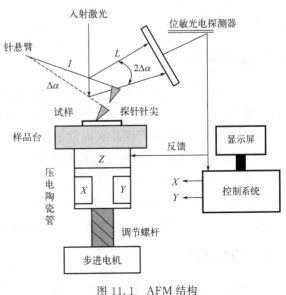

图 11.1　AFM 结构

通过光学、电容或隧道电流方法检测其动态位移的镜子或电极。

常见探针的几何外形如图 11.2 所示。探针针尖处于微悬臂的末端，虽然针尖与样品表

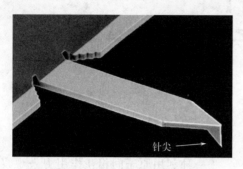

面间相互作用力极其微弱，但这个力完全集中在针尖尖端的一个原子或原子团上，因此探针针尖要求有足够的强度和硬度。同时在扫描过程中可能样品表面原子会附着到针尖尖端上，所以要求针尖具有一定物理化学性能和良好的稳定性，不能被样品物质腐蚀。针尖材料一般由 Si、SiO_2、Si_3N_4、碳纳米管、金刚石等材料制成。探针针尖曲率半径的大小直接影响到测量的水平分辨率，一般小于 30nm。

图 11.2　常见 AFM 探针的几何外形

AFM 的另一个关键部件是光电探测系统。光电探测系统是利用光束偏转来检测微悬臂的微小位移。检测过程是通过在微悬臂上方安放一面小镜子，通过检测镜子发射到位置敏感器上光束的偏转来实现。位置敏感器是一个光电二极管，当微悬臂发生微小变形时，由反射镜反射到位置敏感器上光束的位置会发生变化。这个位移引起光电流的差异，利用差值信号就能对样品表面成像。这是 AFM 中应用最为普遍的方法，方法简单、稳定、可靠、精度高。此外，微悬臂的位移或变形还可通过隧道电流法、光学干涉法或电容法来检测。

韩国帕克（Park）NX10 原子力显微镜主要技术指标如下。①样品尺寸：最大值为长100mm×宽 100mm×厚 20mm；②扫描范围：$50\mu m \times 50\mu m$；③高速 Z 轴扫描器，扫描范围为 $15\mu m$；④低噪声 XYZ 位置传感器，噪声水平：0.02nm（rms）；⑤XY 轴分辨率：0.003nm，Z 轴的分辨率：$0.001\mu m$。

2.2　实验器材

待测样品、探针、尖嘴镊子。

3　实验原理

3.1　工作原理

以一个一端固定、另一端装在弹性微悬臂上的尖锐针尖探测样品表面，完成数据采集。探针长度仅有几微米，安装在微悬臂的自由端。其弹性常数比较低，只有 $100\sim200\mu m$。探针针尖与样品表面轻微接触，样品表面原子与针尖尖端原子间存在极微弱的排斥力（$10^{-8}\sim10^{-6}N$）（见图 11.3），扫描时通过控制这种作用力恒定，微悬臂自由端将对应于原子间的作用力的等位面，在垂直于样品表面方向上起伏运动。利用激光检测法，采集到扫描样品时探针的偏移量或改变的振动频率，将信号放大与转换，重建三维图像，就能间接获得样品表面形貌。图 11.4(a) 和（b）分别为 AFM 工作原理和成像模式。

3.2　工作模式

AFM 主要有三种工作模式：接触模式、非接触模式和轻敲模式［如图 11.4(b) 所示］。

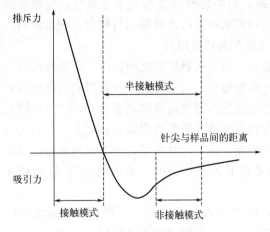

图 11.3　针尖与试样表面原子间作用力 F
随表面距离 Z 的变化关系曲线

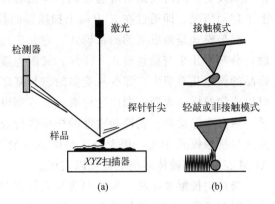

图 11.4　AFM 工作原理和成像模式
(a) AFM 工作原理；(b) AFM 成像模式

3.2.1　接触模式

在接触模式（contact mode）中，针尖和样品物理接触并在样品表面上简单移动，针尖受范德瓦尔斯力和毛细力的共同作用，两者的合力形成接触力，该力为排斥力，大小为 $10^{-8}\sim$ 10^{-11} N，会使微悬臂弯曲。接触模式包括恒力模式（constant force mode）和恒高模式（constant height mode）。恒力模式是 AFM 使用最广泛的扫描方式。在扫描过程中通过反馈回路调节微悬臂的偏转程度不变，保持针尖与样品之间作用力恒定，当沿 X、Y 方向扫描时，通过记录 Z 方向上扫描器的移动情况来得到样品表面的轮廓形貌图像。这种模式样品高度值较准确，适用于物质的表面分析。恒高模式中，保持针尖与参考水平面之间的距离恒定，检测器直接测量微悬臂 Z 方向的偏转情况来成像。这种方式由于不使用反馈回路，可以采用更高的扫描速度，通常在观察原子、分子像时用得比较多，而对于表面起伏较大的样品不适合。

通常情况下，接触模式都可以产生稳定的、分辨率高的图像。但由于针尖在样品表面上滑动及样品表面与针尖的黏附力，可能使针尖受损，样品产生变形。这种模式不适用于研究生物大分子、低弹性模量样品以及容易移动和变形的样品，而适合检测表面强度较高、结构稳定的样品。在一般环境条件下，样品表面覆盖有吸附性气体，主要有水蒸气和氮气，当探针接触这层污染表面，会形成弯月形液面，微悬臂会被表面张力拉向样品表面。可通过对探针和部分样品进行操控，或将整个样品全部浸入液体中，使弯月形力和其他吸引力相互抵消。浸入液体操作 AFM 能排除毛细力的影响，减少范德瓦尔斯力和技术或生物学层面上研究固液界面上重要过程的能力。

半导体和绝缘体样品能捕获静电荷，这些静电荷会在探针和样品间产生附加的吸引力。所有力复合在一起在垂直方向会形成一个合力，这个垂直力会引起较大的摩擦力产生，可能损坏样品，使微悬臂探针钝化，因此这类样品可采用非接触模式检测。

3.2.2　轻敲模式

在轻敲模式（tapping mode）中，通过调制压电陶瓷驱动器使带针尖的微悬臂以某一高频的共振频率和 0.01～1nm 的振幅在方向上共振，而微悬臂的共振频率可通过氟化橡胶减振器来改变。同时反馈系统通过调整样品与针尖间距来控制微悬臂振幅与相位，记录样品的上下移动情况，即通过在 Z 方向上扫描器的移动情况来获得图像。

轻敲模式是新发展的测量模式，它介于接触模式和非接触模式之间。由于针尖与样品接触，分辨率几乎与接触模式一样好。又因为接触非常短暂，剪切力引起的分辨率的降低和对样品的破坏几乎消失，那些易受损的、与基底之间结合不紧密的或使用其他 AFM 工作模式难以成像的样品表面，利用这种有效技术都可得到高分辨率的形貌图像，适用于对生物大分子、聚合物等柔软、黏性和脆性的样品进行成像研究。对于与基底结合不牢固的样品，轻敲模式与接触模式相比，很大程度地降低了针尖对样品表面结构的"搬运效应"。轻敲模式 AFM 在大气和液体环境下都可以实现。

当针尖接触表面时，高频振荡是表面僵硬，针尖-样品的黏附力大大减少，这样防止针尖黏附在表面，避免了扫描中针尖损伤表面。轻敲模式针尖作用力是垂直的，剪切力不会造成表面侧移，并且大的线性操作范围，使垂直方向控制的反馈系统非常温度，可进行常规的复验性样品的测量。液体中的轻敲模式与真空或空气中的轻敲模式具有同样优势。

3.2.3 非接触模式

非接触模式（noncontact mode）中，针尖在样品表面的上方 5～20nm 距离内扫描，始终不与样品接触。这种模式下，AFM 对应针尖和样品的相互作用力是吸引力，即范德瓦尔斯力，比接触式的小几个数量级，因此直接测量力的大小比较困难。因此非接触式 AFM 工作原理是以略大于微悬臂自由共振频率的频率驱动微悬臂，当针尖接近样品表面时，微悬臂的振幅显著减小。振幅的变化量对应于作用在微悬臂上的力梯度，因此对应于针尖-样品间距。反馈系统通过调整针尖-样品间距使得微悬臂的振动幅度在扫描过程中保持不变，就可以得到样品的表面形貌像。这种模式虽然增加了显微镜的灵敏度，但当针尖和样品之间的距离较大时，分辨率要比接触模式和轻敲模式都低。这种模式的操作相对较难，通常不适用于在液体中成像，在生物中的应用也很少。

4　实验内容

4.1　实验准备

待测样品表面保持清洁干净，准备好本次实验所需探针，并用尖嘴镊子安装在探针夹具上。本实验中样品均采用非接触模式进行测试。

4.2　实验过程

（1）按顺序开启：计算机—显示器—电子控制机箱。
（2）打开主动式防震台，开启减震模式。
（3）打开操作软件。
（4）放入样品，装样前请将探头高度升到足够高的位置。
（5）将探针探头从机身卸下，将探针装入探针架中，然后将探针探头装回主机机身。
（6）从 SmartscanTM 软件选择框中选择所需探头模式，然后打开激光。
（7）使用软件中的聚焦功能在软件界面中找到探针，并对好焦。

（8）调节激光器位置，使激光落在探针的针尖背面。

（9）通过控制位敏光电探测器调节旋钮，调节反射激光在探测器上的位置，使光斑落在软件光斑窗口中间的圆圈上，并且对应电压处于理想范围内。

（10）将针尖位置设置并移动到对应模式的起始位置上。

（11）找到待测样品的位置，单击 Approach，使探针逼近样品。

（12）调整 Scan Rate、Z servo 和 Setpoint，使 Z Height 信号里的两条曲线尽量重合。

（13）单击 Scan，开始采集图像。

（14）扫描完毕后保存数据。

（15）选择退针，升高 Z 轴，取出样品和探针，并保存好。

（16）关闭减震台减震模式，关闭控制器。

（17）处理好数据后关闭计算机和设备总电源，将工具整理好归位。

5　结果分析与讨论

5.1　表面形貌和粗糙度分析

图 11.5 为无机材料薄片样品原子力数据图。打开数据处理软件，可生成表面的三维形貌图 [见图 11.5(b)]，同时选取图上任意区域 [例如：图 11.5(a) 中虚线框区域]，可得到该区域的表面粗糙度信息。由表 11.1 数据结果可知，选取区域表面均方根粗糙度 R_q = 0.088nm。

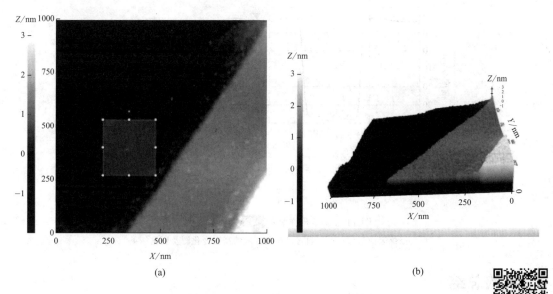

(a)　　　　　　　　　　　　(b)

图 11.5　无机材料薄片样品原子力数据
（a）二维表面；（b）三维表面形貌

表 11.1　表面粗糙度信息统计值

区域	最小高度值 Min/nm	最大高度值 Max/nm	中位值 Mid/nm	高度算术平均值 Mean/nm	峰谷粗糙度 R_{pv}/nm	均方根粗糙度 R_q/nm	算术平均粗糙度 R_a/nm	十点平均粗糙度 R_z/nm	偏度粗糙度 R_{sk}	峰度粗糙度 R_{ku}
选区	−0.301	0.481	0.090	−0.063	0.782	0.088	0.067	0.704	−0.842	5.138

5.2 多孔或凹凸样品

图 11.6 为多孔样品原子力数据图。打开数据处理软件，可用线工具沿着孔直径拉一条直线。可得到沿着选取直线的高度变化图及数据结果［见图 11.6(b)］。在变化图上选取圆孔内部最低点和平台最高点，可得到孔径的高度差为 55.879nm。

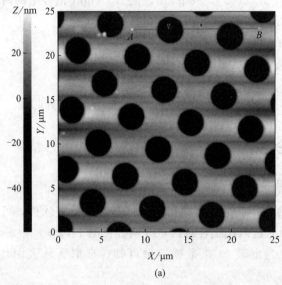

(a)

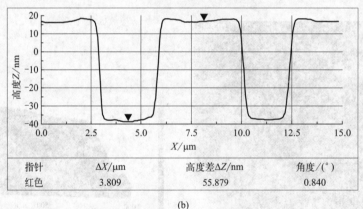

指针	ΔX/μm	高度差 ΔZ/nm	角度/(°)
红色	3.809	55.879	0.840

(b)

图 11.6 多孔样品的 AFM 数据图表

(a) 二维表面形貌；(b) 自选 AB 段区域的高度变化图及数据结果

6 实验总结

原子力显微镜是对于材料表面形貌和结构进行分析测试的有效手段之一。实验中应尽量避免针尖和样品表面的污染。如果针尖上有污染物，就会造成与表面之间的多点接触，出现多针尖现象，造成假象。如果样品表面受到了污染，在扫描过程中表面污染物也可能黏到针尖上，造成假象的产生。安装探针和扫描模块的时候须特别谨慎，避免针尖断裂或弄坏扫描模块。实验中避免激光直射眼睛，以免灼伤。实验场地须隔绝外界噪声和机械振动。

实验12
白光干涉光学轮廓仪形貌分析

1 概述

白光干涉光学轮廓仪（简称白光干涉仪），是以白光干涉技术为原理，通过非接触式扫描可实现器件表面形貌 3D 测量的光学检测仪器。

白光干涉仪可广泛应用于半导体制造及封装工艺检测、3C 电子玻璃屏及其精密配件、光学加工、微纳材料及制造、汽车零部件、微机电系统器件（MEMS）等超精密加工行业及航空航天、国防军工、科学研究等领域中。可测量各类从超光滑到粗糙、低反射率到高反射率的物体表面，从纳米到微米级别工件的粗糙度、平整度、微观几何轮廓、曲率等。

白光干涉仪是目前三维形貌测量领域高精度检测仪器之一，在同等放大倍率下，测量精度和重复性都高于共聚焦显微镜和聚焦成像显微镜。在一些纳米或者亚纳米级别的超高精度加工领域，除了白光干涉仪，其他仪器达不到检测的精度要求。

白光干涉扫描对于测量粗糙、不连续表面很有帮助。因为白光扫描的测试结果是基于每个像素点上的光强信号单独分析，其结果是基于绝对物理高度的结果。单波长激光干涉系统在测量粗糙样品时，就没有这样的优点。这使得测量处理粗糙样品表面数据时，白光干涉仪具有很大优势，能测量粗糙或有台阶跳跃结构的表面；而在测量光滑样品表面时，单色光则相对具有速度快的优势。但白光干涉仪也有其局限性，因为它分析的是反射光所得到的干涉图样，对待测物质的反射率有一定要求。

本实验的目的是：①熟悉白光干涉仪的工作原理和结构。②掌握用白光干涉仪进行样品表面测量的方法。③掌握白光干涉仪的测试结果分析方法。

2 实验设备与材料

2.1 实验设备

白光干涉仪主要由光学照明系统、光学成像系统、垂直扫描控制系统和信号处理系统四部分组成（见图 12.1）。光学照明系统采用卤素光源，其中心波长为 576nm，光谱范围为 340～780nm。光学成像系统采用无限远光学成像系统，由显微物镜和成像目镜组成。垂直扫描控制系统由压电陶瓷以及控制驱动器构成，采用闭环反馈控制方

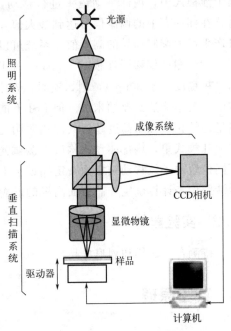

图 12.1 白光干涉仪结构

法，可精密驱动显微物镜上下移动，移动范围 100mm。位置移动精度为 0.1nm。信号处理系统是该仪器的核心部分，由计算机和数字信号协处理器构成。利用计算机采集一系列原始图像数据。然后使用专用的数字信号协处理器完成数据解析作业。应用软件主要由操作控制部分，结果显示部分以及后处理部分组成。主要用于操作控制表面形状测量仪器。同时，以三维立体、二维平面以及断面分布曲线方式显示实时测量结果。并可对测量结果做进一步的修正处理。

图 12.2 为德国布鲁克（Bruker）ContourGT-K 型三维光学轮廓仪，是多功能台式光学表面轮廓分析系统，其主要技术指标如下。①垂直量程：0.1nm～10mm；②垂直分辨率小于 0.1nm；③电动样品台移动范围：±150mm（XY 轴），100mm（Z 轴），XYZ 三轴自动；④样品质量小于 4.5kg；⑤光学横向分辨率：最高 350nm；⑥台阶测试精度：不确定度 0.75%；⑦倾斜调整：手动样品台调节 ±6°；⑧扫描速度：28.1μm/s；⑨分析软件功能：可进行二维和三维分析，多区域自动分析，可分析表面粗糙度，可分析样品表面缺陷及台阶高度，并可对多次测量数据进行统计，得到详细统计报告（含平均值、方差、最小值、最大值等）。可用于较大范围的样品表面形貌、粗糙度、三维轮廓等特性的快速测量。

图 12.2　Bruker ContourGT-K 型
三维光学轮廓仪

Contour GT-K 型三维光学轮廓仪光学测量模块提供两种测量模式。

（1）垂直扫描干涉模式（VSI），使用宽带（通常白色）光源。这种模式适合对粗糙表面的测量，通常测量相邻像素点间高度差异大于 135nm 的样品。VSI 模式可达到纳米精度范围的测量。在垂直扫描干涉模式中，内部带动镜头进行移动，而相机定期记录图像。当每个表面点达到聚焦点时，在那一点上的调制信号达到最大值，然后随着镜头焦点远离调制信号逐渐减少。通过信号产生最大调制信号的高度值，系统可以确定每个像素的高度。

（2）相位偏移干涉模式（PSI），采用窄带光源。这个模式通常用来测试非常平滑的样品（粗糙度小于 30nm），例如镜面、光学元件或高度抛光的样品。准确度非常高，在垂直方向分辨率能达到亚纳米级。但 PSI 不能正确获得测试对象的较大高度变化信息。因此，再测量连续相邻像素高度超过其使用照明光源四分之一波长（大约 135nm）时，它不起作用。在 PSI 模式里，内部驱动机构改变测试光路，每个光路的改变会导致一个干涉图样的改变。不同位置的条纹移动被摄像头定期记录下来了，产生一个系列的干涉图像。计算机通过这些干涉图像来计算确定样品表面高度的形貌。

2.2　实验器材

待测台阶试样和划痕样品。

3　实验原理

白光干涉仪是一种对光在两个不同表面反射后形成的干涉条纹进行分析的仪器，图 12.3

为白光干涉仪原理图。当两束光波即波阵面合在一起时，其合成后的光强的分布将由波阵面的振幅和相位来决定。测试光光程 L_1 和参考光光程 L_2 的光程差 ΔL 满足

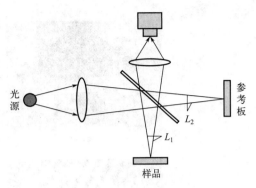

图 12.3 白光干涉仪原理图

$$\Delta L = \frac{m+1}{2}\lambda \quad (m\text{ 为整数}) \quad (12.1)$$

当 m 为奇数时，光程差为波长（λ）的整数倍，形成干涉明条纹；当 m 为偶数时，光程差为半波长的整数倍，形成干涉暗条纹。由于光程差是连续的，最终获得明暗相间的干涉条纹。

白光在干涉仪中是指较大频宽组分构成的光源，视觉上看是白色。两束相干光间光程差的任何变化会非常灵敏地导致干涉条纹的移动，而某一束相干光的光程变化是由它所通过的几何路程或介质折射率的变化引起的，所以通过干涉条纹的移动变化可测量几何长度或折射率的微小改变量，从而测得与此有关的其他物理量。测量精度决定于测量光程差的精度，干涉条纹每移动一个条纹间距，光程差就改变一个波长（约 10^{-7} m），所以干涉仪是以光波波长为单位测量光程差的，其测量精度之高是任何其他测量方法所无法比拟的。

白光干涉仪可对材料表面平面度、粗糙度、波纹度、共面性、面形轮廓、表面缺陷、摩擦磨损情况、腐蚀情况、孔隙间隙、台阶高度、蚀刻情况、弯曲变形情况、加工情况等表面形貌特征进行测量和分析。可广泛应用于半导体材料表面粗糙度、陶瓷基板的翘曲度、激光刻蚀痕迹、微凸点（BUMP）三维结构、MEMS 关键尺寸、硅通孔（TSV）孔尺寸和精密机械加工部件、摩擦磨损等领域的测量。

4 实验内容

4.1 实验准备

进行白光干涉分析时，应根据样品表面粗糙度，选择合适的测量模式。

4.2 实验过程

本次测量待测试样为台阶样品，因此选择 VSI 测量模式，操作流程如下。

（1）依次打开：系统电源—计算机—Vision64 软件。

（2）将样品放在样品台平台上。

（3）从侧面仔细看，调整 Z 轴，直到镜头位于台阶样品表面几毫米的位置。

（4）抬高 Z 轴，直到看见干涉条纹。最开始用高倍物镜调节，干涉条纹会更明显。

（5）调节样品台，移动样品使得至少台阶样品的一个边界在视野之内可见。

（6）确定最佳的干涉条纹位于台阶样品的顶部。可通过提高 Z 轴，观察是否有另一组干涉条纹出现来判断。

（7）调整样品台倾斜直到小于 15 条干涉条纹出现在台阶样品的顶部，见图 12.4。台阶样品尽量调节干涉条纹到 3~5 条。

（8）点击测量按键。测量进行时需观察图像。

ⓐ 回程扫描（backscan）部分：干涉条纹向上移动并消失在样品上。如果干涉条纹没

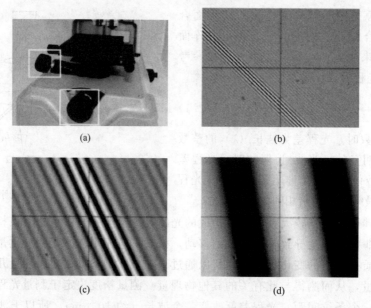

图 12.4　通过 Tip/tilt 旋钮倾斜控制干涉条纹

（a）Tip/tilt 旋钮；（b）高倾斜度；（c）中等倾斜；（d）低倾斜

有消失在样品上，说明回程扫描的长度设置不够；

ⓑ 测量采集过程中，干涉条纹通过顺序是慢慢从样品最高点到最低点。干涉条纹必须通过整个视场测量完整的表面。如果没有通过整个视场，说明扫描长度（length）设置不够。当扫描垂直距离不确定时，可将 Z 轴归零，然后分别向上和向下移动，直至干涉条纹完全消失，Z 轴再回到归零位置。记录向上和向下的位置，可作为回程扫描距离和扫描长度的参考。Threshold 默认值为 5%。

（9）测试完成后，可通过 Vision64 软件处理分析数据并进行保存。

（10）抬高 Z 轴，取下样品。最后依次关闭软件、计算机和系统电源。

5　结果分析与讨论

5.1　台阶样品

（1）图 12.5 为台阶样品三维形貌。原始数据需要进行拉平处理，使得图像能反映样品的真实情况。台阶样品拉平选择 Modal Tilt Only 模式。

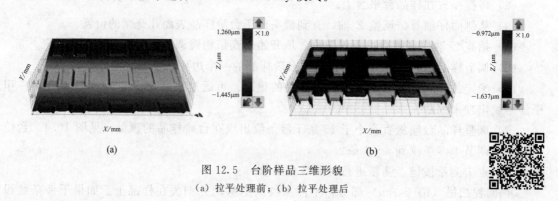

图 12.5　台阶样品三维形貌

（a）拉平处理前；（b）拉平处理后

（2）选择 Step Height 台阶模式，可得到台阶高度数据（见表 12.1），同时还能显示沿 X 轴和沿 Y 轴方向的高度变化（见图 12.6）。从图 12.6 中可得到台阶的平均高度差为 76.001nm。

表 12.1　台阶样品台阶高度数据

名称	值	单位
平均台阶高度	76.001	nm
台阶标准偏差	58.853	nm
台阶类型	双垂直	—

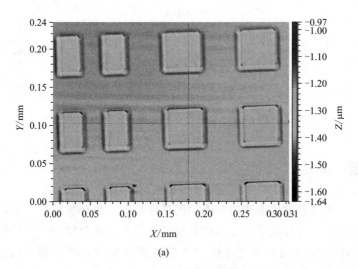

(a)

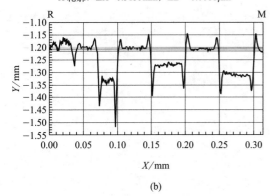

(b)

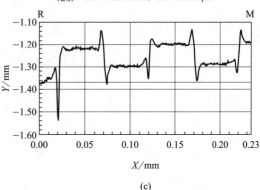

(c)

图 12.6　台阶样品及沿 X 轴和 Y 轴的高度变化
（a）台阶样品；（b）沿 X 轴方向的高度 Z 变化；（c）沿 Y 轴方向的高度 Z 变化

5.2　样品划痕的体积计算

图 12.7 为划痕样品形貌图和体积数据。划痕样品先采用 VSI 测量模式测量后，拉平数据，选取四个角的区域为基准面后，勾选 Volume 分析模块，可以得到图 12.7 中的体积分析数据。划痕的体积为表格中 Negative Volume 对应的数值，也就是 0.53mm³。

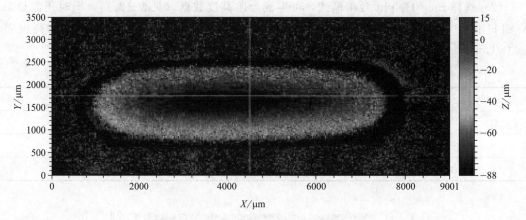

名称	正常体积	凹陷体积	体积净损失	标准体积	凸起体积	总体积变化
数值	0.976	0.53	0.509	19.989	0.021	0.551
单位	mm^3	mm^3	mm^3	μm^3	mm^3	mm^3

图 12.7　划痕样品形貌图和体积数据

6　实验总结

白光干涉三维光学轮廓仪能快速准确地测量样品的三维形貌特征。但在使用当中，需定期使用标准样品对系统进行校准。若因样品反射率较低或粗糙度较大导致获得数据太少，可适当降低阈值（threshold 值）或者选择绿光作为测试光源。当衍射条纹很难找到的时候，可切换大的放大倍数，衍射条纹更容易找到。

实验13
金相样品的制备及观察

1 概述

金相学是一门主要依据显微镜技术研究金属材料的宏观、微观组织形成和变化规律及其与成分和性能之间关系的实验学科。材料组织的研究主要借助于光学金相显微技术和电子显微技术，其中光学金相显微技术更为基础，是研究材料内部组织的重要方法，尤其在金属材料领域。

要借助光学显微镜对材料内部组织进行观察和研究，就必须先制备出能用于显微分析的样品——金相显微样品（试样），简称金相样品（试样）。金相样品的制备是金相显微分析的基础，因为所制备出的金相样品的质量严重影响金相显微分析的准确性，故掌握金相样品的制备极为关键，也是材料实验课程的基本内容。相对透射电子显微镜样品的制备而言，金相样品的制备更容易掌握，样品的观察较为方便，但要制备出高质量的金相样品并不是轻而易举的。

本实验的目的是：①了解金相样品的制备原理。②熟悉金相样品的制备过程。③掌握金相样品制备的基本方法。④熟悉金相显微镜的构造及使用方法。

2 实验设备与材料

2.1 实验设备

砂轮机或手锯、镶嵌机、预磨机、抛光机、金相显微镜（奥林巴斯、徕卡、蔡司均为常用金相显微镜品牌）等。

图 13.1 为 PG-1A 金相抛光机，其主要参数如下，抛盘直径：230mm；转速：900r/min（1400r/min 定制）；电动机：YS7116，0.2kW，380V，50Hz；外形尺寸：460mm×340mm×330mm；重量：22kg。

图 13.2 为徕卡 DMI8A 倒置式金相显微镜，其主要参数如下，目镜倍数：10×；常用物镜倍数：5×、10×、20×、50×、100×；对比技术：明场、暗场、偏振、微分干涉相衬。

图 13.1　PG-1A 金相抛光机　　　　图 13.2　徕卡 DMI8A 倒置式金相显微镜

2.2 实验器材

待制备的金相样品、电木粉、金相砂纸、玻璃板、抛光布、抛光膏、无水酒精、腐蚀剂、样品夹或竹筷、脱脂棉、玻璃皿等。

3 实验原理

金相样品的制备是将待制备的试样表面磨制抛光成光亮无痕、无污染的镜面，再将试样腐蚀，最后对其显微组织进行观察和分析的过程，包括取样、镶嵌、磨制、抛光和组织显示五个步骤。制备好的样品应能观察到真实组织，无磨痕、麻点和水渍，并使金属组织中的夹杂物、石墨等不脱落，否则将严重影响显微分析的正确性。

3.1 取样

选择合适的、有代表性的样品是进行金相显微分析极为重要的一步，包括选择取样部位、检验面及取样方法、试样尺寸等。

（1）取样部位及检验面的选择。取样的部位和检验面的选择，要根据检验目的和要求选取有代表性的部位，如果有技术标准或协议规定，则按规定取样。例如，分析金属的缺陷和破损原因时，应在发生缺陷和破损部位取样，同时还应在完好的部位取样，以便对比；检测脱碳层、腐蚀层、化学热处理的渗层、淬火层、晶粒度及网状碳化物评级等，应取横向截面；研究带状组织及冷塑性变形工件的组织和非金属夹杂物情况时，则应截取纵向截面。有时为了组织分析需要，需横截面和纵截面结合起来进行观察，也有时在一个试样上选取两个相互垂直的检验面。

（2）试样的截取方法。试样的截取方法可根据金属材料的性能不同而不同。对于软材料，可以用锯、车、刨等方法；对于硬材料，可以用砂轮切片机切割或电火花切割等方法；对于硬而脆的材料，如白口铸铁，可以用锤击方法；在大工件上取样，可用氧气切割等方法。在用砂轮切割或电火花切割时，应采取冷却措施，以减少由于受热而引起的试样组织变化。试样上由于截取而引起的变形层或烧损层必须在后续工序中去掉。对于一些特殊表层，如化学热处理渗层、氧化脱碳层、表面强化层、裂纹区以及失效零件上的损坏特征区，截取试样时还需要注意保护这些特殊表面，不允许因截取而受到损伤。

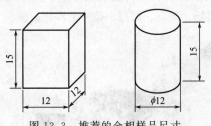

图 13.3　推荐的金相样品尺寸

（3）试样尺寸和形状。金相试样的大小和形状以便于握持、易于磨制为准。GB/T 13298—2015《金属显微组织检验方法》中推荐试样尺寸以检验面积小于 400mm^2、高度15～20mm（小于横向尺寸）为宜。通常采用边长 12～20mm 的立方体或直径 12～20mm、高 15～20mm 的圆柱体，如图 13.3 所示。

（4）试样的标记。对于已经截取下来的样品应进行清晰的标记，以表明实验材料的成分、热处理状态及取样位置等信息，以免样品混淆。标记时可采用样品样袋分装、油漆或非可溶性记号笔标记，还可使用电刻笔刀等工具刻印。

3.2　镶嵌

一般情况下，若试样大小合适，则不需要镶嵌。但当试样尺寸过小或形状极不规则时（如金属丝、薄片、管等），制备试样十分困难，就需要使用夹具加持（机械镶嵌）（见图13.4），或利用试样镶嵌机把试样热镶嵌在塑料（如胶木粉、聚乙烯及聚合树脂等）中，还可以利用环氧树脂、牙托粉等冷镶剂在室温下的固化进行冷镶嵌，以及低熔点合金镶嵌。镶嵌后的试样在制样中方便握捏，并且对于需要进行表层组织的试样可防止制样过程中产生倒角。镶嵌时应不产生机械变形或

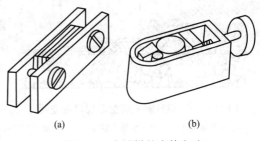

图 13.4　小试样的夹持方法
(a) 薄片试样；(b) 块状试样

加热以免带来试样显微组织变化，镶样介质与被镶嵌试样的硬度和耐磨性应相近，且具有较为相近的耐蚀性。

3.3　磨制

磨制过程是试样制备中最重要的阶段，除了使试样表面平整外，主要是使组织损伤层减少到最低程度甚至为零。试样的磨制主要分为粗磨和细磨，即磨平和磨光的过程。

粗磨主要为了将试样修整成形，可采用手工或机械粗磨。试样切取后，若是很软的材料（如铝、铜等有色金属及其合金）可用锉刀锉平或粗砂纸修整外形。若是较硬的钢铁材料等试样可先用砂轮机、砂带或磨床磨平。在砂轮上磨制时，应握紧试样，使试样受力均匀，压力不要太大，并随时用水冷却，以防受热引起金属组织变化。此外，在一般情况下，试样的周边要用砂轮或锉刀磨成圆角，以免在细磨及抛光时将砂纸和抛光织物划破，甚至出现试样从抛光机上飞出伤人的情形。但对于需要进行表层组织（如渗碳层、脱碳层）观察的试样，则不能将边缘磨圆，这种试样最好进行镶嵌。

经过粗磨后的试样表面尽管看起比较平整，但其实存在较深磨痕，仍需要进行细磨。细磨主要为了消除试样的损伤层以获得更为平整光滑的磨面，为抛光做准备。磨平后的试样经清水冲洗并吹干后，随即把磨面依次在由粗到细的金相砂纸上磨光。常用的砂纸编号有180号、280号、320号、400号、600号、800号、1000号、1200号、1500号和2000号等多种，号数越大磨粒越细。

细磨也可采用机械和手工两种方式。机械磨光主要是使用金相预磨机，在预磨机转盘上依次安装从粗到细的水砂纸，手握或机器夹住试样，利用转盘的飞速旋转将试样磨光，在磨光过程中要不断地加入冷却液以降低试样表面温度，防止试样温度过高无法握捏甚至试样组织的变化。机械磨光主要用于提高磨制效率，但机械磨光相对较难掌握，在磨光中若操作不慎，试样容易磨斜，后面需要再花时间来修正，甚至有时很难或无法修正。现有配有微型计算机的自动磨光机可以对磨光过程进行程序控制，整个磨光过程可在数分钟内完成，但该设备相对成本较高，并未普及。手工磨光是以手动的方式将试样在由粗到细的砂纸上进行磨制，通过多道次磨制实现试样表面的平整，且无粗大的磨痕。手工磨光易于掌握，设备普遍，是通常采用的磨光方式。图13.5为试样经磨光后，变形层厚度变化示意图。

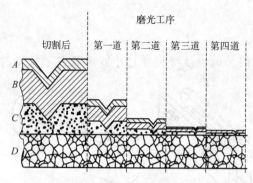

磨光工序

切割后｜第一道｜第二道｜第三道｜第四道

图 13.5　试样经磨光后变形层厚度变化

A—严重变形层；B—变形大的层；C—变形
微小层；D—无变形的原始组织

金相试样磨光过程中的每一道磨光工序必须除去前一道工序造成的变形层（至少应使前一道工序产生的变形层减少到本道工序产生的变形层深度），而不是仅仅把前一道工序的磨痕除去；同时，该道工序本身应尽可能减少损伤，以便进行下一道工序。最后一道磨光工序产生变形层深度应非常浅，应保证能在下一步抛光工序中除去。

磨制铸铁试样时，为了防止石墨脱落或产生曳尾现象，可在砂纸上涂薄薄一层石墨或肥皂作为润滑剂。磨制软的有色金属试样时，为了防止磨粒嵌入软金属内和减少磨面的划损，可在砂纸上涂一层机油、汽油、肥皂水溶液或甘油水溶液做润滑剂。

3.4　抛光

抛光的目的在于去除磨面上的细磨痕和变形层，以获得光亮无瑕的镜面，抛光质量将直接影响金相显微分析结果的准确性。理想的抛光面应该是平滑光亮、无划痕、无曳尾、无浮雕、无塑性变形层和非金属夹杂未脱落。常用的抛光方法有机械抛光、电解抛光和化学抛光三种，抛光可选择一种抛光方法或者多种抛光法结合使用，如机械抛光后进行化学抛光，其中机械抛光是最常用且便捷的抛光方法。

（1）机械抛光。机械抛光是在专用的抛光机上进行的，抛光机主要是由电动机和抛光圆盘（$\phi 200\sim300$mm）组成，抛光盘转速为 $300\sim1000$r/min。抛光盘上铺以细帆布、呢绒或丝绸等抛光织物。抛光时在抛光盘上不断滴注抛光液，或者使用抛光膏并适量加入水或油，再或者使用金刚石喷雾抛光剂。抛光液通常采用 Al_2O_3、MgO 或 Cr_2O_3 等细粉末（粒度约为 $0.3\sim1\mu m$）在水中的悬浮液。抛光膏目前广泛使用金刚石研磨膏，研磨膏的粒度从 320 目到 10000 目不等，常用规格从粗到细有 W3.5、W2.5、W1.5 和 W1 等。机械抛光是靠极细的抛光粉末与磨面间产生相对磨削和液压作用来消除磨痕。抛光时要保证抛光织物有一定的湿度，抛光液或水的加入要适量，过少试样容易产生麻点或黑斑，过多试样会降低抛光效果，遵循少量多次的方式添加，以试样在抛光盘上拿起湿润膜在 $2\sim5$s 蒸发完为宜。抛光时要握稳试样，使试样的磨面均衡地压在旋转的抛光盘上，用力不宜太重，为防止试样中非金属夹杂物出现曳尾，要缓慢移动或转动试样。当试样完成抛光后，要对试样进行清洗和检查，如果不符合要求，需要重新抛光甚至重新磨制。

（2）电解抛光。电解抛光是利用阳极腐蚀法使试样表面变得平滑光亮的一种方法。将试样浸入电解液中做阳极，用铝片或不锈钢片做阴极，使试样与阴极之间保持一定距离（$20\sim30$mm），接通直流电源。当电流密度足够时，试样磨面由于电化学作用而发生选择性溶解，从而获得光滑平整的表面。这种方法的优点是速度快，只产生纯化学的溶解作用而无机械力的影响，因此，可避免在机械抛光时可能引起的表层金属的塑性变形，从而能更确切地显示真实的金相组织。但电解抛光操作时工艺规程不易控制。

（3）化学抛光。化学抛光的实质与电解抛光相类似，也是一个表层溶解过程。它是一种将化学试剂涂在试样表面上几秒至几分钟，依靠化学腐蚀作用使表面发生选择性溶解，从而得到光滑平整的表面的方法。化学抛光的试样表面无变形层，并且操作简便快速，不需要任何设备仪器，但需选择合适的化学抛光液和掌握最佳的抛光规范。化学抛光液通常为混合酸液，由氧化剂和黏滞剂组成，氧化剂起抛光作用，为酸类和过氧化氢，黏滞剂用于控制溶液中的扩散和对流速度，使化学抛光过程均匀进行。化学抛光后的表面光滑，兼有化学浸蚀作用，多数情况下能同时显示出组织，但会有小的起伏波，高倍金相显微镜下观察时受到影响，较适合在中低倍下观察。

3.5 组织显示

经抛光后的试样若直接放在显微镜下观察，只能看到一片亮光，除裂纹、孔洞及一些非金属夹杂物（如 MnS 及石墨等）外，无法辨别出各种组成物及其形态特征，必须通过一定的物理或化学方法对抛光面进行专门的处理，使试样中各组织间呈现良好的衬度，从而显示出金相组织。在这些方法中，化学浸蚀法是应用最早且为最广泛的常规显示方法。

化学浸蚀法是利用浸蚀剂对样品表面的化学溶解作用或电化学作用（即微电池原理）来显示组织，因样品中各相或组织的浸蚀速度、着色能力不同，在抛光面上呈现出高低不平及色泽的差异，在可见光的垂直照射下，对光线的吸收和反射不同，从而显示出各种明暗不同的组织。单相合金或纯金属的浸蚀是一个单纯的化学溶解过程，两相或多相合金的浸蚀是电化学溶解的过程。

化学浸蚀剂主要分为酸类、碱类和盐类等，其溶剂有水、酒精和甘油等。钢铁材料常用的化学浸蚀剂用酸类的最多，最常用的浸蚀剂为 3％～4％ 的硝酸酒精溶液或 4％ 的苦味酸酒精溶液。但两种浸蚀剂对钢中的铁素体和渗碳体两相的浸蚀效果不同，硝酸酒精溶液能显示铁素体晶界，但不能显示碳化物，不能显示金相组织的细节部分是否不均匀，而苦味酸酒精溶液能均匀显示组织，且能很好地显示和区分细微部分，如马氏体和碳化物，但腐蚀速度较慢。有色金属材料的成分一般比较复杂，各组成相的抗腐蚀能力各有差异，要想将所有组成相都浸蚀到清晰可见是较困难的，往往需要采用不同的浸蚀剂和不同的显示方法才能满足要求。因此，对于不同的材料要选择不同成分的浸蚀剂，同时需要注意浸蚀剂的浓度、温度和浸蚀时间等，以便获得理想的浸蚀效果。常用金属材料的浸蚀剂见表 13.1。

表 13.1　常用金属材料浸蚀剂

浸蚀剂名称	成分	浸蚀条件	使用范围
一、钢铁材料常用的浸蚀剂			
硝酸酒精溶液	硝酸　1～5mL 酒精　100mL	硝酸含量增加时浸蚀速度加快，浸蚀时间数秒至数分钟	显示碳钢及合金结构钢经不同热处理后的组织，能清晰显示铁素体晶界
苦味酸酒精溶液	苦味酸　4g 95％酒精　100mL	有时可用较淡溶液浸蚀数秒至数分钟	能显示碳钢、低合金钢各种热处理组织，特别是显示珠光体和碳化物。显示铁素体晶界效果不如硝酸酒精溶液
碱性苦味酸溶液	苦味酸　2～5g 苛性钠　20～25g 蒸馏水　100mL	加热至沸使用，浸蚀时间为5～30min	渗碳体呈暗黑色，铁素体不着色，屈氏体为亮灰色，回火马氏体比淬火马氏体更暗。可显示铸铁枝晶组织

浸蚀剂名称	成分	浸蚀条件	使用范围
混合酸酒精溶液1	盐酸　　5mL 苦味酸　1g 酒精　　100mL	显示回火组织需浸蚀15min,显示晶粒大小自数秒至1min	显示淬火及回火后的奥氏体晶粒,显示回火马氏体组织(200～450℃)
混合酸酒精溶液2	盐酸　　　10mL 硝酸　　　3mL 木酒精(甲醇)　10mL	浸蚀2～10min	显示高速钢淬火及淬火后晶粒大小
王水溶液	盐酸(相对密度1.19)　3份 硝酸(相对密度1.42)　1份	浸入试剂内数次,每次2～3s,并抛光,用水和酒精冲洗	显示各类高合金钢组织,用于Cr-Ni不锈钢的组织显示,晶界、碳化物析出物特别清晰
水杨酸	水杨酸　10g 酒精　　100mL	用棉球浸蚀数分钟	显示钢及铸铁的一般组织,受浸蚀的珠光体较清晰

二、有色金属常用的浸蚀剂

浸蚀剂名称	成分	浸蚀条件	使用范围
氧化铁盐酸溶液	配方　　　(a)　(b)　(c) $FeCl_3$/g　1　5　25 HCl/mL　20　10　25 H_2O/mL　100　100　100	先擦拭,再浸入试剂中1～2min	显示黄铜、青铜的晶界,使两相黄铜中的相发暗,铸造青铜枝晶组织图像清晰
氨水双氧水溶液	NH_4OH(相对密度0.88)　5份 H_2O_2(3%)　　2～5份 H_2O　　　　5份	用棉花蘸上浸蚀剂擦拭,为获得较佳效果建议使用新配H_2O_2	适用于纯铜及单相、多相铜合金组织的显示
氢氟酸水溶液	HF(浓)　0.5mL H_2O　99.5mL	用棉花蘸上试剂擦拭10～20s	显示铝及铝合金的一般显微组织
浓混合酸溶液	HF(浓)　10mL HCl(浓)　15mL HNO_3(浓)　25mL H_2O　　50mL	做粗视浸蚀用;若做显微组织用,则浸蚀可用水按9∶1稀释	显示轴承合金粗视组织和显微组织的最佳浸蚀剂
硝酸溶液	硝酸　　1～8mL 蒸馏水　100mL	擦拭几秒到几分钟	显示纯镁和大多数镁合金铸态和变形态组织
草酸溶液	草酸　2mL 水　　10mL	擦拭3～5s,用热水或冷水冲洗	显示铸造镁合金及变形镁合金组织

化学浸蚀法有热浸蚀和冷浸蚀两种。热浸蚀是将置于烧杯中的浸蚀剂加热到预定温度,将试样放入烧杯内保持一定时间取出后,依次用水和酒精冲洗,并用吹风机吹干即可。冷浸蚀则是常温下的浸蚀,通常说的浸蚀主要是指冷浸蚀。浸蚀操作主要有浸入法、擦拭法和滴蚀法。浸入法是用夹子夹住试样,磨面朝下浸入浸蚀剂中轻轻摆动,但不要碰撞器皿底部以免擦伤表面。擦拭法是用竹夹夹一团沾满浸蚀剂的脱脂棉球擦拭试样抛光面,多次擦拭直到理想的浸蚀程度后,立即停止并冲洗吹干。滴蚀法是用吸有浸蚀剂的滴管向试样抛光面上滴几滴浸蚀剂,使浸蚀剂覆盖整个抛光面,待达到要求后立即停止并冲洗吹干。

浸蚀时要根据试样材质、热处理状态、试剂的性质和温度等来调整浸蚀时间,时间从几秒到几分钟,一般抛光面从光亮金属色泽变为灰暗色即可,以在显微镜下能观察到清晰的显微组织为准。当观察的放大倍数不同时,所用的浸蚀时间也不同,一般放大倍数越低,浸蚀应越深，浸蚀时间要长，反之，放大倍数越高，浸蚀应越浅，时间要短。浸蚀后的试样不能保证百分之百达到显微组织分析要求。如果浸蚀不足时，有的可再次浸蚀，有的需抛光后再浸蚀；但浸蚀过深时，必须重新抛光再适当浸蚀，有时甚至需重新磨光后再抛光浸蚀。试样一旦浸蚀好要立即停止浸蚀，并用水冲洗，再用酒精冲洗后吹干。但需要注意的是，对于易氧化材料，如球墨铸铁，浸蚀过程中最好没有水的存在以免氧化，可直接采用无水乙醇冲洗。浸蚀好的试样要保持清洁，不能用手触碰观察面，也不能与其他物件碰擦。为防止磨面生锈，在观察分析后还应尽快干燥保存。

除化学浸蚀外，还可采用电解浸蚀法对试样进行浸蚀，其原理与设备与电解抛光相同，只是工作电压和工作电流有所不同，主要用于化学稳定性较高的一些金属及合金，即化学浸蚀法难浸蚀的材料，如铂、金、银等贵金属及其合金、不锈钢、耐热钢、镍基合金等。另外，光学法、干涉层法、高温浮凸法等也可用于金相显微组织的显示。

3.6　金相显微镜下观察

制备金相样品的目的是进行显微分析，这就需要制备出具有真实、清晰显微组织的高质量金相样品。为了得知金相样品制备的情况，需要在金相显微镜下进行观察，判断制备的样品是否合格或具备高质量，若不合格或品质不高，则需要重新进行部分或全部制样步骤。金相显微镜的使用，大致步骤如下：

(1) 接通电源，选用合适的物镜和目镜，先进行低倍观察再进行高倍观察；

(2) 使载物台对准物镜中心，将试样放在载物台中心，观察面朝下（倒置式金相显微镜）；

(3) 旋转粗调焦手轮使物镜上升至最高（不得碰到试样或载物台），然后反向转动粗调焦手轮调节焦距，当视场亮度增强时改用微调焦手轮，直至物像清晰为止；

(4) 调节孔径光阑和视场光阑，使物像质量最佳；

(5) 若用浸油物镜，则可在物镜前透镜滴一点松柏油，油镜用后应立即用棉花蘸二甲苯溶液擦净后用擦镜纸擦干；

(6) 观察试样完毕，将物镜调至低倍，并将物镜位置调至最低。关闭光源，以延长灯泡使用寿命。

在金相显微镜的使用过程中应当注意操作规范，要细心操作，勿自行拆卸光学系统；手和样品要保证清洁，严禁用手触碰显微镜镜头，若镜头中有灰尘可使用镜头纸或软毛刷轻轻擦拭；在更换物镜或调焦时，动作要缓慢，不要用力过猛，以防损坏物镜。

4　实验内容

4.1　实验准备

实验材料可选择不同成分的多种材料，如常用的钢铁材料（纯铁、20钢、45钢、T8钢、T12钢、铸铁等）和有色金属材料（铝合金、镁合金、铜合金等）。结合实际教学需要，学生可在课前预先对实验材料进行取样和镶嵌（如有需要）。实验材料可选用直径为 12～20mm 的退火态或热处理态棒材，将其截取为 15～20mm 长的圆柱形。试样表面经过砂轮机或锉刀等大致磨平。

实验前准备好实验中所需的器材：一套不同规格的金相砂纸、抛光布、抛光膏、水、无水乙醇、浸蚀剂、试样夹或竹筷、脱脂棉球、玻璃皿和吹风机等，检查预磨机（选用）、抛光机和金相显微镜是否能正常工作。

4.2　实验过程

以退火态 20 钢为例，具体介绍制样过程中的重点步骤。

（1）磨制。为让学生掌握基本制样方法，采用手工磨光，砂纸选用无锡牌绿色碳化硅金相砂纸，选取粒度 200 号、400 号、600 号、800 号四种规格。首先，对样品和桌面（或试验台）进行清洁，并检查桌面或试验台是否平整，以防止存在细小砂粒影响后续的制样。然后，将 200 号砂纸平铺于放置在桌面上的厚玻璃板上，左手按住砂纸，右手握住试样，使试样磨面朝下并与砂纸完全接触，在适当压力作用下将试样向前推磨，要均匀用力，务求平稳，否则会使磨痕过深，且造成试样磨面的变形。试样退回时不能与砂纸接触，需要"单程单向"地反复向前进行，直至磨面为一个平面，并且磨面上的磨痕方向一致，深浅均匀。当完成 200 号砂纸的磨制后，更换为 400 号砂纸。在更换砂纸时，清除干净试样和厚玻璃板上的磨屑或砂粒，并将试样旋转 90°，以同样的方式进行该道次的磨制，直至旧磨痕完全被均匀一致的垂直 90°的新磨痕取代，并且试样表面平整。以同样的方式完成 600 号和 800 号砂纸的磨制。在磨制过程中要注意力度的掌握，遵循由重到轻的原则，以减少磨制中产生的试样表面的磨损变形层厚度。

（2）抛光。抛光布选用海军呢，抛光膏选用 W2.5 金刚石研磨膏。先将抛光布用水浸透，然后安装在抛光机上，再将抛光膏均匀适量地涂抹在抛光布上。开动抛光机，将试样磨面均匀地压在旋转的抛光盘上，用力不宜过大，试样的磨痕方向应与转盘转动的线速度方向垂直，沿盘的边缘到中心不断做径向往复运动。在抛光过程中不时地向抛光盘上加入适量的水，以免试样过热，且不影响抛光效果。抛光时间一般为 3~5min。抛光后的试样，其磨面应光亮无痕，且石墨或夹杂物等不应抛掉或有曳尾现象。这时，试样先用清水冲洗，再用无水酒精清洗磨面，最后用吹风机吹干。可在金相显微镜下检查抛光效果，若抛光面上看不到磨痕、麻点、水渍和污迹等，可视为合格。

（3）浸蚀。采用 4% 硝酸酒精做为浸蚀剂，采用擦拭法对抛光好的 20 钢试样抛光面进行浸蚀。当抛光面失去浸蚀光泽而变得灰暗色时立即停止腐蚀，立刻用水进行冲洗，并用酒精冲洗，然后用吹风机吹干。在金相显微镜下检查浸蚀效果，若效果不佳，需重新浸蚀或抛光等。

（4）金相显微镜下观察样品的显微组织，对金相组织进行拍照及分析。检查好金相显微镜，打开电源，将制备好的金相样品待观察面朝下放置在倒置式金相显微镜载物台上，放置样品时要轻放，并不要碰撞或摩擦待观察面。调节载物台位置使透过物镜的光斑位于样品中央。选择 10 倍物镜，调节调焦转轮使显微组织图像出现在视场中，再细微调焦使图像清晰，调节光强、目镜筒间距、孔径光阑和视场光阑，使图像质量最佳。对显微组织进行观察，待低倍观察完毕，重新选择高倍物镜再次操作进行观察。如要对样品不同位置进行观察，调整载物台 X 轴和 Y 轴位置重新选取观察视场。显微组织观察时，主要检查是否存在制样缺陷，判断样品是否制样合格，并对组织进行辨识。

5　结果分析与讨论

5.1　金相样品质量的检查分析

在金相显微镜下检查金相样品质量，通常可能存在表面不平整、变形层、划痕、污渍、麻点、水渍、孔洞、曳尾、欠腐蚀或过腐蚀等制样缺陷，对于造成这些缺陷的原因，做简单分析。

（1）试样表面不平整和变形层，往往是在磨制过程中出现的问题，试样在磨制过程中用力不均造成试样不平整，在试样周边出现一定弧度或是试样磨面上出现两个或多个平面。取样、磨制和抛光过程中用力过大造成试样表面存在一定的变形层。

（2）划痕，在磨制和抛光过程中可能出现的问题，试样或台面及抛光布上清洁不够是出现划痕的主要原因，在细磨时更换更细砂纸时未将上一道次的划痕完全覆盖，试样捏握不稳造成多个方向的划痕，抛光时间不够未完全消除细磨后留下的划痕。

（3）污渍、麻点和水渍，主要是试样未做好清洁或保存不当，抛光过程中抛光布的润湿度不够以及未充分抛光清洗样品，会造成样品表面的麻点和污渍，水渍通常是浸蚀后未及时充分吹干样品。

（4）孔洞，除试样自身铸造缺陷外，通常是试样中的非金属夹杂物或软质相在磨制或抛光过程中脱落造成的。

（5）曳尾，试样在抛光过程中未转动样品，易出现非金属夹杂物的曳尾现象。

（6）欠腐蚀或过腐蚀，主要是腐蚀不足或过度造成的。如20钢在显微镜下观察时未出现完整的晶界，珠光体的片层显示不明显往往是浸蚀不足，出现双晶界或珠光体片层边界模糊过黑往往是浸蚀过度。

5.2 不同成分的铁碳合金组织分析

经过4%硝酸酒精浸蚀后的几种铁碳合金的显微组织照片，如图13.6所示。图13.6（a）为退火态工业纯铁，碳含量小于0.0218%，其显微组织为白亮的铁素体（或铁素体＋三次渗碳体）；图13.6（b）为退火态20钢，其碳含量约0.2%，为亚共析钢，其显微组织由白亮色块状铁素体和黑色片层状珠光体组成，且珠光体所占比大约为23.8%；图13.6（c）为退火态45钢，碳含量约0.45%，为亚共析钢，其显微组织同样由白亮色铁素体和黑色片层状珠光体组成，珠光体含量约在57.2%；图13.6（d）为完全退火态T8钢，碳含量约0.8%，为共析钢，其显微组织为珠光体，含量近100%；图13.6（e）为退火态T12钢，碳含量约1.2%，为过共析钢，其显微组织由片层状珠光体和二次渗碳体组成，二次渗碳体呈连续网状分布在珠光体周围，珠光体含量在92.7%左右；图13.6（f）为铸态共晶白口铸铁，碳含量约为4.3%，其显微组织为低温莱氏体，是由珠光体和渗碳体组成的机械混合物，白色基体为渗碳体（包括共晶渗碳体和二次渗碳体），珠光体呈黑点（块）状或条状；图13.6（g）为铸态亚共晶白口铸铁，其显微组织由珠光体、二次渗碳体和低温莱氏体组成，珠光体呈黑色块状或树枝状；图13.6（h）为铸态过共晶白口铸铁，其显微组织由粗大白亮的条状一次渗碳体和低温莱氏体组成。

从图13.6并结合铁碳相图可以看出，亚共析钢随着含量的增加，显微组织中珠光体量在增加，先析铁素体量在减少，在共析钢成分，珠光体量达到最高，铁素体和珠光体的分布状态也有所改变。继续增加碳含量，过共析钢中出现二次渗碳体，且随着碳含量增加，二次渗碳体的量也在增加，分布也从断续细网状分布变为连续厚网状分布。随着碳含量的增加，铁碳合金显微组织发生着变化，但都是由铁素体和渗碳体两个基本相组成，且随含碳量增加铁素体的量不断减少，渗碳体的量不断增加。铁素体为塑性相，渗碳体为硬脆相，故而可以根据这两相的性能、相对量和其形貌分布来判断铁碳合金的机械性能。

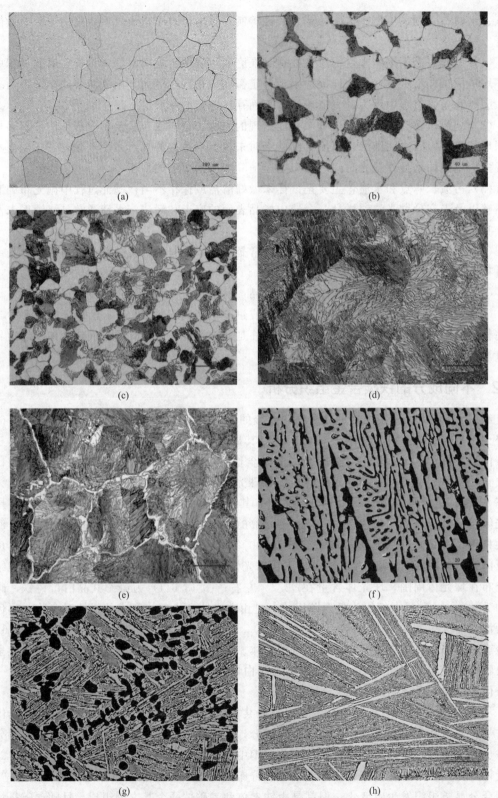

图 13.6　几种铁碳合金的平衡显微组织照片

(a) 工业纯铁；(b) 20 钢；(c) 45 钢；(d) T8 钢；(e) T12 钢；(f) 共晶白口铸铁；

(g) 亚共晶白口铸铁；(h) 过共晶白口铸铁

6　实验总结

本实验的要点主要有：掌握金相样品的制备过程，尤其是磨光、抛光、组织显示（浸蚀）这几个步骤；能够识别金相样品中存在的制样缺陷，对其进行分析以便提高样品质量；能够结合相图对金相样品的显微组织进行辨识和分析。

影响实验结果的因素较多，比如砂纸的选择、磨制时握样的方式和力度、抛光机转速、抛光布和抛光膏的选择、抛光力度和时间、浸蚀剂的选择、浸蚀时间的长短，每一个细微的实验步骤都会对实验结果产生影响，故而在制样过程中要尽量将每一步骤做到最好。

实验过程中注意的事项主要是安全问题，要规范操作，如：①在砂轮机、预磨机和抛光机使用中要注意冷却防止金相样品过热，更要注意检查设备是否完好，检查砂纸或抛光布等是否有破损，握样力度要合适，以免试样飞出造成人身伤害；②化学浸蚀剂在配制和使用中注意防护以确保人身安全；③在使用金相显微镜前要确保手和试样清洁干燥，不要触碰金相显微镜光学部件，轻稳操作，以免损坏显微镜。

第3篇
材料的性能检测

实验14
材料DSC/TG综合热分析及热力学参数测定

1 概述

热分析就是在程序控制温度下，测量物质的物理性质与温度的关系的一类实验技术。狭义的热分析技术一般是指差热分析（DTA）、差示扫描量热（DSC）、热重分析（TGA）、热机械分析（TMA）和动态热机械分析（DMA）等。其中 TGA 是在程序控制温度下，测量物质的质量与温度关系的一种技术。而 DSC 是在程序控制温度下，测量输入试样和参比物的热流量差或功率差与温度关系的一种技术。热分析技术在物理、化学、材料科学、化工、冶金、地质、食品、生物等领域得到广泛应用。利用热分析仪可以研究材料的熔融与结晶过程、晶型转变、液晶转变、升华、吸附、脱水、分解等物态变化，能进行反应温度、比热容、反应热焓、玻璃化转变温度、晶体成核与长大温度、结晶度等热动力学参数的测定，研究高分子共混物的相容性、热固性树脂的固化过程，氧化稳定性（氧化诱导期），进行反应动力学研究等。

热分析作为一种重要的材料现代分析测试技术，能够在较大温度范围内进行非常精确的温度测量，如此大范围的温度测量能力使许多材料热性能的表征成为可能。程序温度控制便于用户根据测试需要设置多样化的温度段（不同的升降温速率和时间）；可测试液体、凝胶、粉末、块体等多种物理状态的样品；所需样品量很少；温度、质量、热流测定准确、仪器灵敏度高；可与其他测试技术联用获取材料的多种信息。同步热分析将热重分析 TG 与差热分析 DTA 或差示扫描量热 DSC 结合为一体，对同一样品进行一次测量可同时得到试样的热重与热流信息。相比单独的 TG 与/或 DSC 测试，具有如下显著优点：消除称重量、样品均匀性、温度对应性等因素的影响，TG 与 DTA/DSC 曲线的对应性更佳。同时分析 DSC 及其对应的 TG 曲线，有助于准确分析该热效应所对应的物化过程（如熔融峰、结晶峰、相变峰与分解峰、氧化峰等）及相应热力学参数的准确计算。

本实验的目的是：①掌握综合热分析的基本原理、测量技术以及影响测量准确性的因素。②学会热分析仪的操作，掌握材料同步热分析的制样方法、测试步骤。③掌握差热曲线的定量和定性分析方法、根据热分析曲线计算热动力学参数的方法。

2 实验设备与材料

2.1 实验设备

同步热分析仪主要由炉体、温度程序控制器、加热-冷却系统、循环水恒温系统、气氛控制系统和计算机系统等组成。本实验采用德国耐驰（Netzsch）公司制造的 STA 449F 型同步综合热分析仪，可同时进行 TG-DSC 或 TG-DTA 的测定，最高加热温度为 1650℃，热天平采用恒温水套冷却，样品室可以通入氮气或惰性气体作为保护气，也可以在真空下进行加热，全部设置在计算机上完成，试验过程全部自动完成。仪器装有曲线分析软件，可直接进行曲线的定量和定性分析。图 14.1(a) 中可看到耐驰同步热分析仪顶部样品支架结构，顶部装样结构与其他结构相比，其特点在于操作简便。炉体采用真空密闭设计，炉体打开时即与称重系统脱离，有利于对称重系统的保护。如图 14.1(b) 所示，除通入保护气（如高纯氩气）外，样品室可通入吹扫气，吹扫气由下往上自然流动，两种不同吹扫气体可切换。

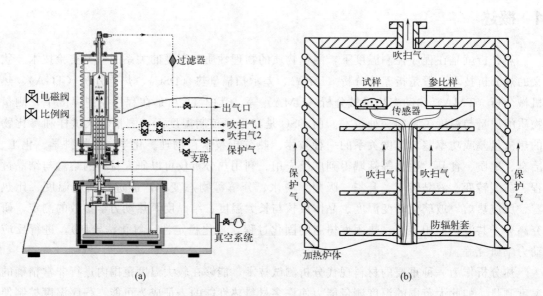

图 14.1　耐驰同步热分析仪结构
(a) 设备配置构造；(b) 顶部装样结构

2.2　实验材料

坩埚、待测样品、尖嘴镊、取样勺、切割刀片、高纯氩气。

3　实验原理

3.1　热重分析法

热重分析法就是在程序温度的控制下，借助于热天平获得试样的质量随温度变化关系的信息。由热重法测得的记录数据为热重曲线或称 TG 曲线，其横坐标表示温度或时间，纵坐标表示质量。曲线的起伏表示质量的增加或减少，平台部分表示试样的质量在此温度区间是稳定的。热重法仅能反映物质在受热条件下的质量变化，由它获得的信息有一定的局限性。此法受到许多因素的影响，是在一些限定条件下获得的结果，这些条件包括仪器、实验条件和试样因素等。因此获得的信息又带有一定的经验性。如果利用其他一些分析方法进行配合试验，将对测试结果的解释更有帮助。DTA、DSC、TG 等各种单功能的热分析仪若相互组装在一起，就可以变成多功能的综合热分析仪，如 DSC-TG、DTA-TG 等。综合热分析仪的优点是在完全相同的实验条件下，即在同一次实验中可以获得多种信息，这样会有助于比较顺利地得出符合实际的判断。

3.2　差热分析法

差热分析法（DTA）是在程序温度的控制下，测量物质的温度与参比物的温度差和温度关系的一种技术。其原理是：在相同的加热条件下对试样加热或冷却，若试样中不发生任何热效应，试样的温度和参比物的温度相等，两者温差为零。若试样发生吸热效应，试样的温度将滞后于参比物的温度，此时两者的温差不为零，并在 DTA 曲线上出现一个吸热峰；若试样发生放热效应，试样的温度将高于参比物的温度，此时两者的温差也不为零，并在 DTA 曲线上出现一个放热峰。根据记录的曲线，就可以测出反应开始的起始温度，反应峰所对应的温度（峰位置），峰的面积就和产生的热效应值对应。通过这些信息，就可以对物质进行定性和定量分析。

3.3　差示扫描量热分析法

差示扫描量热分析法也是用参比物和试样进行比较，但是与 DTA 的重要差别在于 DSC 的参比物和试样各自由一个单独的微型加热室加热。DSC 是在程序控制温度下测量样品和参比物的热流差的技术。DSC 按测试系统不同分为两类：热流型和功率补偿性。热流型差示扫描量热仪中，在给予试样和参比物相同的功率下，检测样品与参比物之间的温差，通过量热校准热流方程将温差换算为热流值作为信号输出。热流型 DSC 包括盘式和筒式两种检测系统，如图 14.2 所示。盘式 DSC 中样品坩埚放在盘上（金属或陶瓷等材质），样品与参比物之间的温差 ΔT_{SR} 通过集成在盘或与盘表面接触的温度传感器进行检测。筒式 DSC 的炉体分成两个筒体，底部封闭，样品直接放入筒体或放入合适坩埚中。空心筒体与炉体之间装

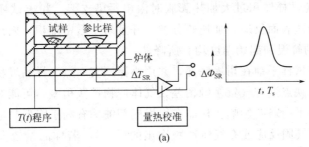

(a)

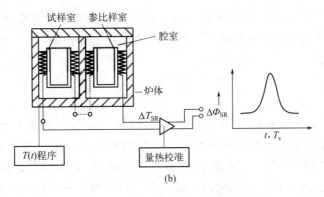

(b)

图 14.2　差示扫描量热仪结构

(a) 盘式 DSC；(b) 筒式 DSC

有热电堆或半导体传感器用于检测筒体和炉体之间的温差，由热电偶的差分连接提供两个空心筒体间的温差并记录为样品与参比物之间的温差 ΔT_{SR}。两个空心筒体并排布置在炉体中并通过一个或多个热电堆直接连接，也有结构特点介于盘式和筒式之间的其他类型的 DSC 设备。DSC 装置的外壳通常用导热材料铬镍铁合金制成。

功率补偿型 DSC 的试样和参比物分放在两个小炉中，每个小炉配备有加热元件和温度传感器。测试过程中，两个小炉之间的温差通过加热功率的闭环控制保持在最小值，这主要是采用比例控制器使得试样和参比物之间始终存在残余温差。当检测系统存在热对称时，则残余温差正比于样品和参比物之间输入功率差。如果温差是因为样品和参比物的比热容不同产生的，或者是试样的吸热和放热转变产生的，为保持温差尽可能小而需要补偿的功率正比于样品和参比物之间的热流率之差 $\Delta \Phi_{SR} = \Delta C_p \beta$，或正比于转变热流率 $\Delta \Phi_{trs}$。

4 实验内容

本实验要求：①测定待测试样（如玻璃）的 TG/DSC 曲线，分析确定玻璃化转变温度、析晶温度、熔融温度。②测定合金材料的 TG/DSC 曲线并绘制 DSC 及固相分数曲线、测定析晶温度、液相温度等热力学参数。

4.1 实验准备

4.1.1 制样技术

试样质量约 5～20mg，密度较大的试样最多约 30mg，密度较小的试样如高分子材料可低至 3mg 左右，以免试样体积过大加热膨胀时溢出污染支架。粉末试样需研磨，样品粒度小时，比表面大，加速表面反应，加速热分解，并且易于紧密堆积，内部导热良好，温度梯度小，DSC、DTG 的峰温和起始温度均有所降低。

用取样勺取粉末试样平铺在坩埚底部，并用小棒压实一点。样品堆积紧密时，内部导热良好，温度梯度小；缺点是与气氛接触稍差，气体产物扩散稍差，可能对气固反应及生成气态产物的反应的化学平衡略有影响。样品在坩埚底部铺平有利于降低热电偶与样品间的温度差。对于 TG 测试（气固反应或有气体产物逸出的反应），若样品量较大，堆积较高，则根据实际情况适当选择堆积紧密程度。

金属等块状试样用切割刀片分割 5～20mg 的小块，让其尽量与坩埚底部接触。一般在灵敏度允许的情况下选择较小的样品量，对块状样品切成薄片或碎粒，对粉末样品使其在坩埚底部铺平成一薄层。

4.1.2 坩埚选择

坩埚的材质有多种，常见的坩埚材质有铝、铂、石墨、高温氧化铝等，坩埚可以密封或在 DSC 内与外部环境相通并通入干燥的惰性吹扫气。选用坩埚一定要考虑测试样品可能与坩埚发生的反应。常用坩埚类型：铝、刚玉（Al_2O_3）、铂铑合金（PtRh）、PtRh＋Al_2O_3、铁、铜、石墨、氧化锆、银、金、石英等，对不同的坩埚须做单独的温度与灵敏度标定。

铂铑坩埚的特点是传热性好，灵敏度高，时间常数短，热阻小，峰分离能力佳，温度范围宽广，基线稳定，基线漂移小。由于高温下不透明能有效防止热辐射因素的影响，适于精确测量比热。使用注意事项：易与熔化的金属样品形成合金，对于这类测试应使用 Al_2O_3 坩埚代替；不能使用金属样品进行温度与灵敏度标定；若在 S 型（PtRh）传感器上进行实验，在 1200℃ 以上有粘连的危险，须注意坩埚与支架的高温预烧（用到 1400℃ 以上时建议在坩埚底部垫氧化铝垫片）。其清洗与回收可使用氢氟酸浸泡清洗。

Al 坩埚的特点是传热性好，灵敏度、峰分离能力、基线性能等均佳。由于温度范围较窄（600℃ 以下），多用于聚合物与有机类样品的中低温型 DSC 测试，也可用于比热测试。中压与高压不锈钢坩埚适用于挥发性的液体样品或溶剂中的反应，以及需要维持产物气体分压的封闭反应系统中的反应。中压坩埚最高使用压力 20bar，高压坩埚为 100bar。若在测试最高温度下样品蒸气压不太高（小于 6bar），也可使用密闭压制的铝坩埚代替。Cu 坩埚对塑料的氧化有催化作用，有时用于氧化诱导期（O.I.T.）测试（如作为铜导线外包塑皮的聚烯烃的 O.I.T. 测试），所测氧化诱导期较铝坩埚的测试结果为短。

Al_2O_3 坩埚的特点是温度范围宽、样品适应面广。但相比 PtRh 坩埚，其灵敏度、峰分离能力、基线漂移等各方面性能稍差一些；高温下会变得半透明，增加了热辐射与样品颜色对测试的干扰，因此不适于测定比热。使用注意事项：部分无机类样品（如硅酸盐、氧化铁等）熔融后易与 Al_2O_3 坩埚反应或扩散渗透，对于此类样品测试应使用 PtRh坩埚代替。

PtRh＋Al_2O_3 坩埚是 PtRh 坩埚内嵌 Al_2O_3 薄衬套。多用于金属样品的比热测定，也可代替 PtRh 坩埚测金属与合金样品的熔融温度。特别对于某些不宜使用 PtRh 坩埚测试、但在使用 Al_2O_3 坩埚时由于颜色与辐射因素在高温下基线异常漂移的样品，使用此种坩埚能大大改善基线。表 14.1 为热分析用坩埚的选用参考。

表 14.1 热分析用坩埚的选用

样品	坩埚					
	Pt/Rh	Al_2O_3	Al(≤600℃)	Pt＋Al_2O_3	Al_2O_3＋IrO_2	石墨
黏土	√	?	√	?	?	×
矿物	√	?	√	?	?	×
盐类	√	×	√	×	×	×
玻璃	√	×	√	×	×	?
无机物	?	?	√	?	?	?
硅	×	?	√	×	×	?
氧化硼	√	?	√	×	×	×
氧化铁	√	×	√	×	×	×
氧化铅	×	?	?	?	?	×
氟化镁	√	×	√	×	×	?
氧化铜	√	?	√	×	×	×
石墨	?	?	?	?	?	√
碳酸盐	√	?	√	?	?	×
硫酸盐	√	?	√	?	?	×

注："√"表示最佳选择，"?"表示可能在高温下发生反应，"×"表示不建议使用。

坩埚加盖的优点包括改善坩埚内的温度分布，有利于反应体系内部温度均匀，有效减少辐射效应与样品颜色的影响，防止极轻的微细样品粉末的飞扬，避免其随动态气氛飘散，或在抽取真空过程中被带走，在反应过程中有效防止传感器受到污染（如样品的喷溅或泡沫的溢出）。坩埚盖扎孔的目的是使样品与气氛保持一定接触，允许一定程度的气固反应，允许气体产物随动态气氛带走，使坩埚内外保持压力平衡。

4.1.3 气氛选择

炉体内通入吹扫气形成样品的动态气氛，根据实际反应需要选择惰性（N_2，Ar，He）、氧化性（O_2，空气）、还原性（CO，H_2）与其他特殊气氛等。为防止不期望的氧化反应，某些测试必须使用惰性的动态吹扫气氛，且在通入惰性气体前往往通过反复抽真空再通惰性气体置换来确保气氛的纯净性。常用惰性气氛如 N_2，在高温下亦可能与某些样品（特别是一些金属材料）发生反应，此时应考虑使用"纯惰性"气氛（Ar，He）。由于气体密度的不同影响到热重测试的基线漂移程度（浮力效应），为确保 TG 结果的基线扣除效果，使用不同的气氛须单独做热重基线测试。

N_2 为惰性气氛，通常情况下多用作高分子材料与有机小分子测试中的保护气氛，也常用于对气氛要求不甚严格的样品测试。Ar 为惰性气氛，多用于金属材料的高温测试，但要注意很多金属材料在高温下也可能与 N_2 发生反应。He 为惰性气氛，因其导热性好，有时用于低温下的测试，也常在热膨胀仪 DIL 中作为吹扫气，以减少炉体内的温度梯度。空气为氧化性气氛，可做反应气氛，作为吹扫气氛则多用于氧化物陶瓷类材料的测试（防止某些氧化物在高温下可能的还原分解）。O_2 为强氧化性气氛，一般用作反应气氛，如测定高分子材料的氧化稳定性等。选择气氛应考虑气氛在测试所达到的最高温度下是否会与热电偶、坩埚等发生反应，注意防止爆炸和中毒。

4.2 测试

（1）开机。打开恒温水浴、STA449 F3 主机与计算机电源。一般在水浴与热天平打开 $2\sim3h$ 后，可以开始测试。打开 Proteus 测试软件。确认测量所选用的吹扫气，并调节好压力 0.03MPa（小于 0.05MPa）、流量和保护气。

（2）基线测试（浮力效应修正）。基线文件实质是空白试验结果，基线的具体测试方法：首先将一对重量相近的干净的空坩埚分别作为参比坩埚与样品坩埚放到支架上，坩埚是否加盖视后面的样品测试需要而定，关闭炉体。抽真空（控制气阀开始缓慢抽气，逐渐加快）后再充入保护气，反复两到三次后打开吹扫气和保护气。新建修正模式测试，输入基线文件名称，并打开温度校正/灵敏度校正文件。编辑设定温度程序（各段起始温度和升温速率）。启动仪器到达起始温度，对热重清零后开始测量，测量结束后生成基线文件。在测试条件相同的情况下（坩埚、气氛及温度程序控制设置相同）其后的一系列相同实验条件的样品都可沿用该基线文件（样品测试的结束温度可低于基线的结束温度），无须为每一个样品测试单独做一条基线。

（3）样品测试。①放样品：先将空坩埚放在天平上称重，去皮后将样品加入坩埚中，称取样品重量。将装有样品的坩埚放入炉体内，关闭炉体。②抽真空：关闭炉体出气口阀门，在运行软件上关掉进气口，打开真空泵，抽到 97% 以上真空后关掉真空泵上的阀门，打开保护气充气阀，反复抽充 $2\sim3$ 次。在软件上打开吹扫气进气电磁阀，再手动打开炉体上出气阀。③测样：调出基线文件，选择测量模式为"修正＋样品"，输入样品名称、编号及质量，将程序控制温度的终止温度改为样品测试需要的温度，保存文件，等炉体温度达到并稳定在基线设定的起始温度后，将热重清零后开始测量。测量结束后程序会自动保存数据，自然冷却至150℃以下才能打开炉体。

5 结果分析与讨论

5.1 特征温度的确定

绘制DSC热流曲线可以定义输入样品的热流（吸热）为正，也可以定义流出样品的热流（放热）为正，但在DSC图上应标明。图14.3为铋硼酸盐玻璃的热分析曲线，该图表示了三个典型的热力学过程，图中出现的每一个热力学变化都对应有特定属性的温度值。DSC曲线随温度从低到高首先出现一个比热的变化（吸热峰），该变化被认为是典型的玻璃化转变，这一标志性热现象对应的温度称为玻璃化转变温度（T_g）。DSC曲线中接着出现的第二个特征热现象是材料加热过程中因析晶释放熔融焓而形成的放热峰（T_p）。材料受热析晶时，其结构将处于更为有序的状态，需要放出热量使体系能量降低。因此，当材料从能量相对较高的无序热力学状态转变为能量相对较低的有序热力学状态时，会释放出这两种状态之间的能量差的能量。一个放热峰通常只代表形成单一晶相的析晶过程，有些曲线会出现多个放热峰，这些峰可以重叠也可以不重叠，这是由于形成了多个晶相。最后DSC曲线出现一个吸热峰，这是由于加热过程中晶体的熔融形成的，也可以是因为熔体冷却过程中形成了晶体，或者是样品在DSC测定前预先进行了热处理，已经存在于样品中的晶体发生固－固转变，或者在加热过程早期形成的新相发生固－固转变都会形成吸热峰。这个峰谷显示了至少一个相的熔化，和析晶一样也可以通过计算曲线下的面积来测算反应热。

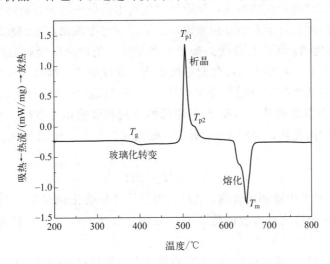

图14.3　铋硼酸盐玻璃的DSC曲线

5.2 热效应

图14.4为某镁合金的DSC曲线，测试过程为先升温、再降温，显然加热曲线上的吸热峰在冷却曲线上将为放热峰。图中可以看出升温热流曲线存在一个吸热峰，降温热流曲线存

在一个放热峰，分别代表试样在二次重熔过程中原始相与共晶相由固相转变为液相以及由液相凝固为固相的熔化热随温度的变化情况。由于升温速率一定，所以相的熔化量可以通过系统所吸收的熔化热求得。据斯派尔公式，从理论上讲，DSC 曲线中峰面积（S）的大小与试样所产生的热效应（Q_p）大小成正比，即

$$S = KQ_p \tag{14.1}$$

式中，K 为比例常数。

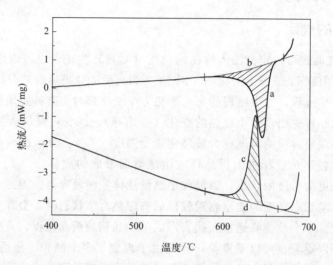

图 14.4　镁合金 DSC 曲线
a—升温 DSC 曲线；b—升温基线；c—降温 DSC 曲线；d—降温基线

　　将未知试样与已知热效应物质的差热峰面积相比，就可求出未知试样的热效应。如果我们以冷却的方式测定材料的差热曲线，从曲线上便可求得单一液相开始转变为一个液相和一个固相共存的转变温度。对于差热分析来说，为了减少过冷现象，人们常先做加热曲线。利用 DSC 曲线计算熔化热，可以在曲线上确定一条基线，把熔化所吸收的热与开始熔化前由于升温吸收的热区分开。此基线与峰的起始段拐点处切线的交点即试样开始熔化点，而峰的终止段拐点处切线与基线的交点则为完全熔化点。利用仪器自带的分析软件或者 Origin 作图软件计算从起始点温度到某一温度 T 对应峰曲线到基线的积分面积，可以得到各温度下的固相转化为液相的熔化热，如图 14.4 所示。根据式(14.2)，可以计算在某一温度下所熔化的质量分数：

$$f_L = \Delta H_T / \Delta H \tag{14.2}$$

　　式中，f_L 表示样品中液相的含量；ΔH_T 表示从开始熔化到温度 T 样品所吸收的熔化热；ΔH 表示试样完全熔化所吸收的熔化热；固相分数 $f_S = 1 - f_L$，同理也可根据冷却曲线算出固相分数。

　　根据 DSC 积分面积，按式(14.2) 计算的某镁合金加热过程中的液相分数、冷却凝固过程中的固相分数随温度的关系如图 14.5 所示。

6　实验总结

　　材料同步热分析适用于各种状态的金属、高分子及无机非金属材料的热性能及热力学参

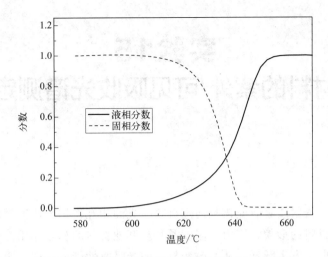

图 14.5　镁合金液相分数、固相分数与温度的关系

数的检测分析。测试中要合理选择样品坩埚、反应气氛、保护气等实验条件。在测量的温度范围内，要保证测试的样品及其分解物绝对不能与样品坩埚、样品支架或热电偶发生反应。如不确定，请使用其他单独的炉子试烧。保持样品坩埚的清洁，应使用镊子夹取，避免用手触摸。应尽量避免在仪器极限温度（1600℃）附近进行长时间恒温操作。试验完成后，必须等炉温降到150℃以下后才能打开炉体，防止支架损坏。试样量过少时，热流峰不明显，试样量过多，则特征温度存在偏差。仪器的最大升温速率为 50K/min，最小升温速率为 0.1K/min，一般使用的升温速率为 10～30K/min，不同升温速度测得的结果存在差异，升温速度越大，特征温度值的漂移越厉害。根据不同升温速度的测试结果可根据相关热力学原理进行热动力学参数的分析计算。测试前需要进行基线测试，曲线分析也需要合理做出基线位置。一般每隔一个月要重新测试基线，每年或测试有偏差时需用标样对仪器进行温度和灵敏度校正。

实验15
材料的紫外/可见吸收光谱测定

1 概述

测量材料反射、透射或吸收光谱是通过材料与光的相互作用来研究材料性质的最基本方法之一。我们知道材料的形貌、应力、温度及其与其他材料的相互作用等都可能影响材料微观结构中的声子和电子发生跃迁，从而改变材料的光吸收性能。这样，通过测量材料的吸收光谱就便于我们了解材料更多的性质。紫外/可见光把具有一定电子结构的材料中分子或离子的价电子从基态激发到更高的能级，依据样品选择性地吸收特定波长的光形成的光谱进行材料的定性和定量分析，根据样品吸收光的强度变化及其波长，可以获得待测样品的最大吸收波长、吸收系数和光吸收物质的含量等相关信息。相比红外吸收光谱，紫外/可见吸收光谱的激发能量更高，能引起材料中价电子的跃迁，据此能了解材料中分子、离子的电子结构。紫外/可见光分光光度法在科学研究和生产实践中具有广泛的应用，如测定滤光片和其他光学元件的光谱，溶液浓度测定，反应动力学的测定与观察，油漆、染料、涂料的颜色测量，食品和食品颜色分析，药品的多组分分析，过渡金属离子的着色分析，荧光材料的发光性能分析，材料禁带宽度测定及电子结构分析等。分光光度法是测量透射光和反射光强度的最常用的光谱方法之一。紫外/可见分光光度计所检测的典型光谱涵盖从近紫外线（波长200nm）到近红外（短波波长1100nm）的较宽波长范围，常用的仪器有单光束光度计、双光束光度计以及多光束光度计等。

本实验的目的是：①通过实验了解吸收光谱的原理及在材料定性分析中的应用。②掌握紫外/可见分光光度计的构造及使用方法。③熟悉比尔-朗伯定律的应用及吸收光谱定量分析方法。

2 实验设备与材料

2.1 实验设备

吸收光谱通常用分光光度计来测定，分光光度计一般有单光束、双光束及多光束等几种类型，单光束型仪器成本较低但测量光谱范围和检测能力有限，而双光束型成本较高，具有多个光源和探测器，能够检测的光谱范围更广并配置多样化附件，能满足各类实验和不同类型的样品。图15.1分别显示了单光束及双光束分光光度计主要组成部件，通常主要由五部分组成：①光源。可覆盖拟检测的紫外/可见光区域。一般情况下可使用气体灯（如氙灯），或两种不同灯的组合（如钨灯/氘灯）。②样品架。用于放置样品。液体样品置于比色皿中，固体样品可以放置在适当的支架中，置于分光光度计的光路中用于检测。③色散元件。将光按不同的波长分布形成单色光。色散元件可以是石英棱镜或衍射光栅，即能够衍射光、具有周期性结构的光学元件。④检测器。各单色光透过样品后的强度用合适的探测器如光电倍增管、多通道阵列［如光电二极管阵列（PDA）或 CCD（类似于数码相机］记录。PDA 和 CCD 探测器都使用光敏半导体材料将光转换成电信号由仪器记录下来。⑤计算机。仪器操作界面显示并记录吸收光谱数据，数据分析处理等。

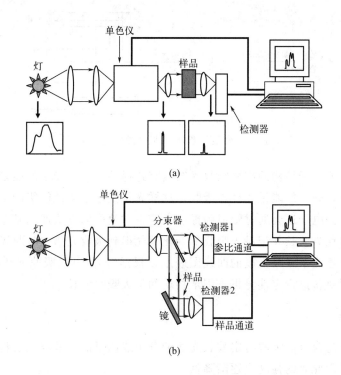

图 15.1　分光光度计结构

（a）单光束分光光度计；（b）双光束分光光度计

2.2　实验器材

亚甲基蓝（待测样品）、分析纯 $TiCl_3$、去离子水、容量瓶、石英比色皿、玻璃棒等。

3　实验原理

3.1　吸收光谱

光是一种具有能量的电磁波，波长越短，光子的能量越大，光子的能量 E 与波长 λ 的关系为 $E = ch/\lambda$（其中 c 为光束，h 为普朗克常数）。从宏观的角度看，当光照射物质时，它可以被散射（弹性或非弹性）、吸收或透射。光与物质的这种相互作用取决于物质的物理、化学和结构性质以及入射光子的强度和能量，能量不同的光子在物质中产生不同的激发。紫外和可见光区域的光子更有可能与原子的外层电子相互作用，将它们激发到更高的能级并产生激子。在紫外/可见光下，电子被从占据的最高分子轨道上激发到未占据的最低分子轨道，电子能级从较低能级跃迁到较高能级。有机化合物的紫外-可见吸收光谱是由分子中价电子能级跃迁产生的，形成单键 σ 电子，双键的 π 电子，未成对的孤对 n 电子，如图 15.2 所示。

外层电子吸收紫外或可见光辐射后，就从基态跃迁到激发态，四种类型的跃迁所需能量大小为 n→π*＜π→π*＜π→σ*＜σ→σ*。无机化合物的紫外/可见光吸收主要是由于 d-d 配位场跃迁、电荷转移跃迁、半导体的直接跃迁和间接跃迁等形式的电子跃迁。

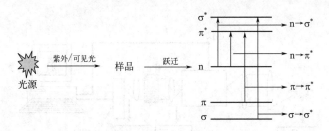

图 15.2　典型的紫外-可见光激发电子跃迁

具有特定离子或分子结构的物质吸收光线具有选择性，只有光子的能量等于价电子两个允态之间的能级差，光子的能量才会被吸收，这样光子把电子从低能级的基态激发到高能级的激发态，被激发的电子还会通过辐射弛豫或者非辐射弛豫的方式回到基态，如果连续改变入射到物质上的单色光波长并记录光吸收的变化就能得到吸收光谱。吸收光谱通常用横坐标为波长、纵坐标为透光率或吸光度的曲线图表示，根据紫外/可见吸收光谱的特征吸收峰和摩尔吸收系数可对材料进行定性分析，测定物质的最大吸收波长。

3.2　吸收定律

由于一束光通过含有能吸收特定波长光线的分子或离子的溶液时，会将能量传递给其中的分子或者离子，因此光的强度会逐渐降低。

强度为 I_0 的入射光线透过厚度为 l（光路长度）的小池，透射光的强度（I）符合比尔-朗伯定律

$$I = I_0 e^{-\alpha' Cl} = I_0 10^{-\alpha Cl} = I_0 10^{-A} \tag{15.1}$$

式中，C 为吸收介质的浓度；A 为样品的吸光度或光密度（$A = \alpha Cl$）；α 称为摩尔消光系数或摩尔吸收系数（$\alpha = \alpha'/\ln 10 = \alpha'/2.303$），与光的波长、吸收介质的结构、取向和环境有关。

吸光度 A 是一个无量纲的量，因此，如果 C 的单位是摩尔浓度（$1M = 1mol \cdot L^{-1}$），l 的单位是 cm，则 α 的量纲必然是 $M^{-1} \cdot cm^{-1}$。定义透光率 $T = I/I_0 \times 100\%$，那么吸光度 A 与透光率的关系为 $A = -\lg T$。

从光源辐射出的光，经过波长选择器成为单色光，当单色光通过待测溶液时，被溶液中具有一定特征吸收的化合物吸收，因为吸光度 A 与待测物浓度 C 的关系符合比尔-朗伯定律，当光路长度 l 与吸收系数 α 一定时，吸光度 A 与溶液中待测物浓度 C 成正比，因此可进行定量分析，如测定待测物的吸收系数、浓度等。浓度可采取工作曲线法进行测定：配制十个以上浓度的标准溶液，以空白溶液（或溶剂）为参比溶液，同时用空白溶液（或溶剂）的吸光度进行校正，在规定波长下，分别测定这些标准溶液的吸光度。以标准溶液浓度 C 为横坐标、相应的吸光度 A 为纵坐标绘制工作曲线。在上述同样条件下测定样品溶液的吸光度，并在工作曲线上查找出待测样品的浓度，如图 15.3 所示。待测物的浓度应在工作

曲线范围内。也可以根据测定的标准溶液的吸光度进行回归分析，得到浓度与吸光度的函数关系，再用于待测溶液的确定。

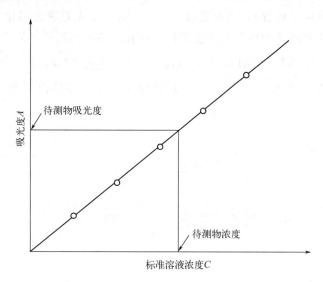

图 15.3　工作曲线法测定待测样品的浓度

3.3　吸收光谱仪

紫外/可见分光光度计可按光谱检测光学系统组成元件的几何配置进行分类。以下两种配置通常用于紫外/可见光谱：扫描式分光光度计和阵列式分光光度计。传统扫描分光光度计的工作原理是检测各种波长单色光的透过率。首先利用反射光栅将光分散成各单一波长光。光栅旋转分别选择各波长的光使其通过样品池，并记录每一特定波长光的透过率。通过光栅不断旋转改变入射到样品的光波长（即扫描）就得到整个光谱。由于光栅必须由马达机械旋转实现波长变换，扫描型分光光度计完成全谱扫描需要花一定的时间，该扫描过程波长选择的准确性和再现性取决于分光光度计的扫描速度。阵列式分光光度计中，一束由紫外/可见光范围内所有波长光组成的连续光束通过样品，也就是说样品池中的样品同时吸收不同波长的光，透射光被位于样品池后面的反射光栅衍射。这种设计也称为"反向光学"，即光通过样品后才被光栅衍射，随后不同波长的衍射光被导向检测器上，该检测器的长阵列光敏半导体材料能够同时检测透射光束的所有波长。因为这种配置将所有波长同时记录，检测紫外/可见光全光谱通常比传统的扫描分光光度计速度更快。此外，阵列检测器还具有积分功能，可以累积各个测量值以增强信号，从而大大提高信噪比，改善检测光谱的信号质量。阵列式分光光度计提供了一种基于反向光学技术的全光谱快速扫描新方法，无须移动光学部件的稳健设计即能确保仪器具备良好的光学性能。积分球是一种空心球，内部涂有硫酸钡，这是一种漫反射白色涂料，在 $450 \sim 900nm$ 反射率大于 97%。球体内部被阻挡，以阻挡直接的和第一次反射的光线。积分球被用作均匀辐射源和测量总功率的输入光学元件。通常情况下，灯被放置在球体内部以捕捉任何方向发出的光。

测量吸收光谱的分光光度计通常包括一个连续光源、一个用于白光色散和窄带波长选择的单色仪（见图 15.4）。截光器通常是一面旋转镜，其扇区交替地发射和反射光束，这样光电探测器交替地记录通过样品或参比池的光束强度。图中单色器包括一个可旋转的衍射光栅（图中阴影部分）、两面曲面镜、两面平面镜、调节光谱分辨率的进出口狭缝、PD 光电探测器（光电倍增管或光电二极管）。一束光透过样品，另一束光是通过参比（空白）池。用光电倍增管或其他探测器测量的两束光的强度用于计算样品不同波长下的吸光度，即

$$\Delta A = \lg_{10}(I_0/I_s) - \lg_{10}(I_r/I_s) = \lg_{10}(I_r/I_s) \tag{15.2}$$

式中，A 为样品吸光度；I_0、I_s、I_r 分别为入射光、样品出射光、参比样出射光的强度。

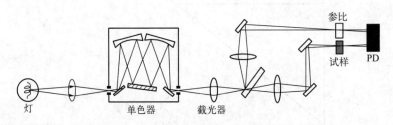

图 15.4　分光光度计的仪器组成

测量参比信号可使仪器扣除溶剂和样品池壁的吸光度。正确选择参比样还可以减少浑浊样品散射光损失带来的误差。

4　实验内容

4.1　实验准备

4.1.1　制样

高端的分光光度计配置一些附件用于各种类型样品如固体薄膜、溶液、粉末等，按不同的方式进行检测。测定紫外/可见吸收光谱，样品应该具有一定透明度，完全不透光的样品检测不到数据。固体样品应该光滑平整无瑕疵，厚度要一致且表面粗糙度应较低，样品大小应该完全遮挡固体样品架的光路。

化学试剂类液体样品的溶质应该在溶剂中完全溶解，液体样品的溶剂为水时应符合GB/T 6682—2008《分析实验室用水规格和试验方法》二级水或者三级水的规格，校正仪器时配制溶液的水应符合二级水的规格。使用有机溶剂应检查其在测定波长附近是否符合要求，不得干扰吸收。检查方法：用厚度 1cm 的石英比色皿以空气为参比，在规定波长下测定有机溶剂的吸光度，在不同波长下的吸光度应符合国家标准 GB/T 9721—2006《化学试剂 分子吸收分光光度法通则（紫外和可见光部分）》的规定。定量分析用的标准样品应与待测样品同时配制，配制的溶液应均匀且无光散射现象，即不能有气泡和悬浮等影响光线吸收的物质存在。

某些条件下可能会导致吸光度随浓度的关系出现非线性而偏离比尔-朗伯定律：①浓度高的溶液，由于相邻分子间的静电相互作用，会出现摩尔吸光度偏差，导致溶液的折射率发生较大变化，化学平衡也会发生改变。这种情况下最好对样品进行定量稀释。②样品中的微粒会引起光散射，降低了样品透过率。③样品发出荧光或磷光，杂散光和/或非单色辐射到

达检测器都将导致测定的透过率出现误差。如果要进行定量分析，制样环节要避免这些因素的影响。

准备好待测溶液，浓度过大的待测溶液，用溶剂按比例稀释。以一定浓度间隔配制 4 个以上不同浓度的标准溶液，装在容量瓶中供工作曲线法定量分析用。

4.1.2　测试条件选择

选择比色皿，包括石英、硼硅酸盐玻璃或丙烯酸塑料制成的比色皿。其材质可根据测定的波长进行选择，玻璃和丙烯酸塑料因为不能透过紫外线而只能用于可见光范围的检测。测定波长为 200～350nm 时用石英比色皿，测定波长为 350～850nm 时用玻璃或者石英比色皿。若样品溶液含有易挥发的有机溶剂、酸、碱时，应加盖防止挥发，测定强腐蚀性溶液时应快速测定，测定结束后迅速洗涤比色皿。

打开仪器电源开机。打开计算机后单击仪器光谱分析软件，软件与仪器联机，仪器初始化。选择测量模式（光谱扫描、光度测定、时间扫描、定量分析等）。若选择光谱扫描，检测样品对一定范围波长光的吸收情况，对样品进行定性测量。设置检测参数：波长范围、测量模式（透光率、吸光度）、扫描速度（快速、中速、慢速）、数据间隔。

4.2　实验过程

4.2.1　仪器校正

光源发出的所有波长的光的强度并不相等，而检测器的响应与光的波长、反射镜、窗口、光栅有关，分光光度计光路中的其他光学元件的效率随光子能量的变化而变化。因此，我们需要知道所有这些因素将如何影响检测器的读取值。这些因素对光谱会产生样本以外的影响，也就是基线。除了基线对光谱的影响之外，透光率的另一个误差来源是检测器在黑暗条件下的非零响应，即暗电流。因此，检测之前需要对分光光度计进行基线校正和暗电流校正，基线和暗电流可能会随着仪器的使用而缓慢发生变化，所以最好是在每次测量时进行基线和暗电流校正。

首先进行检测器的暗电流校正，方法是将不透明样品（如黑色塑料块）放在样品槽上将光路遮挡后进行检测。然后进行系统基线校正，需要通过检测已知样本进行，如果待测样品是薄膜或者固体块状样品，可不放任何空白样品即空气背景下测量来校正基线。如果待测样品有基体或溶剂，需要用纯净基体或纯溶剂（空白溶液）进行基线测量。虽然暗电流和基线校正补偿了分光光度计各元件的光谱不均匀性以及基体材料或溶剂对光谱的贡献，但不能补偿光源强度或其他系统误差带来的波动，双光束分光光度计能较好地解决这一问题。

4.2.2　测试过程

（1）波长扫描。根据实验要求，检查设置的检测参数。在检测光路中放入待测样品，单击软件中的开始扫描按钮完成样品波长扫描检测。选择保存路径保存数据文件或者谱图。对于多联池测量系统，可一次性放入空白试样、系列待测样后编辑试样名称，开始测量后会依次自动完成各个试样的检测。

（2）光度测量（定点测量）。根据波长扫描模式测定的吸收光谱确定最大吸收波长，设置吸收波长等检测参数。放入待测样品以完成样品的吸光度（或透过率）的测量。选择保存路径保存测量结果。

（3）定量分析。按一定浓度间隔配制四个以上标准溶液，在同样条件下测定它们的吸光度值。进入软件定量测量界面，设置吸收波长等检测参数并输入标样的浓度值。在样品室内放入装有空白溶液的比色皿自动校零。将样品室的空白溶液换成标样，检测标样的吸光度值。所有标样测量完毕后，将标样换成待测样品，检测样品的吸光度值。选择保存路径保存测量结果。根据标准样品检测结果或输入特定的系数建立工作曲线后确定待测样品的浓度值。对于配置多联池样品室的光度计，可一次性放入空白试样、系列标准溶液样品并输入浓度值，依次自动完成各个试样的检测建立工作曲线。

5 结果分析与讨论

5.1 定性分析

紫外/可见光谱可以用于鉴定样品中存在的组分。根据吸收峰的位置和峰形可以鉴定特定的化合物。光谱中峰的位置反映了样品分子结构的信息。例如，分子结构中的特定官能团，如碳氧（C＝O）或碳碳双键（C＝C），芳香环能吸收特定的特征波长。如图 15.5 为不同浓度的亚甲基蓝溶液的紫外/可见吸收光谱，亚甲基蓝最大吸收波长是 664nm，吸收峰强度随溶液浓度增加而依次增加。光谱中峰的位置和形状可以提供样品分子微观环境的信息。例如，样品溶液中杂质或其他溶剂的存在对峰的位置和形状有影响。由于溶液中杂质的存在，吸收峰可能更宽，或者峰位置发生偏移。

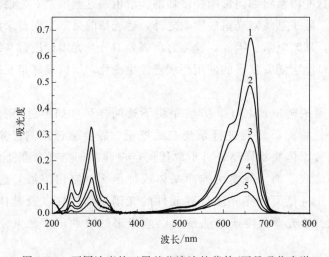

图 15.5　不同浓度的亚甲基蓝溶液的紫外/可见吸收光谱

例如，图 15.6 为水合离子 $Ti^{3+}(H_2O)$ 的紫外/可见吸收光谱，Ti^{3+} 在 $400\sim700nm$ 处出现一个宽化的吸收峰，用高斯函数进行多峰拟合，可以得到分别位于 515nm 和 618nm 的两个吸收峰。Ti^{3+} 的电子构型为 $3d^1$，能够发生电子能态的 d-d 跃迁。在八面体或四面体场中，^2D 基态分裂为 ^2E 和 $^2T_2$ 态。其中 $^2T_2$ 态进一步分裂为 3 个 $^2B_{2g}$ 态，^2E 激发态进一步分裂为 A_{1g} 和 B_{1g} 态。对于压缩的八面体 d^1 离子，其基态为 B_{2g}。因此在 515nm 和 618nm 处的光吸收可分别归因于 Ti^{3+} 的 $^2B_{2g}\rightarrow{}^2A_{1g}$ 和 $^2B_{2g}\rightarrow{}^2B_{1g}$ 价电子跃迁。

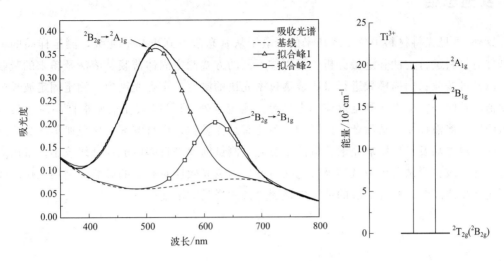

图 15.6　水合离子 $Ti^{3+}(H_2O)$ 的紫外/可见吸收光谱

5.2　定量分析

　　吸收峰可以用来对样品进行定量分析，通过峰的吸光度值可以计算出样品的浓度。按 $0.5\mathrm{mg/L}$ 浓度间隔配制 10 个亚甲基蓝稀溶液，在同样条件下测定它们的吸光度值，做出吸光度 A 与浓度 C 的散点图，对这些数据点进行线性拟合，得到如图 15.7 所示的亚甲基蓝标准溶液的工作曲线，在同样条件下测得的未知浓度的亚甲基蓝溶液的吸光度值可在拟合直线上找出其对应的浓度值。也可将吸光度值直接代入拟合方程式中计算出未知亚甲基蓝稀溶液的浓度。不过未知浓度值如果超出了工作曲线上标准溶液的浓度范围，结果会有误差，必要情况下，要增加工作曲线数据点，使标准溶液浓度范围涵盖待测溶液浓度。

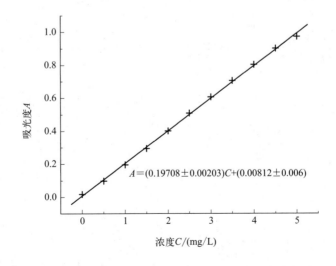

$$A=(0.19708\pm0.00203)C+(0.00812\pm0.006)$$

图 15.7　亚甲基蓝标准溶液工作曲线

6　实验总结

　　紫外/可见光将材料中分子或离子的价电子从基态激发到更高的能级，测定样品的吸收光谱并对材料进行定性和定量分析。可以按不同的方式测定固体薄膜、溶液及粉末的吸收光谱。测试可按波长扫描模式进行吸收或透过率光谱的测定、定点光度模式测定固定波长的吸光度值，及时间扫描模式测定反应动力学等。测定紫外/可见吸收光谱要求样品应该具有一定透明度，溶液样品要消除杂质的影响，不能有悬浮颗粒，而且溶剂、比色皿等本身不能影响光线透过样品及产生影响光谱读取的杂散光。测试前要进行暗电流和基线校正，采用双光束光度计等减少测试过程中试样吸收光线后发生的荧光效应对测定的影响。利用工作曲线定量测定样品浓度时，标准溶液的浓度应该涵盖待测样品的浓度范围。

实验16
荧光材料的发光性能测定

1 概述

在某种程度上,材料发光是与材料光吸收相反的过程。材料吸收光子使其电子能级从基态迁至较高能级的激发态,当处于激发态的电子回到较低能级时,某些具有荧光效应的材料通过自发辐射弛豫释放能量而发光。总的来说,发光是某一系统由某种形式的能量激发而发射出光子的现象,发光主要是一种退激发过程,材料发光过程根据其机制不同可以有光致发光、电致发光、阴极发光、化学发光等多种。光致发光过程包括光激发物质的各种弛豫过程。因此,脉冲光激发后的光谱形状、时间相关性以及发光强度随时间的分布是研究激发态动力学的重要信息。荧光光谱是研究材料中电子激发态的重要手段,一般包括发射光谱和激发光谱。发光材料的发射光谱是指发光的强度按波长或频率的分布,而激发光谱是指发光的某一谱线或谱带的强度随激发光波长(或频率)变化的关系曲线。检测发射光谱是通过将激发波长固定,扫描发射单色器并检测不同波长下的发射光强度。检测激发光谱是将发射单色器固定在某一发射波长,而扫描激发单色器在一定光谱范围内的激发波长并检测激发光强度。时间分辨光谱能够让我们了解在飞秒的时间尺度内的材料中电子、声子、自旋等的动力学特征,时间分辨测量提供了关于荧光寿命的直接信息,时间分辨光谱的测试技术包括基于电子器件的电学方法、基于非线性光学的光学方法两类。材料发射光谱、激发光谱和荧光寿命的检测在物理学、化学、生物学等领域具有广泛的应用,成为半导体照明(LED)材料开发、稀土离子掺杂发光材料性能分析、荧光探针的重要工具。

本实验的目的是:①了解材料荧光产生的机理和荧光光谱相关的概念,荧光光谱仪的基本原理和构造;②掌握采用相应光谱分析法进行发光性能测试的方法和操作技能;③掌握光谱数据的分析处理方法。

2 实验设备与材料

2.1 实验设备

图 16.1 为荧光光谱仪主要部件组成示意图,荧光激发和发射光谱通常用两个单色仪测量。荧光光谱仪一般包括:①光源灯(用来激发样品,也可以用激光来代替灯和激发单色器,一般采用氙灯做光源);②激发单色器或激光束(位于光源灯和样品之间,激发波长可由吸收光谱确定);③样品架;④发射单色器(位于样品和光检测器之间,分离荧光波长);⑤聚焦透镜(收集发射光);⑥光检测器(光电倍增管将入射荧光光子转换为电信号);⑦参比通道(产生与样品上入射光强度成正比的电信号);⑧仪器计算机系统。

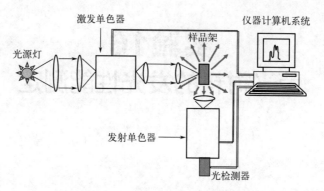

图 16.1　荧光光谱测量仪的主要部件组成

时间分辨荧光检测仪主要由以下几部分构成：①激发源（激光、闪光灯、同步辐射）；②样品室（含激发光和荧光的聚焦透镜）；③检测器（将荧光转换为电信号）；④检测器输出处理装置（分为脉冲激励和相位调制两种类型）。

2.2　实验器材

待测试样（稀土掺杂荧光玻璃片）、比色皿、粉末装样皿。

3　实验原理

3.1　激发光谱与发射光谱

发光在某种意义上与吸收相反。简单的两能级原子系统是在吸收一定频率的光子后进入激发态的，这个原子或分子系统可以通过光子的自发发射回到基态，这种退激过程叫作发光。发光过程要求在电子能带或缺陷结构的电子态中有非平衡的载流子浓度。如果非平衡是由光照射获得的，那么这种辐射复合称为光致发光，然而光吸收只是激发系统的多种机制之一。一般来说，荧光是系统被某种形式的能量激发所发出的光，如果是通过电子激发方式获得的，那么这种辐射复合称为电致发光。

激发态和基态可用略有不同的势能剖面线（其自身的振动能量多样化）来表征，如

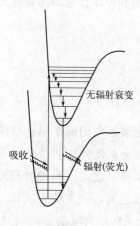

图 16.2　荧光产生过程

图 16.2所示。吸收辐射能量后原子系统的能级垂直跃迁到一较高的振动态。激发态有时间（因为退激态为自旋禁戒）通过耗散部分声子能量进行热弛豫，降低到多重激发态的最低振动能级，并经历垂直退激后从那里回到基态振动多重态的某一激发态。如果撤走辐照源，发射仍然存在，这样便形成了磷光。但如果撤走激发辐射后，退激在大约 10^{-8} s 内停止，则产生的低能量发射称为荧光。分子能级比原子能级复杂，在每个电子能级上都存在振动、转动能级，分子也可以通过辐射光子回到某个振动、转动能级从而产生荧光。在此过程中，π^* 反键轨道中的电子通过量子跃迁回到半填充的 π 键轨道发射出光子。

发光材料的发射光谱（也称发光光谱）是指发光的强度按波长和频率的分布。由于发光的绝对能量不易测量，通常测定都是

发光的相对能量，因此在发光光谱图中，横坐标为波长（或者频率），纵坐标为单位波长间隔（或单位频率间隔）里的相对能量（相对强度）。激发光谱是指发光的某一谱线或谱带的强度随激发光波长（或频率）变化的曲线，横轴代表激发光波长，纵轴代表发光的强度。发光材料在指定方向的单位立体角内所发出的光通量称为发光材料在该方向的发光强度，简称光强，单位为坎德拉（cd）。激发光谱反映不同波长的光激发材料产生发光的效果，它表示发光的某一谱线或谱带可以被什么波长的光激发、激发的能力大小，也表示用不同波长的光激发材料时，使材料发出某一波长光的效率。

3.2　荧光光谱检测

图 16.3 为常见光致发光测量系统。灯用来激发样品，其后是单色仪（激发单色仪）或激光束。荧光激发和发射光谱通常用两个单色仪测量，一个在激发光源和样品之间，另一个在样品和光电检测器之间。从氙灯光源发出的紫外和可见光经过激发单色器分光后，再经分束器照到样品表面，样品受到该激发光照射后发射荧光，发出的荧光被聚焦透镜收集，并经第二支单色器（发射单色仪）进行分光，再经荧光端检测器的光电倍增管倍增后转换成相应电信号，再经放大器放大反馈进入 A/D 转换单元，将模拟电信号转换成相应数字信号，并通过显示器或打印机显示和记录被测样品谱图。另有一个光电倍增管位于监测端，用以倍增激发单色器分出的经分束后的激发光。为了测量高分辨率的激发光谱，使用单色仪结合光电倍增管进行发光检测。仪器可以测量发射光谱和激发光谱两种光谱：①发射光谱中，激发波长是固定的，通过扫描发射单色器来测量不同波长的发射光强度。②激发光谱中，发射单色器是固定的，在任意发射波长，激发波长在一定的光谱范围内被扫描。

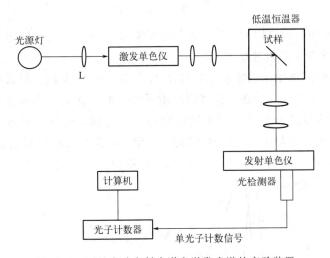

图 16.3　测量光致发射光谱和激发光谱的实验装置

3.3　时间分辨荧光

任意时刻 t 的激发中心密度，即

$$N(t) = N_0 e^{-A_T t} \tag{16.1}$$

式中，N_0 为 $t=0$ 时的受激中心密度；A_T 为衰减总速率（或总衰减概率），包括辐射速率 A 和非辐射速率 A_{nr} 两部分，即

$$A_T = A + A_{nr} \qquad (16.2)$$

事实上，在给定时间 t 的发射光强度，$I_{em}(t)$，与单位时间内的退激中心的密度成正比，所以可以写为

$$I_{em}(t) = CAN(t) = I_0 e^{-A_T t} \qquad (16.3)$$

式中，C 为比例常数，因此 $I_0 = CAN_0$，为 $t=0$ 时的强度。

式(16.3) 符合发射强度的指数衰减定律，其寿命 τ 为衰减总速率的倒数，即

$$\tau = \frac{1}{A_T} \qquad (16.4)$$

该寿命表示发射强度 I_{em} 衰减到 I_0/e 的时间，它可以由线性曲线 $\lg I_{em} \sim t$ 的斜率得到，也可以通过数据的单指数衰减函数拟合得到。由于 τ 是由脉冲发光实验测得的，所以称为荧光寿命或发光寿命。必须强调的是，这个寿命值给出了总衰减速率（辐射速率加上非辐射速率）。因此式(16.2) 通常写为

$$\frac{1}{\tau} = \frac{1}{\tau_0} + \frac{1}{\tau_{nr}} \qquad (16.5)$$

式中，$\tau_0 = 1/A$，称为辐射寿命，对于纯辐射过程（$A_{nr} = 0$）测量的是发光衰减时间。

由于非辐射速率不同于零，通常情况下 $\tau < \tau_0$。因此，量子效率 η 也可以用辐射寿命 τ_0 和发光寿命 τ 来表示，即

$$\eta = \frac{A}{A + A_{nr}} = \frac{\tau}{\tau_0} \qquad (16.6)$$

由式(16.6) 可知，如果用独立实验测量量子效率，则可以通过测量发光衰减时间来确定辐射寿命 τ_0（从而获得辐射速率 A）。

测量发光衰减时间所使用的实验装置与图 16.3 所示设备类似，但必须用脉冲光源（或者使用脉冲激光），而且检测器必须连接到时敏系统，如示波器、多道分析仪或矩形波串积分器。也可以记录激发脉冲被吸收后不同时间的发射光谱，这种实验方法称为时间分辨发光。这种技术的基本思想是在一定的延迟时间 t_d 记录有关激发脉冲在选通时间 t_g 内的发射光谱（图中阴影部分），如图 16.4 所示。因此，可以得到不同延迟时间下不同形状的光谱。

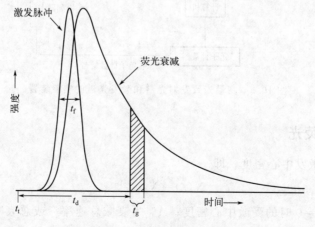

图 16.4　发光的时间衰减

图 16.5 为结合时间分辨光子计数系统（分辨率约为 50ps）的时间分辨发光测量系统。此外，利用超快扫描相机系统和上转换方法可以获得光致发光的超快（小于 1ps）时间分辨率。

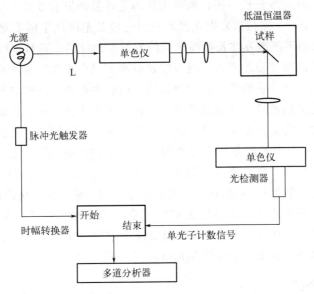

图 16.5 时间分辨发射光谱测量的实验系统

4 实验内容

4.1 实验准备

4.1.1 制样与装样

薄膜试样可以直接固定在样品台上进行测试。粉末样品可放入专用石英玻璃样品容器中将其填满，拧紧旋盖，放入样品台上进行测试。固体直接夹持在样品座中进行测试。液体试样应放入专用的液体样品槽中，一般用透明比色皿或者塑料管装样。精确测量荧光激发或发射光谱要求充分稀释样品，这样只有极少的一部分入射或发射光被吸收。

4.1.2 开机

实验室温度应保持在 $15\sim30℃$，湿度应保持在 $45\%\sim70\%$。确认样品室内无样品后，关上样品室盖。打开仪器电源开关，待风扇正常运转；打开 150W 氙灯光源灯。打开计算机及仪器软件，等待光谱仪自检。打开样品室盖子，选择相应的样品支架，放入待测样品，盖好样品室盖子。

4.2 实验过程

4.2.1 激发光谱的测试

首先进行仪器参数设置。①选择光谱类型为激发（excitation）光谱。②设置发射（emission）单色器的发射波长 λ_{ex}，多数情况下荧光光谱仪的激发带通设置为 4nm，除非荧光光谱存在很窄的振动峰。激发光谱通常类似于吸收光谱，一般可以根据紫外/可见吸收光谱的最大吸收波长设置发射波长，因为被激发分子在发出荧光之前将一部分能量以热的形式转移到环境中（非辐射弛豫），因此发射光谱向长波方向移动，即斯托克斯（Stokes）位移，发射峰相应地比吸收峰的波长长一些。如果无法确定样品的发射波长，一般可先设定激发波长为较低值（如 200nm），先扫描发射光谱，发射光波长范围的下限要略高于激发波长（如210～900nm）；如果用不同激发波长扫描得到的发射光谱峰的位置基本稳定，由于荧光峰的位置是不随激发波长的改变而改变的，测得的发射峰可以设置为发射波长进行激发光谱的测量。需要说明的是倍频峰（是激发波长的整数倍）或者半频峰（发射波长的一半）不能作为发射光谱或者激发光谱的谱峰。③设置激发光波长范围及步长，输入扫描的起始波长和终止波长，激发光波长的最大值要略小于设定的发射光波长，测试扫描的波长范围最好能使荧光强度降低至趋近于 0。由于大部分仪器都使用步进电机扫描单色器，步长就显得格外重要。要获得良好的光谱分辨率，应设置步长最大不超过 1nm。每一步长的积分时间要足以获得高信噪比，通常积分时间为 0.5s 或 1s。④设置记录范围。输入纵坐标的最小和最大显示值。⑤设置扫描速度。⑥分别选择激发和发射狭缝宽度，如果样品荧光弱而且瑞利散射可以避免，那么可以通过适当增加发射单色器的狭缝宽度来增强荧光信号。参数设置完成后，开始光谱测试。选择存储路径和文件格式保存光谱数据文件。

4.2.2　发射光谱测试

仪器参数设置：①选择光谱类型为发射光谱。②设置激发波长，通常根据激发光谱的最强峰确定激发波长。③设置发射光波长 λ_{em} 范围，输入扫描的起始波长和终止波长，发射光波长最小值要大于激发光波长，因此荧光扫描的起始波长一般要比激发波长 λ_{ex} 大 10nm，这样可以避免光谱中出现散射光杂峰。④设置记录范围，输入纵坐标的最小和最大显示值。⑤设置扫描速度。⑥设置狭缝宽度。可分别选择激发和发射狭缝宽度。对于发光较弱的样品，测试时可以适当增大狭缝宽度。参数设置完成后，开始光谱测试。同样，发射光谱的倍频峰（峰中心波长是激发波长的整数倍）不能作为发射光谱或者激发光谱的谱峰，选择存储路径和文件格式保存光谱数据文件。

4.2.3　瞬态荧光寿命测定

打开灯电源；打开计算机进入仪器操作界面，设置激发波长、发射波长，将激发和发射的狭缝均设置为 0.01nm，进行确认。选择光源灯并设置为微秒灯，设置检测器为默认设置；打开样品室的盖子，选择相应的样品支架（液体/前表面样品支架），放入待测样品，盖好样品室盖子。设置窗口内输入相应的激发波长和发射波长。调整激发侧和发射侧狭缝。进入荧光寿命测试，选择手动测量，设置激发波长、增幅。在时间范围中选择一个合适的时间窗口（通常为 10 倍的寿命值）和采集通道值。再根据样品的实际情况选择合适的停止条件，设置好后，开始测试，得到寿命衰减曲线。

5　结果分析与讨论

如图 16.6 为掺杂 Sm^{3+} 氟氧化物硼硅酸盐玻璃的紫外/可见分光光度法的吸光光谱。可以看出掺杂 SmF_3 玻璃有明显的 Sm^{3+} 的特征吸收带，分别对应 $^6H_{5/2} \rightarrow {}^4H_{9/2}$（344nm）、

$^6H_{5/2}\rightarrow{}^4D_{3/2}$（360nm）、$^6H_{5/2}\rightarrow{}^6P_{7/2}$（374nm）、$^6H_{5/2}\rightarrow{}^4F_{7/2}$（402nm）、$^6H_{5/2}\rightarrow{}^4I_{11/2}$（474nm）的4f电子跃迁。

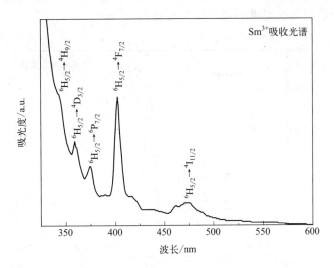

图16.6　掺杂 Sm^{3+} 氟氧化物硼硅酸盐玻璃的紫外/可见吸光光谱

　　一般来说，激发光谱的激发峰与吸收光谱的吸收峰相对应，可以根据吸收光谱确定发射光谱的激发波长。因此根据图 16.6，最强吸收峰确定激发波长 λ_{ex} 为 401nm。图 16.7 为该样品在 401nm 光激发下的发射光谱图，从图中看出在 562nm、600nm、646nm 处存在 3 个发射峰，对应于 Sm^{3+} 的 4f 电子从基态跃迁到 $^6H_{7/2}$ 激发态后辐射弛豫回到基态的过程：$^4G_{5/2}\rightarrow{}^6H_{5/2}$、$^4G_{5/2}\rightarrow{}^6H_{7/2}$、$^4G_{5/2}\rightarrow{}^6H_{9/2}$，分别产生绿色（562nm）、橙色（600nm）和红色（646nm）发射光。其中发射峰强度最高的峰对应的发射波长为 600nm 橙光。

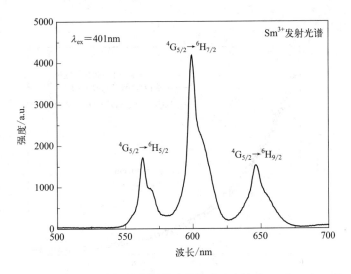

图16.7　掺杂 Sm^{3+} 氟氧化物硼硅酸盐玻璃在波长 λ_{ex} 为 401nm 的
激发光激发下的发射光谱

　　监测发射光波长 $\lambda_{em}=600nm$ 测定激发光谱为图 16.8 所示，在 300～500nm 存在 5 个激发带，分别对应于 $^6H_{5/2} \rightarrow {}^4H_{9/2}$（344nm）、$^6H_{5/2} \rightarrow {}^4D_{3/2}$（360nm）、$^6H_{5/2} \rightarrow {}^6P_{7/2}$（374nm）、$^6H_{5/2} \rightarrow {}^4F_{7/2}$（401nm）、$^6H_{5/2} \rightarrow {}^4I_{11/2}$（474nm）的 4f 电子跃迁，最强激发带对应的激发波长为 401nm。激发光谱与吸收光谱的谱峰较为相似。

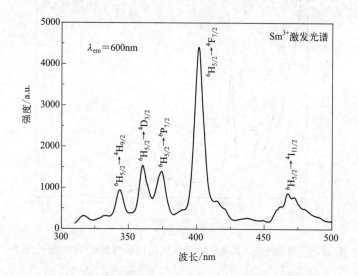

图 16.8　掺杂 Sm^{3+} 氟氧化物硼硅酸盐玻璃监测波长
$\lambda_{em} = 600nm$ 下的发射光谱

图 16.9 为上述微晶玻璃样品在激发波长 401nm，发射波长 600nm 时的寿命曲线。寿命（τ）根据以下一阶指数方程拟合计算

$$I(t) = I_0 + A\exp(-t/\tau) \tag{16.7}$$

$I(t)$ 和 I_0 分别表示时间 t 和初始时间的荧光强度，由拟合曲线得出样品的平均寿命为 2.855ms。

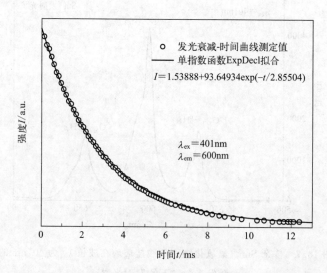

图 16.9　掺 Sm^{3+} 氟氧化物硼硅酸盐微晶玻璃的荧光衰减-时间曲线

色坐标是评价发光材料发光性能的重要指标之一。利用经强度校正的发射光谱数据和国

际照明委员会（International Commission on illumination，CIE）在 1931 年颁布的色度学标准（1931CIE），可以计算得到样品的色坐标。通常，任何用于照明的发光材料都要经过 CIE 色度坐标的检验。一般来说，任何光源的颜色都可以在这个颜色空间用（x，y）坐标表示出来。当光谱轮廓线相同时，颜色坐标就是相同的。利用 CIE 在 1931 年发布的色标和强度校准发射光谱数据，计算样品颜色坐标。通常用相关 CIE 色度坐标计算软件可以直接导入发射光谱元素数据，计算出颜色坐标值（x，y）并标注在 CIE 坐标图中，标记点的位置用具体坐标值（x，y）表示发光材料的特征发射光颜色。将发射光谱数据导入色度图软件 CIE1931xy. V.1.6.0.2 即可算出色度坐标值并导出色度坐标图。图 16.9 发射光谱的色度坐标为（0.58，0.41），如图 16.10 所示。为了分析白光的质量，采用以下 McCamy 经验公式可计算颜色相关温度（CCT）值，即

$$CCT = -449n^3 + 3525n^2 - 6823.2n + 5520.3 \qquad (16.8)$$

式中，$n = (x - 0.336)/(y - 0.186)$。

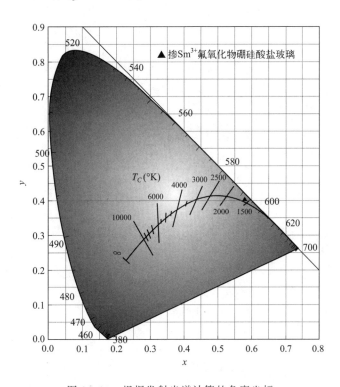

图 16.10　根据发射光谱计算的色度坐标

6　实验总结

荧光光谱仪可检测固体、薄膜、粉末及液体的稳态发射光谱和激发光谱，检测时样品要用适当的样品支架放置在样品室内。检测时要设置好仪器参数，发射光谱的激发光波长可以根据吸收光谱进行预设，因为激发光谱与吸收光谱的谱峰类似。发射光谱扫描范围的起始波长值要大于激发波长，激发光谱扫描范围的最大值要低于监测的发射波长。稳态发射光谱中的倍频峰以及激发光谱中的半频峰应作为假峰排除。合理调节狭缝宽度获得谱图强度值。瞬

态荧光寿命测试时要根据样品选择合适的光源灯。发射光谱还需要对光电倍增管和单色器组件的灵敏度与波长的相互关系进行校正，可以通过测量灯在已知温度下的表观发射光谱来实现校正。如果不同条件下溶液中溶质的谱图形状相同，只是强度发生改变就无须对仪器进行校正。此外，溶剂本身荧光、极性、化学键特征会改变化合物的荧光光谱。溶液温度、pH值也会影响光谱的测定，溶液的内滤光作用和自吸收现象会导致荧光光谱发生变化。如果扫描的波长范围很宽，测得全谱所需的时间就很长，样品可能会出现光降解，从而导致荧光信号减弱或者发生改变。如果要进行定量分析，有必要在同样条件下测试溶剂/缓冲空白溶液的光谱，并将其从样品荧光光谱中扣减。

实验17
材料的电性能测试

1 概述

电子材料包括导体、绝缘体、半导体，在当今科学技术和工程应用中扮演着重要的角色，是电气和电子设备的重要物质基础，电子材料的电性能是决定其应用的决定性因素，电性能参数的测定是评价和使用电子材料的重要前提。从材料科学的观点来看，材料的电性能表征了两个基本过程：电能传导（和损耗）以及电能储存。电导率描述材料通过传导过程输送电荷的能力，而电荷输送或传导的结果会导致电损耗。电存储是电荷储存能量的结果，这是一个介电极化的过程，材料的这种特性称为介电常数。高介电、低介电材料因其在电气电子、IT、电力等领域的重要应用一直是材料科学研究与应用开发的热点。环境影响，如温度、频率、湿度会影响介电材料的使用，因此，有必要测定材料在不同温度及电场频率的介电性能。

电性能的测试主要依据电性能参数的定义，设计合适的电路和器材进行检测。例如测量导电性能是依据伏安法原理以及电阻率、电导率等物理量的相关定义，测量电导率可以使用直流电（DC）法或交流电（AC）法。DC法通常是电压电流法，而AC法利用涡流原理。材料导电性的测量就是测量试样的电阻或电阻率，测量材料电阻更精密的测量方法有双臂电桥法、直流电位计测量法等，而四探针法则是目前检测半导体电阻率的一种广泛采用的标准方法。介电常数则依据平行板电容的定义进行测定。数据要结合载流子传输理论、能带理论以及材料的结构理论进行正确分析。

本实验的目的是熟悉材料电性能的基本概念及其测试基本原理，掌握半导体材料导电性、介电性能的测试方法。

2 实验设备与材料

2.1 实验设备

SX1944四探针测试仪：仪器分为主机和测试架两部分，其中主机部分由高灵敏度直流数字电压表（由调制式高灵敏直流电压放大器、双积分A/D变换器、计数器、显示器组成）、恒流源、电源、DC-DC变换器组成。为了扩大仪器功能及方便使用，还设立了单位、小数点自动显示电路、电流调节电路、自校电路和调零电路。探针为碳化钨所制成，探头内有弹簧压力装置，测试架内有高度粗调、细调及压力自锁装置。如图17.1为仪器的组成。

介电常数测试仪：通常采用几何形状为平行板或圆柱形的电容，其电容为10pF至几百

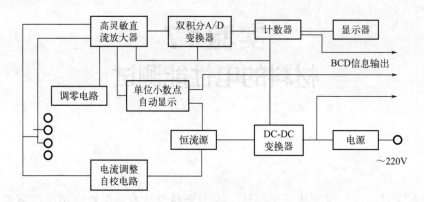

图 17.1　SX1944 四探针测试仪的组成

pF。标准测量过程建议采用带保护电极的三端子单元配置（见图 17.2），这种配置能将边缘电场和杂散电场对测量的影响降至最低。

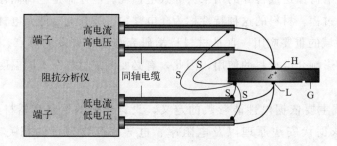

图 17.2　三端子到四端子阻抗分析仪

H—高电位电极；L—低电位电极；G—保护电极；
S—同轴保护连接的电流闭环回路

2.2　实验器材

导电银浆、待测试样、无水乙醇、干燥箱、马弗炉、游标卡尺、砂纸、镊子。

3　实验原理

3.1　导电性能

导电是电子或离子的传输。当一种物质内部有可移动的自由电子或离子使电流传输成为可能时，该物质就是导电的。这种特性用电导率 σ 来表征，电导率是物质传导电流的能力。它具体表示截面积为 $1cm^2$、长度为 $1cm$ 的圆柱体的电导率。σ 的单位为 $S/cm = \Omega^{-1} \cdot cm^{-1}$。$\sigma$ 的倒数值为电阻率 ρ，单位为 $\Omega \cdot cm$，即

$$\rho = \frac{1}{\sigma} \tag{17.1}$$

电阻的基本测量方法是依据伏安法的原理，测量出加在试样两端的电压和通过试样的电

流，根据欧姆定理计算出电阻，即

$$R = U/I \tag{17.2}$$

式中，R 为测量电极间样品电阻，Ω；U 为施加在样品上的直流电压，V；I 为电极间的稳态电流，A。

四探针法是目前检测半导体材料电阻率的一种广泛采用的标准方法，其基本测量装置如图 17.3 所示，所示测量头由四根弹簧加载的探针组成。

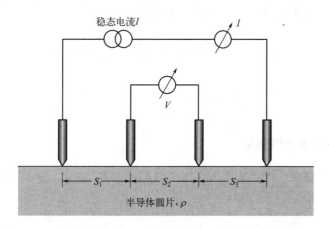

图 17.3 四探针法测量半无限试样电阻率 ρ 的原理

3.1.1 体电阻率测量

当四根金属探针排成直线时，它们之间的距离相等（例如，$s = 1\text{mm}$），测量头被压在半导体样品上，以确保探针与样品有良好的近欧姆接触但不产生可见的损伤。如图 17.3 所示，测量电流 I 由外部两根探针通入样品，测量内部两根探针之间的电压 V。试样的电阻率为

$$\rho = \frac{V}{I} C \tag{17.3}$$

式中，C 为探针系数，由样品尺寸和探针距离决定。

当试样电阻率分布均匀，试样尺寸满足半无限大条件时，C 的值由式(17.4) 计算，探头系数由制造厂对探针间距进行测定后确定，并提供给用户。每个探头都有自己的系数，$C \approx 6.28 \pm 0.05$，单位为 cm。当 $S_1 = S_2 = S_3 = 1\text{mm}$ 时，$C = 2\pi$。若电流取 $I = C$ 时，则 $\rho = V$ 可由数字电压表直接读出。

$$C = \frac{2\pi}{\dfrac{1}{S_1} + \dfrac{1}{S_2} - \dfrac{1}{S_1 + S_2} - \dfrac{1}{S_2 + S_3}} \tag{17.4}$$

式中，S_1、S_2、S_3 分别为探针 1 与 2、2 与 3、3 与 4 之间的间距。

① 块状和棒状样品体电阻率测量。由于块状和棒状样品外形尺寸与探针间距比较，与半无限大的边界条件相符，电阻率值可以直接由式(17.3)、式(17.4) 求出。

② 薄片电阻率测量。薄片样品因为其厚度与探针间距比较，不能忽略，测量时要提供

样品的厚度、形状和测量位的修正系数。电阻率为

$$\rho = 2\pi S \frac{V}{I} G\left(\frac{W}{S}\right) D\left(\frac{d}{S}\right) = \rho_0 G\left(\frac{W}{S}\right) D\left(\frac{d}{S}\right) \tag{17.5}$$

式中，ρ_0 为块形体电阻率测量值；$G(W/S)$ 为样品厚度与探针间距的修正函数，可由相关表格查得，$D(d/S)$ 为样品形状和测量位置的修正函数；W 为样品厚度，μm；S 为探针间距，mm。

当圆形硅片的厚度满足 $W/S < 0.5$ 时，电阻率为

$$\rho = \rho_0 G\left(\frac{W}{S}\right) D\left(\frac{d}{S}\right) = \frac{\pi}{\ln 2} \times \frac{VW}{I} D\left(\frac{d}{S}\right)$$

$$= 4.532 \frac{VW}{I} D\left(\frac{d}{S}\right) \tag{17.6}$$

3.1.2　扩散层的方块电阻测量

当半导体薄层尺寸满足于半无限大平面条件时，若取 $I = 4.532$，则 R 值可由电压表中直接读出，见式(17.7)。

$$R = \frac{\pi}{\ln 2} \times \frac{V}{I} = 4.532 \frac{V}{I} \tag{17.7}$$

3.2　介电性

介电常数描述的是材料与电场之间的相互作用。介电常数（κ^*）等于相对复介电常数（ε_r^*），或复介电常数（ε^*）与真空介电常数（ε_0）的比值，即式(17.8)。相对复介电常数的实部（ε_r'）表示外部电场有多少电能储存到材料中，对于绝大多数固体和液体来说，$\varepsilon_r' > 1$。相对复介电常数的虚部（ε_r''）称为损耗因数，表示材料中储存的电能有多少消耗或损失到外电场中。ε_r'' 始终大于 0，且通常远小于 ε_r'，损耗因数同时包括介电材料损耗和电导率的效应。

$$\kappa^* = \varepsilon_r^* = \frac{\varepsilon^*}{\varepsilon_0} = \varepsilon_r' - j\varepsilon_r'' = \left(\frac{\varepsilon'}{\varepsilon_0}\right) - j\left(\frac{\varepsilon''}{\varepsilon_0}\right) \tag{17.8}$$

式中，κ^* 为介电常数；ε_r^* 为相对复介电常数；ε_0 为自由空间介电常数（$1/36\pi \times 10^{-9}$ F/m）。

如果用简单的矢量图 17.4 表示复介电常数，那么实部和虚部的相位将会相差 $90°$。其矢量和与实轴（ε_r'）形成夹角 δ。通常使用这个角度的正切值 $\tan\delta$ 或损耗角正切（虚部和实部的比值）来表示材料的相对"损耗"，即损耗系数 D。

测量介电常数的方法直接来源于它的定义，当使用阻抗测量仪测量介电常数时，通常采用平行板法。适当选择电容器的形式，可以计算其真空电容，通过测量电容，立即求得介电常数。如果在测量电桥上相对已知空气电容器进行对比测量，可同时确定损耗系数 $\tan\delta$。也可根据谐振频率或谐振电路的阻尼确定电容的方法进行同样的测定。由于可能有多种多样的电路，应查阅相应的技术参考书。需要指出的是，测量过程中应该特别注意选用合适的

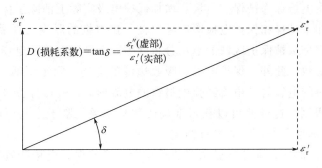

图 17.4　复介电常数矢量

电极。

二电极和三电极测量法也称为接触电极法，其原理是通过在两个电极之间插入介电材料组成一个电容器，然后测量其电容，根据测量结果计算介电常数，如图 17.5 所示。在实际测试装置中，两个电极安装在夹持介电材料的测试夹具上。阻抗测量仪测量电容（C）和损耗系数（D）的矢量分量，然后由软件程序计算出介电常数和损耗角正切，即式（17.9）和式（17.10）。

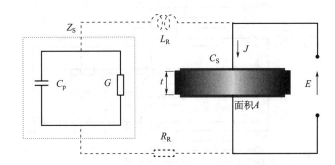

图 17.5　介电试样的等效电路

$$Y = G + i\omega C_p = i\omega C_0\left(\frac{C_p}{C_0} - i\,\frac{G}{\omega C_0}\right) \tag{17.9}$$

$$\varepsilon_r^* = \left(\frac{C_p}{C_0} - i\,\frac{G}{\omega C_0}\right) = \frac{tC_p}{A\varepsilon_0} \tag{17.10}$$

式中，Y 为导纳（S，西门子）；G 为电导（S，西门子）；ω 为角频率；C_0 为空气介质电容；C_p 为并联电容；t 为试样厚度；A 为电极面积；自由空间的介电常数为 8.854×10^{-12}（F/m）。

当简单地测量两个电极之间的介电材料时，在电极边缘会产生杂散电容或边缘电容，从而使得测得的介电材料电容值比实际值大。边缘电容会导致电流流经介电材料和边缘电容器，从而产生测量误差。如果没有考虑到空气间隙及其影响，那么可能会产生严重的测量误差。采用薄膜电极接触介电材料的表面，可以减小空气间隙的影响。虽然需要进行额外的材料制备（制作薄膜电极），但可以实现最准确的测量。

在介质样品上使用保护电极几乎可以消除边缘电容和对地电容的影响，当结合使用主电极和保护电极时，主电极称为被保护电极。增加保护电极实际上消除了保护电极边缘的边缘电容和杂散电容。如果试样和保护电极厚度超出被保护电极的厚度为样品厚度的两倍以上，而且保护间距很小，那么被保护区域的电场分布就等同于真空介质的电场分布，而这两个静电容之比即为介电常数。此外，保护电极会吸收边缘的电场，限定了活性电极之间的电场，所以在电极之间测得的电容只是由流经介电材料的电流形成，并可计算真空电容，其精度仅受已知尺寸精度的限制，这样便可以获得准确的测量结果。鉴于这些原因，被保护电极法（三电极）一般作为标准方法，除非另有约定。

图 17.6 为完全被保护和屏蔽电极系统的示意图。虽然保护电极装置通常要接地，但所示布置既可以对测量电极接地也可以不对任何电极接地，以适应所使用的特殊三电极测量系统。如果保护电极接地或与测量电路中的保护端子连接，则被测电容为两个测量电极之间的静电容。但是，如果其中一个测量电极接地，则未接地电极和引线的对地电容与要测的静电容相当。为了消除这个误差源，未接地的电极应该用一个与保护电极连接的屏蔽装置包围。保护电极法往往不方便，也不实用，而且频率限制在几兆赫以下，除了这种方法之外，还开发了使用特殊单元和测量程序的技术，这种技术采用两电极测量，准确度可与保护电极测量法的水平相当。

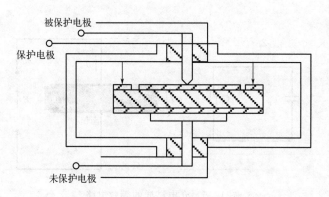

图 17.6 完全被保护和屏蔽电极系统

4 实验内容

4.1 实验准备

选取平整、均匀、无裂纹、无机械杂质等缺陷的试样原片，测量试样切成边长为（100±2)mm 的方形试样，厚度 0.5～1mm。用软布蘸无水乙醇将试样擦拭干净。

试样要求两面尽量平行，样品表面须平整光滑，才能保证与平行电极接触良好。否则，测出的电容值因为存在接触间隙而导致测试的值有误差，影响测试结果。测量前，为了使试样与电极有良好的接触，试样上必须涂上金属层等电极材料，用游标卡尺沿直径方向测量三点厚度，取平均值作为试样的厚度。用软布蘸无水乙醇将试样擦拭干净。用软毛刷在清洁试样两表面涂上银浆并置于马弗炉中升温至 460～500℃ 保温 10min，再慢慢冷却至室温，这样制备的烧银电极要求表面银层紧密、均匀、导电良好。最后在砂纸上磨去边缘的银层，再用无水乙醇擦拭干净。

4.2　实验过程

4.2.1　电阻及电阻率测量

SX1944 型数字式四探针测试仪能够测量普通电阻器的电阻（修正系数 1.000）、体积电阻率、薄片电阻率、扩散层的方块电阻。首先将电源插头插入电源插座、电源开关置于断开位置。将测试探头的插头与主机的输入插座连接起来，测试样品应进行喷砂和清洁处理，将样品放在样品架上，调节室内温度使之达到要求的测试条件。将电源开关置于开启位置，数字显示亮。测量时将探针与样品良好接触，注意压力要适中。选择显示电流，置于样品测量所适合的电流量程范围，将电流调节电位器调到适合的电流值。

棒状、块状样品电阻率测量（厚度大于 3.5mm），电流调至 0.628（满度为 1.9999 时）。电阻率测量电流量程推荐按照表 17.1 选择。

表 17.1　棒状、块状电阻率测量电流量程推荐值

电阻率/$(\Omega \cdot cm)$	<0.03	$0.03 \sim 0.3$	$0.3 \sim 30$	$30 \sim 1000$	$1000 \sim 10000$	>10000
电流量程	100mA	10mA	1mA	$100\mu A$	$10\mu A$	$1\mu A$

方块电阻测量，将电流调至 0.453（满度为 1.9999 时）。电流量程推荐按照表 17.2 选择。

表 17.2　方块电流量程推荐值

方块电阻/$(\Omega / \square)$	<2.5	$2.0 \sim 25$	$20 \sim 250$	$200 \sim 10000$	$10000 \sim 100000$	>100000
电流量程	100mA	10mA	1mA	$100\mu A$	$10\mu A$	$1\mu A$

选择显示电阻率或方块电阻，即可由数字显示板直接读出测量值，如果不能显示，表示超出量程，应该降低电流量程。

4.2.2　介电常数测量

打开测试软件，进入测量系统。进行仪器校准，分别进行开路校准、短路校准、负载校准。放置样品，设置样品的厚度和直径等样品信息，设置测量参数，使用介电温谱仪自动完成材料的介电常数测量。其测量软件可同时测量及输出频率谱、电压谱、偏压谱、温度谱、介电温谱数据，支持 txt、Excel、Bmp 格式导出。

5　结果分析与讨论

如探针间距 S 为 1mm，硅圆片厚度 W 为 0.5mm，直径 d 为 30mm 中心点，根据样品的电阻率选择电流挡位 $I=1mA$，再分别使用厚度测量仪和四探针电阻率测试仪重复测量厚度 W 和电压 V 各 6 次，测得的数据见表 17.3。

表 17.3　硅圆片电阻率测试结果

项目	1	2	3	4	5	6	平均值
$W/\mu m$	518.5	518.7	518.5	518.7	518.6	518.6	518.6

续表

项目	1	2	3	4	5	6	平均值
V/mV	68.76	68.82	68.65	68.78	68.63	68.66	68.72
$\rho_0/(\Omega \cdot \text{cm})$	16.16	16.18	16.13	16.17	16.13	16.14	16.15
$G/(\text{W/S})$	0.373	0.373	0.373	0.373	0.373	0.373	0.373
$D/(\text{d/S})$	0.9904	0.9904	0.9904	0.9904	0.9904	0.9904	0.9904
$\rho/(\Omega \cdot \text{cm})$	5.97	5.98	5.96	5.97	5.96	5.96	5.97

　　某磷酸盐玻璃陶瓷试样的介电常数（ε'）和损耗系数（$\tan\delta$）与频率关系曲线如图 17.7 所示。从图 17.7 中可以看出，ε' 和 $\tan\delta$ 随频率的升高而降低。这种行为可以归因于迁移离子相对于固定的玻璃基质的远距离跳跃产生的极化效应，在较低的频率下，ε' 和 $\tan\delta$ 随频率增加而增加，可能是由于施加的电磁有助于电子在玻璃中不同位点之间跳跃。在低频时，载流子很容易跳离具有高自由能垒的位点，从而导致净极化，使介电常数和损耗因子增加。在高频区域，介电常数和因子损耗都接近恒定值，这是由于在外加场作用下玻璃中发生了快速极化过程。然而，在高频下，载流子将不再能够足够快速地旋转，因此它们的振荡将开始滞后于电场，导致介电常数和损耗因子降低。

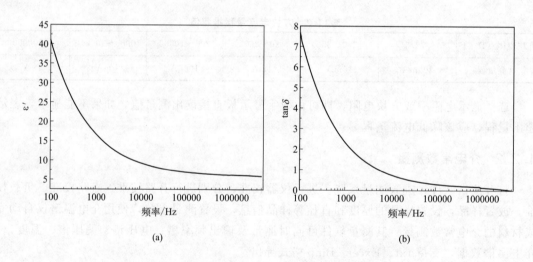

图 17.7　试样介电常数 ε' 和损耗因子与频率的关系曲线

（a）介电常数；（b）损耗因子

6　实验总结

　　用四探针电阻率仪测试半导体电阻率，压下探头时，压力要适中，以免损坏探针。由于样品表面电阻可能分布不均，测量时应对一个样品多测几个点，然后取平均值。样品的实际电阻率还与其厚度有关，还需查仪器说明书中的厚度修正系数进行修正。

　　介电性能测定的影响因素有很多：①频率。如果材料要在某个频率范围内使用，就必须在使用频率范围测量材料的介电常数和损耗因子,或者在该使用频率范围内选择几个适当频率点进行测量。②温度。温度对绝缘材料电性能的主要影响是增加其极化的弛豫频率。测量值与弛豫频率的关系直接影响损耗因子和衰减系数的温度系数。③电压。在界面极化中,自由离子的数量会随着电压的增加而增加,从而改变极化大小及其弛豫频率。直流电导也会受到类似的影响。④湿度。湿度对绝缘材料电性能的主要影响是大幅度增加其界面极化程度,从而增加其介电常数损耗因子及其直流电导。

实验18
铁磁材料的磁滞回线测定

1 概述

磁性材料是那些能被磁铁吸引或排斥并自身被磁化的材料。为研究磁性材料的磁化规律，测量磁性材料的磁化场的磁场强度（H）和磁通密度（B）之间的关系曲线即为磁性材料磁滞回线。测定磁滞回线的目的是测量永磁体的性能，材料磁滞回线不仅是永磁材料生产企业开展持续质量控制和制备技术优化的评估依据，也是实验室检测分析磁性材料、独立评价材料性能的主要性能指标。同时许多实验室也采用这些检测方法和设备开展永磁新材料的研究开发。在过去的 100 年里，人们发展了许多不同的方法来测量磁性材料的性质，并设计了复杂的夹具、磁轭和线圈系统。新材料的发展对磁性能测量条件提出了越来越高的要求，随着电子测量技术的进步，很多方法和仪器逐渐被取代。

本实验的直流磁滞回线测定仪是利用磁感应测量技术与闭合磁路相结合的装置，用于大块磁性材料样品性能测试。它利用高磁场电磁轭对被测样品进行磁化，在测量过程中形成闭合磁路。样品磁化后，系统施加变化的磁场，通过感应线圈来获取磁通密度信息。结果显示出被测样品的第二象限退磁曲线或整个磁滞回线，并据此得到磁性材料的相关性能，其他一些简易设备（如亥姆霍兹线圈加上集成磁通计）或更复杂的设备（如振动磁强计和超导量子干涉磁力仪）也可以用于类似的测量，但这些设备不太适合一些特殊要求的测试，振动磁强计和超导量子干涉磁力仪能用于非常大的样品，亦或被测材料的磁性非常强。用于硬磁性材料的直流磁滞回线仪可在闭合磁路内运行，闭合磁路理想情况下不存在自消磁场，可对大块永磁体材料进行快速磁性能测量。

本实验的目的是：①熟悉磁性材料的磁性能概念；②了解直流磁滞回线测定仪的结构和原理；③掌握磁滞回线的测试流程及根据磁滞回线确定主要磁性参数的方法。

2 实验设备与材料

2.1 实验设备

图 18.1 显示了用于硬磁性材料的典型直流磁滞回线仪的框图。实验电磁铁施加磁场，磁轭提供闭合磁路。磁体电源使电磁铁产生足够高的磁场为其提供能量。含感应线圈的 B、H 线圈组连接到电子积分通量计上用于测量样品和磁化场的磁通量。霍尔效应高斯计用于校准。计算机获取来自磁通计和高斯计的电压信号。

2.2 实验器材

铁磁性试样、电火花线切割机、游标卡尺。

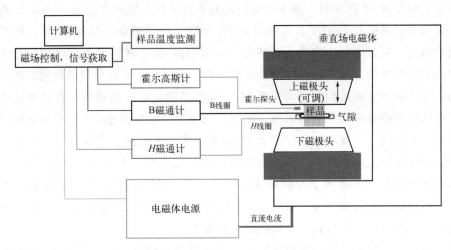

图 18.1　硬质材料直流磁滞回线仪框图

3　实验原理

3.1　磁化曲线及磁滞回线

铁磁材料的磁通密度（或称"磁感应强度"）B 可描述为外加磁场 H 的函数（即 B-H 图或磁滞回线），如图 18.2 所示。开始时，磁通密度为零，磁场强度为零（即 $B=0$，$H=0$），磁场逐渐增大。在这一阶段，随着材料内部的布洛赫畴壁的位移，自发磁化方向与外加磁场方向相同的磁畴在其他磁畴的作用下逐渐增大。由于布洛赫畴壁在极低磁场下的可逆运动，初始磁化曲线呈线性，随后 B 随 H 增加呈非线性变化，如图 18.2 中 OBs 曲线所示。而当外磁场达到最大值 H_s 时，所有材料形成一个具有净最大磁感应值的磁畴，称为饱和磁通密度 B_s，它与外加磁场同向，这表明材料中的所有磁偶极子都是沿磁场方向排列的。饱和磁通密度仅取决于原子磁矩的大小 m 和材料内部的原子密度 n：$B_s = \mu_0 nm$。饱和磁感应仅与材料中存在的铁磁原子有关，对结构并不敏感。

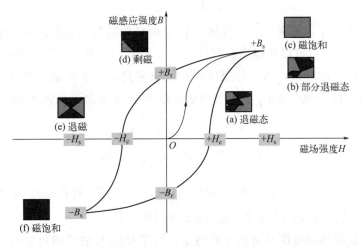

图 18.2　B-H 磁滞回线

当外加磁场强度 H 减小时，由于畴壁运动的不可逆性，磁通密度 B 并不沿原曲线 QB_s 变化，而是沿着比原曲线 B 值更大的曲线 B_sB_r 降低。在零磁场（$H=0$）时，磁畴倾向于缓慢地重新出现，材料内部仍有残余磁感应，称为剩磁 B_r。材料完全磁化时的最大剩余磁通密度称为剩磁磁感应。这是铁磁体最显著的特性。为了完全去除材料的剩磁，需要施加相反的磁场，称为矫顽力或矫顽力磁场强度 H_c。这个消除磁感应的过程叫作退磁，矫顽力是将磁化强度从饱和值降至零所需的磁场。施加高磁场会产生与前述行为相反的过程，使材料达到磁饱和。施加反方向磁场就完成了 B-H 曲线，整个曲线称为磁滞回线。只有通过把材料加热到居里温度以上产生新的无序磁畴系统才能再次获得零磁场下零磁化的状态。因此，铁磁材料的磁性能完全可由四个参数来描述：B_s、B_r、H_c、H_s，曲线下方的面积代表了单位体积材料所储存的磁能（单位 J/m^3）。因此，磁化曲线和退磁曲线所包围的特定区域（即磁滞回线内部），代表了材料单位体积的磁能损失。

值得注意的是，铁磁材料的磁导率不是一个恒定的物理量，它取决于 B-H 曲线图的某个特定区域。因此，磁导率并不是表征铁磁体的一个有用参数，因为磁滞回线的存在，磁导率几乎可以是任何值，例如剩磁时（$H=0$，$B=B_r$），矫顽力时（$H=H_c$，$B=0$）。B-H 曲线的初始斜率称为初始磁导率（μ_{in}），从原点测得的最大斜率称为最大磁导率（μ_{max}），而施加交变磁场测量的磁导率称为交流磁导率，微分磁导率 $\mu=\partial B/\partial H$ 是一个更有用的物理量。通过对大量铁磁材料的磁滞曲线的仔细研究，可以把铁磁材料分为两类：硬磁性材料和软磁性材料。

3.2 磁滞回线的测定

为了从永磁体材料的块体试样获得磁性材料性质，我们需要从磁通密度（B）、磁极化强度（J）与磁场强度（H）之间的基本关系入手，即

$$B=\mu_0 H+J \tag{18.1}$$

式中，μ_0 为真空磁导率（$\mu_0=4\pi\times10^{-7}$）。

磁极化强度 J 通常表示在磁滞回线图的 Y 轴上，与体积磁化强度 M 之间的关系为

$$J=\mu_0 M \tag{18.2}$$

用 B 感应线圈测量磁通密度 B。另加一个 H 磁场传感器（通常是灵敏度与 B 测量线圈相似的 H 线圈），这样就可以获得足够的信息来确定 B、H 和 J。与 B 周围线圈相关的磁通在磁场变化时产生感应电压，由于传感线圈是感应装置，电子磁通计就对感应电压进行积分。表观磁通密度的变化（ΔB_{ap}）是用磁通计的积分电压除以线圈的面积和匝数来确定的，即

$$\Delta B_{ap}=B_2-B_1=\frac{1}{AN}\int_{t_1}^{t_2}U\mathrm{d}t \tag{18.3}$$

式中，B_1、B_2 分别为 t_1 瞬间和 t_2 瞬间的磁通密度（T，特斯拉）；A 为被测样品的截面积，m^2；N 为线圈匝数；U 为感应电压；t 为时间变量。

磁通密度变化用感应电压时间积分器测量，由于环绕 B 的线圈包含有样品和空气的叠加磁通量，我们需要从中去除空气磁通量的贡献，才能得到样品的磁通密度的变化值，即

$$\Delta B = \Delta B_{ap} - \mu_0 \Delta H \frac{(A_t - A)}{A} \tag{18.4}$$

式中，ΔH 为磁场强度的变化，A/m；A_t 为线圈截面积，m^2。

如果存在另一个灵敏度与 B 线圈相似的线圈，就可以得到磁场强度 H。这个 H 线圈可以位于 B 测量线圈和样品旁边，如果这个线圈组采用双心排列方式，H 线圈的形状类似于 B 线圈并位于 B 线圈旁，如图 18.3 所示。

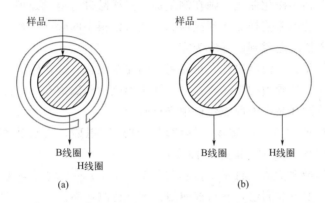

图 18.3　两个常见的磁感应（B）和磁化（H）线圈组排布
(a) 同心线圈组；(b) 双心线圈组

双心线圈排列的作用是测量样品一侧局部区域的 H 磁场，但不能感应紧靠样品周围的空气磁通量。可选择另一种线圈排布弥补这一缺点，只需紧靠 B 线圈的外围绕制一个带感应区的 H 线圈，就可以消除局部区域的影响并感应到样品周围的 H 磁场。缩小这个线圈的直径使整个 H 线圈靠近 B 线圈，从而进一步提高了线圈感应等同于 B 线圈和样品的 H 磁场的能力。这种排列方式称为同心型线圈排列。双心线圈组能用作变温线圈组，因为它们的形状对称，可以抵消热膨胀/收缩产生的误差。此外，还有一些不同的线圈组设计和信号采集方法，如采用霍尔探头和高斯计而不是 H 线圈来获取磁场强度。

磁滞回线可分为 $B\text{-}H$ 磁滞回线和 $J\text{-}H$ 磁滞回线，在直流磁滞回线测试中，不能简单地测试缠绕在样品上的线圈直接获得磁极化强度 J，J 必须根据 $J = B - \mu_0 H$ 的关系式从 B 和 $\mu_0 H$ 采集通道中提取，这可以在磁通计前或后进行积分获得。磁通计后的计算主要涉及积分电压的数学扣减，磁通计前的计算则是从 B 线圈减去 $\mu_0 H$ 的电信号，形成 J 补偿的线圈组。使 B 线圈和 H 线圈达到平衡，并串联反接产生 J 而不是 B，然后将 J 和 H 信号送入单独的积分磁通计，这样就构成了经特殊优化的线圈组用于磁极化强度 J 的测定。

4　实验内容

4.1　实验准备

试样取圆形或矩形截面的柱体，试样两端应磨削到互相平行且表面粗糙度很低以减小气隙，试样横截面积沿整个长度方向应保持一致。试样不应有外部和内部缺陷，例如缺口、掉边、裂纹、砂眼和气孔等，对于各向异性的永磁材料，在测量其磁性时，试样的磁化方向应与材料的易磁化方向一致。对于温度系数较大的材料，测量时试样温度变化不应超过 ±3℃。

试样放置在磁化装置两极面间的磁场均匀区内。试样的预磁化方向应与磁场方向一致。

4.2 实验过程

（1）放入待测样品：①将 B、H 线圈组从电磁铁间隙处拆下。②将磁通计积分器复位，使磁通基准值为零。③将待测样品插入线圈组中，将线圈组放入电磁铁间隙中。④微调电磁铁间隙以适应样品长度。

（2）如果要绘制初始磁化曲线，则在测量前应对样品进行退磁处理。通常在电磁轭上进行退磁。施加足够高的电流使样品达到磁饱和，然后以很小的幅度交替改变磁场的极性降低磁场强度，使样品平滑地退磁到磁感应为零。

（3）磁化待测样品：①使电磁铁在正磁场方向完全磁化。②在磁铁电源的范围内，迅速将电流降为零。由于高矫顽力的样品，在电磁铁中不能达到磁饱和，因此如果要测试高矫顽力样品，可采取将待测样品在外部磁化机中进行磁饱和。

（4）换向，平稳增大负方向磁场，继续对试样进行退磁，直至达到内禀矫顽力 H_{cJ}。（在扫描过程中计算和绘制 B-H 和 J-H 曲线）。

（5）再增大至其最大负值，将磁场强度调回至 0，再换向并增大至其最大正值。

（6）从电磁铁上取下线圈组，并从线圈组上取下待测样品。

（7）根据显示的磁通读数与步骤（1）中第②步建立的零基准值之间的差距来检查积分器是否漂移。

获得的数据显示了第二象限消磁曲线。现在可以从曲线中提取各种磁性能参数，但最常见的包括但不限于：B_r 或 J_r，剩磁（T）；H_c 或 H_cB，正常矫顽力（A/m）；H_{ci} 或 H_{cJ}，内禀矫顽力（A/m）；$(BH)_{max}$，最大磁能积（J/m³）。

为了确定样品的材料磁性能，被测样品必须是磁饱和的。低矫顽力的样品只是在电磁铁的间隙内磁化，直到达到饱和。通常需要施加一个磁场强度为矫顽力场的 3～5 倍的磁场。对于高矫顽力磁体，在电磁铁间隙内不可能达到磁饱和。在这种情况下，可使用一个单独的装置来达到磁饱和。通常使用电容脉冲式充磁机：磁体将能量储存在电容器组阵列中，然后以快速、高电流脉冲的形式迅速放电（10 万安培级）到一个装有待测样品的低匝数和低电感的空芯螺线管中。

5 实验结果与分析

由测试数据绘制铁磁性材料的磁滞回线 B-H 及 J-H 曲线如图 18.4 所示，根据曲线图，可确定主要磁参数 $(BH)_{max}$，最大磁能积（J/m³）。最大磁能积 $(BH)_{max}$ 由退磁曲线上相应的 B 和 H 乘积的最大值确定（将 B 视为 H 的函数），BH 取得极大值需满足式(18.5)。

$$\frac{\partial(BH)}{\partial H} = B + H\frac{\partial B}{\partial H} = 0 \tag{18.5}$$

解得 $BH = C$（常数），曲线上满足此条件的对应点 B、H 可取得最大值 $(BH)_{max}$。$BH = C$ 为等磁能线，这样可以用 B-H 退磁曲线与等磁能线相切的方法确定（见图 18.4）。也可以将计算机保存的数据组中的 B 列和 H 列数据相乘，从中选取最大值。图 18.4 中的 $(BH)_{max}$ 为 129.05kA·T/m。

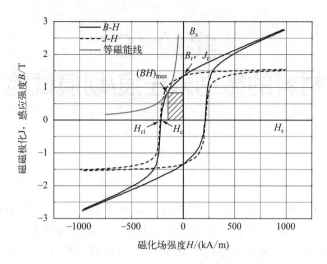

图 18.4　磁滞回线 $B\text{-}H$、$J\text{-}H$ 曲线及磁性能参数

剩磁 B_r 或 J_r：对于给定的磁滞回线，材料的剩余磁通密度是当磁化场强度为 0 时的磁通密度值，取第二象限的退磁曲线与 B 轴交点的磁通密度值确定剩磁 B_r 或 J_r。图 18.4 中 B_r 或 J_r 均为 1.34T。

矫顽力：材料的矫顽场强度（矫顽力）是当磁通密度值为 0 时的磁场强度值，可取 $B\text{-}H$ 曲线第二象限的退磁曲线与 H 轴交点的磁场强度值确定正常矫顽力 H_c 或 H_{cB}，取 $J\text{-}H$ 曲线第二象限的退磁曲线与 H 轴交点的磁场强度值确定内禀矫顽力 H_{ci} 或 H_{cJ}，如图 18.4 中分别为 223.6kA/m 和 216.2kA/m。

饱和磁通密度 B_s 和饱和磁化场强度 H_s：磁滞回线第一象限磁化曲线与退磁曲线的交点处对应的 B 值和 H 值。如图 18.4 中 $H_s=980.82$kA/m，$B_s=2.75$T。

6　实验总结

通过使样品反复磁化，检测材料磁通密度随磁化场强度的变化，就能得到磁性材料的磁滞回线。磁通密度的变化采用磁通密度测量线圈连接感应电压时间积分器进行测量。闭合磁回路是否完好对测量影响很大，磁极头和测试样品之间的界面易产生磁阻。操作中磁极头之间的气隙最初设置为略大于样品的长度，通电后磁极头之间的间隙将略微减小，如果间隙过小，电磁铁的拉力会破坏易碎样品，测量用的电磁体极头应有锁紧机构，以防止高磁场下产生机械力挤碎试样。如果间隙过大则会在磁路中产生气隙。应注意通过确保样品与极头的良好接触界面来尽量减少磁阻，可采用间隔垫片限制气隙、保护样品。在电磁铁的气隙中，特别是在样品附近，磁化场均匀性差，特别是当使用双心模式的 B、H 线圈组时会导致施加的磁化强度 H 缺乏代表性。

实验19
材料的微纳米压痕/划痕试验

1 概述

微纳米压痕/划痕试验是利用接触力学原理测试材料微纳米尺度范围内力学性能的试验技术，通常包括微纳米压痕、划痕、冲击等测试方法，而且压痕技术也适用于脆性材料（如玻璃、陶瓷等）的断裂行为表征，是用于确定材料的断裂参数（韧性和亚临界裂纹生长特征）和分析脆性接触损伤问题（侵蚀、磨损）简单、经济和有效的方法。在过去的20多年中，随着仪器设备的发展，它们的应用范围得到了扩展。传统的压痕测试需要对压痕进行光学成像，这显然极大地限制了微观尺度范围的压痕检测。仪器压痕是一种灵敏度高的实验技术，压痕仪能够在压痕过程中连续测量载荷和位移，最常用的数据分析方法是 Oliver 和 Pharr 法，可以直接从载荷-位移数据中求得亚微米以下尺度的材料力学性能。纳米压痕测试结果提供了材料的有关弹性模量、硬度、应变硬化、裂纹、相变、蠕变和能量吸收的信息。除了金属材料和有机高分子材料的显微力学性能测试外，该技术被广泛应用于研究玻璃、增韧陶瓷的断裂行为、材料涂层性能表征、残余应力检测和材料的摩擦学行为分析等。微纳米压痕/划痕试验可以在很小试样上进行大量的多种复杂试验，对试样的损伤小，在许多情况下可以认为是无损检测。可以进行试验过程的数据采集，便于数据的分析和模拟以及材料的性能与结构、组成和工艺的相互关系研究。一些微纳米压痕试验仪配备了高倍率光学显微镜、原子力显微镜（AFM），可以对测试过程的压痕或划痕进行原位观察。

大多数纳米压痕仪都是载荷控制型设计，即受控施加一个作用力，然后读取力作用下产生的位移。一般通过电磁线圈或压电元件的膨胀将载荷施加到压头轴上，位移通常用电容变化或电感信号进行测量。微纳米压痕划痕试验仪的位移分辨率可达到纳米级，载荷分辨率最高可达到纳牛（nN），这为薄膜涂层材料、脆性材料的显微力学性能的表征提供了强大的工具。微纳米压痕仪采用接触法的力学性能测试，通常使用球形压头产生钝接触，而锐性接触则使用锥形或金字塔形压头。此外，划痕测试通过探针在与材料接触过程中产生横向运动，从而产生摩擦力。因此，理解纳米压痕首先要了解固体之间的接触力学机理。

本实验的目的是：①了解材料微纳米力学测试系统的构造、工作原理。②掌握载荷-位移曲线的分析方法。③掌握用微纳米压痕法测定材料的硬度与杨氏模量，用微纳米划痕法测涂层材料的结合力（临界荷载）的操作要领。

2 实验设备与材料

2.1 实验设备

纳米压痕仪通常为载荷控制型设计，最大载荷通常可控制在毫牛（mN）范围内，最小

载荷小于 $1\mu N$。力的分辨率可达几纳牛，实验中力的施加方式可以通过压电元件的膨胀、线圈在磁场中的运动或静电来实现。纳米压痕测试仪的作用是将受控载荷施加到与试样表面接触的有精确形状的压头上。在准静态压痕试验中，载荷按一系列步骤施加到某一最大值，然后卸载。在此过程中的力和压头的压入深度（也称为位移）被记录下来，然后对数据进行分析以确定需要测定的力学性能。当然，加载方式以及力和位移的测量方法上存在多种选择。纳米压痕试验仪经过多年的发展，其主要结构部件如下。

（1）加载机构。常见的加载方法是使用电磁加载线圈。压头安装在压头轴上，压头轴由弹簧支撑以防止侧向移动，轴的上端为永磁体或电磁铁。电流通过线圈所产生的磁场与永磁体相互作用，推动压头轴移向试样使压头与试样表面接触，如图 19.1 所示。

（2）载荷检测装置。许多压痕仪实际上并不直接使用力传感器来测量压痕作用力，而是通过测量施加到加载机构上的电流或电压来确定压痕力的大小，控制线圈中的电流就可以控制作用力的大小。

（3）深度检测装置。常见的深度传感器的构造是由二或三个平行板电容器组成的系统。采用交流电桥电路，根据测得的电容比较容易确定两个平行板之间的距离变化，从而确定深度位移。

（4）机架结构。机架通常采用柔度低的花岗岩或铸铁制成并采用减震结构。

（5）试样定位系统。一般来说，XYZ 平面内样品定位可以是开环也可以是闭环。开环样品台

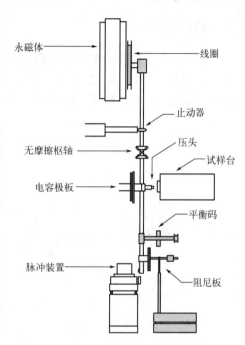

图 19.1 MML 公司的 Nanotest 型纳米压痕仪采用电磁加载机构和电容位移传感器

一般使用步进电机驱动丝杠旋转，丝杠上有一个进给螺母与安装在直线滑块上的样品台板相连接。闭环定位系统中，在样品台的运动部分安装有位置编码器，运动控制器实时监控样品台的运动并驱动步进电机或者直流电机，从而使样品台移动到预定的目标位置。

（6）成像系统。在试样被测试前后通常要用到纳米压痕的成像功能，最常见的成像方法是使用×20 或×40 物镜的光学显微镜。另有一些仪器提供专用 AFM 作为设备附件，AFM 不仅可以用于一般的成像，而且可以用于压痕后试样变形的高分辨率成像。

MML 公司 Nanotest 型微纳米力学测试系统如图 19.1 所示。纳米压痕测试系统的核心部件是摆锤机构，它可以在一个无摩擦的枢轴上旋转。摆的顶部装有线圈，线圈中通过电流时，线圈被吸引到永磁体一方，另一端的压头向样品移动并压入样品表面。压头的位移通过平行板电容器来测量，平行板电容器位移传感器的一个板与压头座相连，当压头移动时，电容会发生变化，电容的变化值通过一个电容桥来测量。通过三个直流马达驱动 XYZ 三个方向的丝杆测微计实现样品台的移动。马达的电控装置包含含三个电源模块的主板、IEEE 接口模块和侧隙控制板。计算机系统控制马达的电源，通过磁编码器实现马达的定位。马达控制板通过 IEEE 总线与系统计算机建立通信联系。止动器限定了加载时压头向外移动的最大距离以及摆的运动方向，其位置是用测微计手动调整的。负载电流为零时，摆处于平衡位

置，可通过沿横纵两个方向移动平衡码来调节摆的平衡位置。

2.2 实验器材

待测试样（基体材料、涂层材料）、502 胶水、丙酮、熔融硅标样、镊子。

3 实验原理

3.1 接触力学

球形压头在平面样品表面的压痕接触，如图 19.2 所示。图中，P 为载荷，R 为球形压头半径 R_1 和样品半径 R_2 的折合半径并由式(19.1)计算（对于平面样品 $R_2 \to \infty$），E^* 为压头和样品的折合弹性模量并由式(19.2)计算。

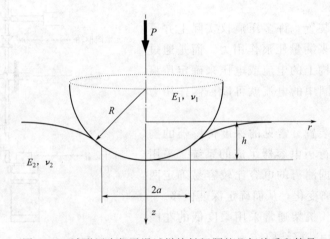

图 19.2 球形压头与平滑试样接触问题的几何关系和符号

$$\frac{1}{R} = \frac{1}{R_1} + \frac{1}{R_2} \tag{19.1}$$

$$\frac{1}{E^*} = \frac{1-\nu_1^2}{E_1} + \frac{1-\nu_2^2}{E_2} \tag{19.2}$$

式中，E_1、E_2 分别为压头和样品的弹性模量；ν_1、ν_2 分别为压头和样品的泊松比。

金刚石压头的弹性模量 E_1 为 1140GPa，泊松比 ν_1 为 0.07。载荷 P 可用压入深度 h 表示为

$$P = \frac{4}{3} E^* R^{1/2} h^{3/2} \tag{19.3}$$

刚性圆锥形压头、角锥形压头（维氏压头、立方锥形）以及具有更一般的面积 $A_c = \pi a^2 = \pi h^2$ 且忽略压头边影响的自相似压头（等效半锥角为 α）在载荷 P 作用下压入样品（见图 19.3），因此载荷 P 与深度 h 的关系为

$$P = \frac{2}{\pi} E^* h^2 \tan\alpha \tag{19.4}$$

上述接触力学方程式适用于压头与样品之间完全弹性接触情形。理论上讲，无限锐利的

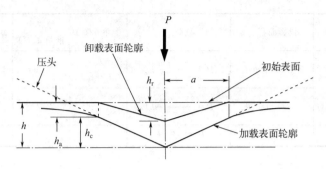

图 19.3　锥形压头与平滑试样接触问题的几何关系和符号

锥尖能够保证一旦压头与样品接触就发生塑性变形，因而根据这些方程可以预见锥尖处将不可避免地形成应力奇点。实际上，压头尖端半径不可能无限小，因此锐利压头接触在初始阶段与球形压头的情形类似。除圆锥形压头外，其他锥形压头可采用等效半圆锥角 α 进行分析处理，实际压头与具有等效圆锥角的圆锥压头有相同的面积/深度比值。

　　微纳米压痕试验中还需要用到其他各种压头，常用压头的外形几何尺寸如图 19.4 所示。各类压头的投影面积、截距修正因子、几何修正因子参数见表 19.1。接触力学中，不仅要确定接触面积与接触圆深度之间的关系，而且要确定载荷与特定形状的压头压入试样总深度之间的关系。根据上述接触力学基本分析方法，各种具有理想形状的压头的压痕面积和载荷与接触深度的计算公式见表 19.1。

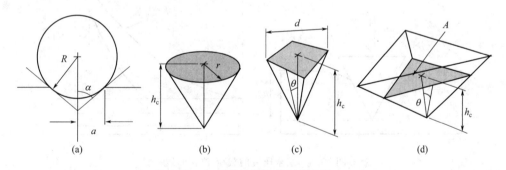

图 19.4　各种压头的压痕参数

（a）球形压头；（b）锥形压头；（c）维氏压头；（d）勃氏（Berkovich）压头（非标度）

表 19.1　各类压头的投影面积、截距修正因子、几何修正因子

（所列的锥形压头的半角为压头中轴线与锥面的夹角）

压头类型	投影面积 A	载荷 P	半角 $\theta/(°)$	等效半锥角 $\alpha/(°)$	截距因子 ε	几何修正因子 β
球形	$\pi 2 R h_c$	$P = \dfrac{4}{3} E^* R^{1/2} h_c^{3/2}$	—	—	0.75	1
圆锥	$\pi h_c^2 \tan^2 \alpha$	$P = \dfrac{2 E^* \tan\alpha}{\pi} h_c^2$	α	α	0.727	1
勃氏（Berkovich）（三棱锥）	$3\sqrt{3} h_c^2 \tan^2 \theta$	$P = \dfrac{2 E^* \tan\alpha}{\pi} h_c^2$	65.27	70.3	0.75	1.034
维氏（Vickers）	$4 h_c^2 \tan^2 \theta$	$P = \dfrac{2 E^* \tan\alpha}{\pi} h_c^2$	68	70.3	0.75	1.012

压头类型	投影面积 A	载荷 P	半角 $\theta/(°)$	等效半锥角 $\alpha/(°)$	截距因子 ε	几何修正因子 β
努氏（Knoop）	$2h_c^2\tan\theta_1\tan\theta_2$	$P=\dfrac{2E^*\tan\alpha}{\pi}h_c^2$	$\theta_1=86.25$ $\theta_2=65$	77.64	0.75	1.012
立方锥	$3\sqrt{3}h_c^2\tan^2\theta$	$P=\dfrac{2E^*\tan\alpha}{\pi}h_c^2$	35.26	42.278	0.75	1.034
圆柱	πa^2	$P=2aE^*h_c$	—	—	—	—

3.2 Oliver 和 Pharr 分析法

纳米压痕试验是压头垂直于样品检测面加载到最大值后再慢慢卸载，实时检测压头位移随载荷的变化，通过数据分析能够在纳米或亚微米水平上检测材料的硬度、模量、弹性恢复参数等显微力学性能。

纳米压痕试验仪在加载时压头压入试样过程中记录深度随载荷变化的数据，根据记录的数据进行分析计算。纳米压痕数据分析中比较典型并且目前商用纳米试验系统广泛采用的是 Oliver 和 Pharr 方法，它是在经典弹性接触力学的基础上，试验所测得的载荷-位移曲线（见图 19.5）包括加载和卸载两部分。

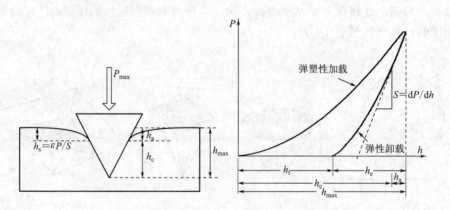

图 19.5　纳米压痕的载荷-位移曲线

尽管多数纳米压痕试验仪是载荷控制型，但通常的作图方法是将载荷画在纵轴而将位移画在横轴。纳米压痕实验中常用三棱锥形勃氏压头，根据压入的最大深度可按 Sneddon 弹性分析关系式计算接触深度 h_c，即

$$h_c=h_{\max}-h_a=h_{\max}-\varepsilon\frac{P}{\mathrm{d}P/\mathrm{d}h} \tag{19.5}$$

式中，因子 ε 取决于压头形状（见表 19.1）；$\mathrm{d}P/\mathrm{d}h$ 为接触刚度。

压痕实验中，载荷、位移、时间都得到连续检测，载荷-位移曲线包含除接触面积外的计算硬度、模量的所有数据，而计算接触面积所必需的接触深度是将 $60\%\sim80\%$ 的卸载曲线按幂函数进行拟合得到，最早由 Oliver 和 Pharr 提出的幂函数具有如下形式，即

$$P=B(h-h_f)^m \tag{19.6}$$

式中，P 为载荷；h_f 为压痕残余深度；$h-h_f$ 为弹性位移；B、m 为通过曲线拟合得到

的与材料有关的经验值，对于给定的材料，其值应该没有明显的变化。

按测得的载荷-深度数据拟合出式(19.6)后，通过对式(19.6)在最大压入深度处求一阶导数，得到卸载接触刚度 S，即

$$S = \frac{dP}{dh}\bigg|_{h=h_{\max}} = mB(h_{\max} - h_f)^{m-1} \qquad (19.7)$$

知道了接触刚度 dP/dh，就可以按式(19.5)确定 h_c，并可根据压头的几何形状参数按表 19.1确定接触面积 A。而折合弹性模量 E^* 可按式(19.8)计算，硬度 H 按式(19.9)计算。

$$E^* = \frac{1}{2}\frac{dP}{dh}\frac{\sqrt{\pi}}{\sqrt{A}} \qquad (19.8)$$

$$H = \frac{P}{A} \qquad (19.9)$$

确定接触深度需对载荷-位移曲线进行校正，分析曲线确定硬度和弹性模量时事先要对仪器刚度和压头形状（面积函数）进行校正，校正通常是用标准样品熔融硅进行的。

3.3 划痕试验

纳米划痕试验是样品平面垂直于探针轴线移动，探针在法向载荷的作用下与样品接触，通过样品运动产生划动，如图 19.6 所示，载荷可以是恒定载荷也可以是线性递增载荷，系统自动检测并记录实验过程中的载荷、深度、划动距离、摩擦力、摩擦系数、声发射信号、划擦时间等数据。划痕试验可用于薄膜/基体的表面粗糙度、摩擦学性能、抗疲劳磨损、膜基结合强度的测定等。

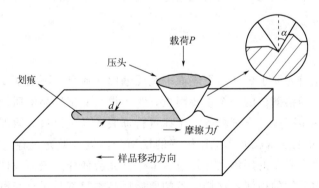

图 19.6　材料表面划痕试验

纳米划痕试验的表面轮廓线扫描相当于轮廓曲线仪的功能，金刚石探针以对薄膜表面不产生任何划伤的低载荷轻轻扫描其表面，探测薄膜表面轮廓线，获得表面粗糙度。在表面不同部位以恒定载荷进行多道划痕试验，根据不同划道的划痕深度-距离曲线的差异程度可以了解膜层表面状况及其均匀性。在薄膜表面同一划道上以恒定载荷进行连续多次的划痕试验，每划一次进行表面轮廓线扫描，获得弹塑深度和摩擦力数据以研究膜层的摩擦学性能和耐磨性。

划痕试验常用于研究薄膜与基体间的结合强度，在划痕试验中薄膜发生破裂或脱落时在

划痕曲线上表现为深度、摩擦力及能量的突变。发生突变的这一状态点为临界点，对应的载荷为临界载荷，临界载荷可作为评价膜层与基体结合强度的重要量化指标，同样条件下临界载荷越大，表明膜基结合力越大，膜层抗划伤性能越好。采用线性加载划痕试验可以确定薄膜与基体粘接失效时的临界载荷 L_c。薄膜失效时临界点的判定通常有 5 种方法：①根据划痕深度的突变点；②根据探针在薄膜表面的摩擦力突变点；③根据声发射能的突变点；④根据摩擦系数的突变点；⑤用显微观测系统观测划痕刚出现的破损点。根据这些方法确定涂层的失效临界点后，该临界点在划痕上所对应的法向载荷即为该膜层失效的临界载荷。

4　实验内容

4.1　实验准备

4.1.1　仪器校准

首先，用已知质量的标准砝码进行载荷校准，每一砝码质量与电磁线圈施加的相应已知电压的反作用力相等，载荷校准建立了测量过程中可以施加在金刚石压头上的电磁力。其次，进行深度校准，深度校准用熔融硅标样进行压痕试验，将深度传感器的电容变化与样品移动的距离（即压入深度）联系起来。样品移动距离直接用样品台移动的距离确定（编码器位移）。最后，需要用熔融硅标样进行仪器柔度和金刚石压头面积函数的校准。典型压痕仪测得的压头压入试样的深度包含了加载过程中仪器由于反作用力产生的位移，即柔度。柔度的大小与载荷成正比，必须将其从深度读数中扣减才能得到压头对试样的真实压入深度。仪器柔度的校正方法是用尖端半径较大的球形压头在同一位置重复加载，测试试样材料一系列载荷下的深度数据进行柔度确定。另外，划痕试验要检测摩擦系数时，还需要进行摩擦力传感器的校准。配备有显微镜观察系统的仪器还需要进行焦平面和压痕准星的校准以便于对样品目标位点的准确定位。

4.1.2　制样

微纳米压痕试验首先要求试样上下表面平整无翘曲，而且上下表面要互相平行。样品表面粗糙度是影响纳米压痕测试的一个重要因素，为了提高测试样品的质量，需要对样品进行抛光。抛光时需要逐步减小抛光剂粒度，中途进行彻底的冲洗以最大限度地减少对样品的污染。粒度 $1\mu m$ 的抛光剂通常就能产生比较好的镜面光洁度。抛光过程会引起试样表面产生严重畸变，从而导致不必要的压痕尺寸效应。鉴于抛光会使样品表面改性，因此最好在样品制备工艺中同时考虑后续的检测，这样制备的原始样品本身就是平整光滑的，避免测试前的二次抛光或其他处理。如果必须抛光，最好进行一定的后处理（如退火）以消除样品表面的变化。

4.1.3　压头选择

金刚石压头虽然很硬，但也很脆，因此很容易折断。分析纳米压痕试验数据时，通常使用的模量值约为 $1140GPa$，泊松比为 0.07。压头必须保持绝对干净，没有任何污染物。先将金刚石压头用致密的聚苯乙烯试压，可以最有效地清洁压头。应将压头本身紧固在压头轴上并将其机械柔度降到最低。

选择压头应根据实验者想通过压痕实验获取什么样的数据信息而定。选择哪种类型的压头取决于测试的试验类型和测试样品的性质。常见压头的形状、尺寸及其用途如表19.2所示，划痕或冲击测试首选球形或圆锥形压头，不能选用勃氏压头，除非样品非常柔软（如聚合物），因为实践表明勃氏压头在此类测试中易损坏（钝化）。

表 19.2　各类压头尺寸形状及用途

压头	几何形状	典型用途	典型尺寸
勃氏	三面金字塔形（与维氏的面积深度比相同）	纳米压痕	针尖半径100～500nm
维氏	四面金字塔形	微米压痕	尖端半径一般没限定
洛氏	尖端为球形的锥形	结合力/划痕试验	尖端半径～$200\mu m$
尖锐洛氏	尖端为球形的锥形	划痕试验，冲击试验	尖端半径～$25\mu m$
努氏	四切面菱形，长轴的是短轴的7倍	各向异性	尖端半径一般没限定
球形	具有特定半径的圆尖端	应力应变检测，聚合物试验	5～$100\mu m$可选
90°立方锥	三角面立方体（比勃氏尖锐）	断裂韧性	同勃氏
陶瓷	原子尖状断口氧化铝	表面粗糙度	无限定

4.1.4　装样

试样必须放置在压头轴线对应的范围内，并在装样过程中绝对要以最小的机械柔度将样品牢牢固定。通常，试样是通过涂上一层非常薄的胶水固定在硬质基座或样品架上的，一般采用蜡或黏合剂（如氰基丙烯酸乙酯类胶水，即502胶水，可用丙酮清洗）粘贴到载样柱上，再将样品柱固定到样平台上，也可使用磁铁、真空吸盘或弹簧夹等固定装置。

典型纳米压痕仪的测试范围的上限通常为微米级，因此，如果要测样品上多个位点的压痕，样品表面必须与样品台测试面的平移轴平行，通过样品台移动切换压痕点。一般来说，若样品台移动10mm，仪器允许的平行偏离度通常为$25\mu m$。

4.2　实验过程

4.2.1　压痕试验

（1）试验参数设置。打开仪器软件，选择压痕实验方法，压痕试验可以设置成载荷控制或深度控制模式。在载荷控制模式下，用户设定最大试验载荷（通常以mN为单位）及要使用的载荷增量或步幅。载荷增量级数通常可以设置为平方根或线性级数。平方根级数提供等间距的位移读数。在深度控制模式下，用户需设定最大压入深度。

（2）设置最大载荷或者最大深度、加卸载速率、最大荷载处的保载时间、热漂移时间、工作距离、初始接触力、压痕数量及各压痕点之间的横纵向距离等实验参数，其中"工作距离"是测量头在压头距样品表面一定距离能以较大速度移动的距离，工作距离能确保压头在最终靠近试样表面并压入试样时能产生高分辨的位移。"初始接触力"是纳米压痕仪可以让压头以非常低的速度靠近试样，直到力传感器检测到压头接触并停止样品进一步靠近而预设的最小载荷。纳米压痕仪通常允许最大载荷处保载一段时间。最大载荷下的保载数据可用于测量试样内部的蠕变或仪器测试过程中的热漂移。热漂移的保载测试最好在压痕试验要结束时进行，采用低负荷以尽量减少试样蠕变的影响。一般热漂移时间应该设置为 60s，其中前 20s 数据主要反映样本蠕变引起的深度变化，而热漂移率是根据 20～60s 时间内深度的变化来计算的。测试表面涂层材料的力学性能时，压痕深度过大会产生基体效应，通常采用的是 "1/10 经验法则"，即压痕深度为膜层的 1/10，则所测得的硬度值就非常接近其真实硬度。设置实验参数后保存试验文件等待测试。

例如采用英国 MML 公司纳米压痕实验仪测定硅酸盐玻璃力学性能，可采用勃氏金刚石压头进行压痕试验。硬度和弹性模量测定的最大荷载设定为 500mN，加卸载速率 5mN/s，最大荷载处的保载时间 10s，止动载荷 1mN，起始载荷 1mN，热漂移时间 60s，仪器柔度 0.533913nm/mN。如要测定断裂韧性，可将最大荷载设定为 5N，加卸载速率 50mN/s，其他条件不变的情况下进行压痕试验。

（3）试样定位。打开样品台移动马达，驱动试样待测面横纵两个方向（x 轴和 y 轴）的丝杆马达，调节样品台位置至测试面处于压头轴线的一定区域内。打开马达移动样品台向压头靠近，再打开马达使样品台向压头靠近，在距离压头比较远时可用较大速度靠近，快接近压头时再降低为安全速度以确保避免快速接触而碰断压头针尖，试样与压头接触后，再反方向后退一定距离，使压头不与样品处于硬接触状态。

（4）加卸载运行。测试前进行与样品无接触的零载荷校准试验，该试验提供足够的恒定线圈电流使摆刚好达到垂直的力学平衡位置。零载荷校准试验完成后再运行设置的样品压痕试验。典型的纳米压痕测试周期包括一个加载过程和一个卸载过程，但可以按很多不同方式进行。例如，可连续加载直到达到最大载荷，或者以系列小增量加载。也可在每增加一定载荷时按程序控制进行分部卸载以便测定接触刚度（dP/dh），这可用于测量试样模量、硬度随压入深度的变化。接触刚度也可通过在载荷信号上叠加一个小振荡运动进行测定。图 19.7 显示了一个典型测试周期中加载、保载和卸载的过程。

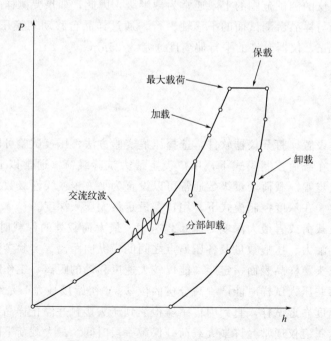

图 19.7　纳米压痕测试周期的各过程

4.2.2 划痕试验

（1）试验参数设置。打开软件，选取试验方法（如单道划、多道划疲劳试验，摩擦磨损，表面轮廓扫描等）。选用"划擦前轮廓-划痕-划擦后轮廓"试验方法，在进行划痕测试的同时也提供了试样划擦后产生的弹性恢复量的额外信息。根据最终的划痕轮廓扫描中出现的不连续点可确定涂层失效的临界点，从而确定临界载荷值。单道划痕试验或"前轮廓-划痕-后轮廓"试验主要测试的是涂层临界载荷效应（例如膜基结合失效），而多道划痕实验则是使用恒定载荷进行多次划擦，这样就可以研究材料经历的疲劳过程（如裂纹扩展）。

确定好试验方法后，设置压头扫描速度、扫描方向、扫描长度、载荷及加载方式（加载可以采取恒定载荷、线性加载、分段变化方式加载等）、加载速率、轮廓扫描载荷、止动载荷、声发射信号、摩擦力信号等。设置实验参数后保存试验文件等待测试。例如采用 MML 纳米测试系统，用尖端直径为 $25\mu m$ 的洛氏金刚石压头进行划痕试验确定聚合物涂层与基体之间的界面结合的临界载荷。压头以 $5\mu m/s$ 的速度在涂层上划擦，在扫描 $50\mu m$ 后以 $50mN/s$ 的加载速率给压头线性加载，直到总划痕长度达到 $350\mu m$。划痕图像采用原位光学显微镜系统抓拍，以对涂层的初始失效进行定位。

（2）与压痕试验类似，让样品与压头靠近接触后退后一段距离。如要选取感兴趣区进行测试，需用显微镜预先进行定位后按显微镜平台进行实验。

（3）运行试验，测试过程会记录深度、载荷、划痕长度、摩擦力、摩擦系数等数据并保存。采用显微镜观察模式的划痕试验，在测试完成后，可将样品台移动到显微镜装置进行原位拍照。

5 实验结果与分析

5.1 压痕试验

5.1.1 硬度与弹性模量

微纳米压痕法从载荷-位移曲线获得载荷 P 和接触深度 h_c，求出压痕面积即可得到硬度值和弹性模量值。本实验待测玻璃样品的荷载-位移曲线如图 19.8 所示。图 19.8 表明

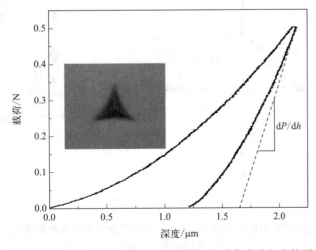

图 19.8　玻璃试样 500mN 压痕实验荷载-位移曲线及相应的压痕

500mN 低荷载下压痕无锥角裂纹。从荷载-位移测试数据读取的压入最大深度、最大载荷等结果如表 19.3 所示。

表 19.3 待测玻璃的显微力学性质

最大深度 $h_{\max}/\text{nm}$	最大载荷 P/mN	接触刚度 $S/\text{mN/nm}$	接触深度 h_c/nm	拟合面积 $A/\mu\text{m}^2$	硬度 H/GPa	弹性模量 E^*/GPa
2078.143	501.762	0.772	1590.68	62.00	8.093	86.867

根据 Oliver 和 Pharr 分析法，首先将荷载-深度曲线按式(19.6)幂函数进行拟合，再按式(19.7)对拟合的函数求导，计算出接触刚度（卸载曲线最大载荷处的斜率）$S = \mathrm{d}P/\mathrm{d}h = 0.772\text{mN/nm}$。然后按式(19.5)计算接触深度：

$$h_c = 2078.143 - 0.75 \times \frac{501.762}{0.772} = 1590.68(\text{nm})$$

接着按表 19.1 中勃氏压头公式用 h_c 计算压痕面积：

$$A = 3\sqrt{3} \times 1.591^2 \times \tan^2 65.27 = 62(\mu\text{m}^2)$$

再按式(19.8)求得试样和压头的折合弹性模量 E^*：

$$E^* = \frac{1}{2} \times \frac{\sqrt{3.14}}{\sqrt{62 \times 10^{-6}}} \times 0.772 = 86.867(\text{GPa})$$

如果已知压头的弹性模量和试样、压头的泊松比，就可以按式(19.2)由折合模量换算试样的弹性模量。最后采用式(19.9)计算样品的硬度：

$$H = \frac{501.762}{62} = 8.093(\text{GPa})$$

5.1.2 断裂韧性

通过压痕试验获得裂纹长度数据来测定断裂韧性是一个测定材料断裂韧性的有效方法。一般来说，这种测定方法的关键点在于测量从压痕角开始沿试样表面向外的径向裂纹长度，如图 19.9 所示。图中 a 为压痕几何中心到压痕角端点的距离，l 为压痕角到裂纹末端的距离，而 $c = l + a$。

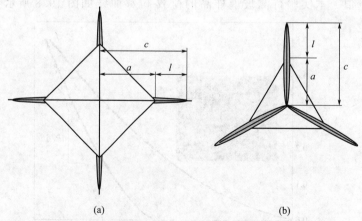

(a)   (b)

图 19.9 维氏和勃氏压头的裂纹参数，裂纹长度 c 是从试样表面的接触中心到裂纹末端的长度

对于不同类型的压头，测定断裂韧性可分别按式(19.10)～式(19.12) 进行计算：

$$维氏压头\ K_c = 0.015(a/l)^{1/2}\left(\frac{E}{H}\right)^{2/3}\frac{P}{c^{3/2}} \qquad (19.10)$$

$$勃氏压头\ K_c = 1.073 \times 0.015(a/l)^{1/2}\left(\frac{E}{H}\right)^{2/3}\frac{P}{c^{3/2}} \qquad (19.11)$$

$$立方锥压头\ K_c = 0.036\left(\frac{E}{H}\right)^{2/3}\frac{P}{c^{3/2}} \qquad (19.12)$$

式中，K_c 为试样材料的断裂韧性；P 为压痕的最大载荷；E 为试样材料的弹性模量；H 为试样材料的硬度。

测得上述玻璃材料的硬度和弹性模量后，再进行断裂韧性测定。断裂韧性测定的荷载设定为 5N，加卸载速率为 50mN/s，图 19.10 显示荷载提高到 5N 可在三角锥的尖端产生裂纹扩展。按式(19.11) 计算得到前述待测玻璃的断裂韧性值为 $0.104\text{MPa} \cdot \text{m}^{1/2}$。

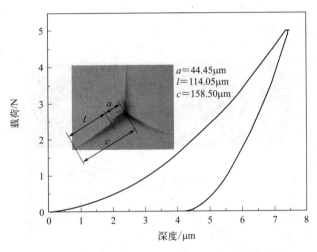

图 19.10 玻璃试样 5N 压痕试验荷载-位移曲线及
相应的计算断裂韧性的压痕

5.1.3 残余应力

压痕法作为测量或检测表面残余应力的方法有很多种，但似乎没有一种固定的测量方法适用于所有的材料，本实验仅总结如下两种方法。

方法 1：载荷-位移响应曲线的形状与理想形状的偏差可以用于表征残余应力，薄膜的残余应力可以通过比较有应力和无应力试样的载荷-位移曲线的差异来定量确定。对于给定的压入深度，无应力状态的载荷 P_O 与张应力、压应力状态在该深度下的载荷 P_R 之差表示为 $\Delta P = P_O - P_R$，则残余应力的大小 σ_R 可以按式(19.13) 计算，式中 A 为接触面积。

$$\sigma_R = \frac{\Delta P}{A} \qquad (19.13)$$

方法 2：当材料中存在残余压应力时，固定载荷得到残余应力 σ_R 的计算公式为

$$\sigma_R = \frac{H}{\sin\varphi}\left(\frac{h_0^2}{h^2} - 1\right) \tag{19.14}$$

式中，φ 为锥形压头表面与接触材料表面的夹角，对于勃氏压头，$\varphi = 24.7°$；H 为测得的样品硬度值；h_0 为无应力试样的压痕深度；h 为同样载荷下表面有压应力的试样的压痕深度。

5.2 划痕试验

如图 19.11 所示为镁合金聚合物涂层试样的划痕试验的深度-距离曲线，压头在法向载荷的作用下与样品接触，通过样品移动产生刻划，系统自动检测并记录实验过程中的载荷、深度、划动距离等数据。从图 19.11 中可以看出，在起初的 $50\mu m$ 划动距离内压头在极低的载荷下做表面轮廓线扫描，随后载荷开始线性递增。由于试样表面不一定与压头轴线完全垂直，可用起始 $50\mu m$ 这段深度-距离曲线为参考对整个划痕曲线做基线水平校正，使倾斜的划痕曲线的基线校平。在划痕试验中薄膜发生破裂或脱落时表现为划痕深度、摩擦力及声发射信号的突变，发生突变的这一状态点为临界点，对应的载荷为临界载荷。临界载荷可作为评价膜层与基体结合强度的重要量化指标，同样条件下临界载荷越大，表明膜基结合力越大。

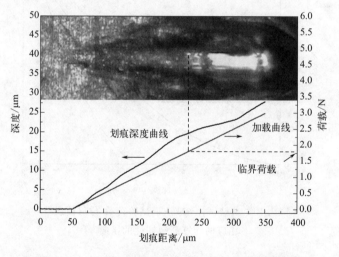

图 19.11　涂层试样划痕试验求取膜基结合力的曲线

图 19.11 中划痕深度曲线显示在距离达到 $230\mu m$ 时，深度开始发生突变，膜层破裂，探针触及镁合金基体。由于表面涂层的耐磨性比基体镁合金低，划痕深度出现波动后趋于降低，此为镀层失效的临界点，接近于镀层与基体界面区。根据加载曲线确定此点对应的法向载荷为 1.796N，此载荷即该划动条件下涂层失效的临界载荷，临界载荷代表了镀层抵抗外力破坏的综合承载能力，由镀层、基体及其界面性质共同决定。如图 19.11 上部显示，通过仪器显微镜系统原位观察的涂层失效临界点也对应深度变化突变点。

6　实验总结

微纳米压痕直接测量压头加卸载时的载荷-位移（压入深度）后，再根据这些测量数据确定接触投影面积用于计算硬度和弹性模量，划痕试验本质上是在压痕试验基础上使样品发生移动的过程。在测试实践中，微纳米压痕试验过程可能会带来各种误差。其中最严重的误差表现为深度测量的偏差，其他产生误差的原因包括测试过程中环境的变化和压头形状的改变，需要定期对仪器进行载荷、深度的校正。除此之外，还有一些与材料相关的问题也影响结果的有效性，其中最严重的是压痕尺寸效应、压痕堆积与下沉现象，压痕尺寸效应会导致硬度、弹性模量的测试结果重复性变差，堆积和下陷会对压头面积函数的测定产生不利影响。纳米压痕试验中的热漂移行为会给深度检测带来误差，为了修正热漂移，需要在最大载荷处或从最大载荷卸载结束处保载一段时间。微纳米压痕测试中，有必要让压头与试样表面以最小力接触以保证初始接触深度尽可能小，建立一个位移测量的基准点。压头压入试样的深度包含了仪器柔度产生的深度误差，必须将其从深度读数中扣减才能得到压头对试样的真实压入深度。另外，实际测试中需考虑压头的非理想几何形状这一因素，因此有必要经常对压头进行面积函数校正。样品实际表面的自然粗糙度会在测定压头与试样的接触面积时引入误差。许多试样材料都可能存在的残余应力会影响纳米压痕实验的结果。试样的表面力、摩擦和附着力对压头的接触力学性质也会产生影响。微纳米压痕试验要求试样上下两面保持平整和平行，为了提高试样的质量或改善试样的表面状况，通常的做法是对试样进行抛光处理。抛光过程使试样材料表面产生畸变，并且经常造成不必要的压痕尺寸效应，因此制样一定要兼顾后续的测试。

实验20
材料的单轴静拉伸性能测定

1 概述

材料的单轴静拉伸是目前应用最为广泛的一种材料力学性能测试的方法。该实验方法是在温度和加载速率一定的条件下，对标准光滑圆柱或板状试样进行静载荷轴向拉伸，使试样发生弹性变形、屈服、塑性变形直至断裂的过程。通过分析试样变形过程中的应力应变关系的曲线图，获得材料的基本力学性能指标，如屈服强度（R_{el}，有时也用 $\sigma_{0.2}$ 表示）、抗拉强度（R_m，有时也用 σ_b 表示）、断后伸长率（A，有时也用 δ 或 ε 表示）和断面收缩率（ψ）。材料的力学性能是确定各种工程设计参数与使用条件的主要依据。

本实验的目的是：①了解力学性能指标所代表的具体含义及其应用，熟悉微机控制电子万能试验机的基本结构，以及各组成部件在测试过程中所发挥的作用。②学会单轴拉伸过程的实验操作控制及其注意事项。③掌握单轴拉伸实验数据的分析与处理方法，获得材料的力学性能指标数据。

2 实验设备与材料

2.1 实验设备

微机控制电子万能试验机主要由主机架、传动加载系统、电气控制系统、软件操作系统构成。主机架由底座、两根固定横梁、一根移动横梁和四根支撑光杠（不起导向作用，导向作用由高精度滚珠丝杠完成）构成门式框架结构，用于提供稳定的测试结构；传动加载系统采用伺服电机、控制系统及同步齿形带减速装置，带动高精密滚珠丝杠转动，再驱动移动横梁实现力的准确加载，传动系统的稳定性和大的刚性是保证测试精度的重要部件；电气控制系统是基于高速数字信号处理器（DSP）平台进行控制与测量，用于实现全数字闭环控制和多通道采集功能的部件。

美特斯 CMT5305 微机控制电子万能试验机是具有上压下拉双空间的结构，可用于各种金属材料、非金属材料、复合材料、高分子材料等的高精度力学性能测试。通过不同的夹具，可完成材料在拉伸、压缩、弯曲、剪切、剥离、撕裂、短时间保载、拉压循环等状态下的力学性能试验。该设备的最大试验力为 300kN，测力范围内试验力精度可以达到额定载荷的 $0.5\% \sim 1\%$，位移分辨率 $0.015\mu m$，位移测量精准度在 $\pm 0.5\%$ 的范围之内。

2.2 实验器材

待测拉伸试样、游标卡尺、引伸计（若要获取精确的应变信息时配置）、夹具。

3　实验原理

材料的力学性能是材料在外力作用下抵抗变形和断裂的能力。通过单轴静拉伸实验可以计算获得材料的弹性模量、泊松比、屈服强度、抗拉强度、断后伸长率和断面收缩率等。应力应变曲线以轴向应力 F 与标距段的横截面积 S 的比值作为纵坐标（$R=F/S$），以试样的绝对伸长量 ΔL 与原始标距长度 L_0 的比值作为横坐标（$e=\Delta L/L_0$），绘制得到典型的单轴静拉伸应力应变曲线，如图 20.1 所示。随着变形量的增加，曲线经历弹性变形的直线段（$0A$）、应力有所下降后呈锯齿状的屈服阶段（AC）、应力再次上升后达到最大值的应变硬化阶段（CB）、随后出现颈缩，并随着应变的进一步增加，应力迅速下降，试样发生断裂破坏（BK）。

图 20.1 中的 $0A$ 段为材料的弹性变形阶段。材料在此阶段的变形是可逆的，即卸载拉伸力后，变形试样可完全恢复到原先的尺寸，试验曲线将沿着拉伸曲线回到初始点。材料弹性变形的本质是金属晶格中原子在平衡位置附近产生的可逆位移。无外力作用时，金属中的原子在其平衡位置附近产生振动，原子间形成一种平衡状态。当受外力作用时，原子间的平衡状态被破坏，原子的位置随之做出调整，即产生了位移来建立外力和原子间的引力、斥力之间新的平衡关系。原子位移的总和在宏观上表现为变形。当外力去除后，原子依靠彼此间的作用力又回到了最初的平衡位置，使得位移消失，宏观上试样恢复到原来的尺寸。

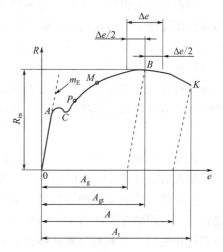

图 20.1　典型的单轴静拉伸应力应变曲线

R—应力；e—延伸率；R_m—抗拉强度；A_g—最大力塑性延伸率；A_{gt}—最大力总延伸率；A—断后伸长率；A_t—断裂总延伸率；m_E—应力-延伸率曲线上弹性部分的斜率；Δe—测定 A_g 或 A_{gt} 的平台范围

在整个弹性变形过程中，应力与应变之间都保持单值线性关系，即服从胡克定律（$\varepsilon=\sigma/E$，其中 E 为弹性模量，即直线的斜率）。弹性模量是代表材料发生弹性变形的主要性能参数，E 值越大，表示材料抵抗弹性变形的能力越强，即材料的刚度越大。此外，材料沿轴向伸长（纵向拉伸应变 ε_y）的同时会在横向发生收缩（横向拉伸应变 ε_x 和 ε_z），而反映横向应变与轴向应变之比的绝对值称为材料的泊松比（ν），它是代表材料弹性变形的另一个性能参数。

在超过弹性变形阶段后出现明显的 AC 段屈服，材料开始产生宏观塑性变形。此时的应力与应变不再成线性关系，应力随快速增加的应变而在小幅增加后发生下降，并沿一水平段（也称屈服平台）上下波动。根据国标相关规定，试样发生屈服而力首次下降前的最大应力称为上屈服强度（即 R_{er}），而在屈服期间，不计初始瞬时效应时的最低应力称为下屈服强度（即 R_{el}）。当试样发生屈服而力首次下降的最小应力是屈服期间的最小应力时，该最小应力称为初始瞬时效应，不作为下屈服强度。通常把试验测定的下屈服强度 R_{el} 作为材料的屈服极限，它代表着材料开始进入塑性变形。材料在使用过程中一旦受力超过了屈服极限，就认为该结构件会因过量变形而失效。因此，强度设计中常以屈服极限作为确定许可应力的依据，该阶段的变形必然残留下不可恢复的塑性变形。

材料的屈服阶段变形是不均匀的。外力从上屈服点下降到下屈服点时，试样受晶体结构、晶粒大小、亚结构、溶质元素和第二相等的影响，在局部区域形成与拉伸轴约成 45°夹角的屈服线，也称吕德斯带，随后沿轴向逐渐扩展。当屈服线布满整个试样长度时，屈服变形结束，试样开始进入均匀塑性变形阶段。材料的屈服微观上表现为材料内部结构的急剧变化，主要是晶格间位错的运动与增殖。若试样表面足够光滑平整，且内部杂质含量较低，还可以在试样表面与轴向约成 45°的方向清楚地观察到滑移迹线。

屈服阶段结束后，应力应变曲线又呈现上升趋势（CB 段），表明材料并不像屈服平台那样连续流变下去，而需要不断增大外力才能继续变形。此时，若去除外力，材料的弹性变形将随之消失，塑性变形将永远保留下来，其强化阶段的卸载路径与弹性阶段平行。当卸载后重新加载，材料的弹性阶段将扩大，0A 段将延长，屈服强度明显提高，而塑性将降低。这种材料在塑性变形后能抵抗更大应力的效应就是应变硬化（PM 段），也称加工硬化。在 PM 段的均匀塑性变形阶段，应力与应变之间符合 Hollomon 关系，即

$$\sigma = Ke^n \tag{20.1}$$

式中，σ 为真实应力；e 为真实应变；n 为应变硬化指数；K 为硬化系数，也称强度系数，是真实应变等于 1.0 时的真实应力。

应变硬化指数 n 反映了材料抵抗均匀塑性变形的能力，是表征材料应变硬化行为的性能指标。极限情况下，当 $n=1$ 时，表示材料为完全的弹性体，当 $n=0$ 时，表示材料没有应变硬化能力。大多数金属材料的 n 都处于 0.1～0.5，n 值越大，则材料加工成零部件服役时承受偶然过载的能力就越大，从而阻止零部件薄弱区域的继续塑性变形，保证零部件的安全服役。塑性变形是硬化的原因，而硬化是塑性变形的结果。因此，应变硬化的本质是位错的运动受阻所致。塑性变形与应变强化的有效结合是目前重要的金属强化手段，例如挤压、轧制、冷拔和喷丸等。

随塑性变形的不断增加，试样表面的滑移迹线亦会越来越明显，直到材料的应力峰值 R_m 出现（B 点）。此时材料塑性变形的能力最大，也是材料进入颈缩阶段的标志。颈缩是应变硬化与试样横截面减小共同作用的结果。当应力到达强度极限 B 点后，在试样的最薄弱处开始出现局部变形，从而导致试样局部截面急剧颈缩，承载面积迅速减少，导致试样承受的载荷快速下降，直至断裂。断裂时，试样的弹性变形消失，塑性变形则遗留在断裂的试样上。通过对拉断后试样断口直径和标距段长度的测量，可以计算出材料的断后伸长率 A 和断面收缩率 ψ。其中断后伸长率的计算公式为

$$A = (L_u - L_0)/L_0 \times 100\% \tag{20.2}$$

式中，L_0 为原始标距，即施加作用力之前的试样标距长度；L_u 为断后标距，将断后的两部分试样紧密地对接在一起，保证两部分的轴线位于同一条直线上，测量试样断裂后的标距长度。

断面收缩率的计算公式为

$$\psi = (S_0 - S_u)/S_0 \times 100\% \tag{20.3}$$

式中，S_0 为原始截面积，即施加作用力之前的试样原始横截面面积；S_u 为断后截面积，将断后的两部分试样紧密地对接在一起，保证两部分的轴线位于同一条直线上，测量试样断裂后的横截面面积。

4 实验内容

根据 GB/T 228.1—2021《金属材料 拉伸试验 第 1 部分：室温试验方法》制备单轴拉伸试样，并将试样安装在试验机的夹具中进行预拉伸。根据试样的尺寸和形状选择不同夹具，一般有楔形夹具、螺纹夹具、平推夹具和套环夹具等。同时，针对试样夹持端尺寸的大小，选择其尺寸必须在夹具的夹持范围之内的夹具。预拉伸的目的确保试样与夹头对中，避免样品未夹稳而打滑的现象。预拉伸可加载不超过规定强度或预期屈服强度的 5% 相应的预拉力，但在延伸率计算时需要对其进行修正。随后设置测试参数，开始单轴静拉伸，直到拉断为止，并利用试验机的自动绘图装置绘出材料的应力应变曲线图。此外，当需要使用引伸计研究材料的弹性变形阶段时，其选取必须与设备相匹配。国标中有关于引伸计的明确规定，即引申计标距的选取应大于 $0.5L_0$，而小于 $0.9L_c$（L_0 为原始标距长度，L_c 为平行段长度）。目前常用的引申计型号主要有 10mm、25mm、30mm、50mm 和 100mm 等。

4.1 实验准备

实验准备主要是测试试样的位置选取与加工制备。根据国标规定，试样的形状与尺寸取决于被试验金属产品的形状与尺寸，通常包括排品、制坯或铸件切取样坯、机加工制成试样。针对有等横截面的产品（如型材、棒材和线材等）和铸造试样不需机加工而进行试验。试样的横截面可为圆形、矩形、多边形和环形，特殊情况下也可为某些等截面形状。其中薄板、板材和扁平材的矩形试样的厚度以 3mm 为分界点设计试样的整体尺寸，而型材、棒材和线材的圆形、矩形、多边形的试样的直径或边长以 4mm 为分界点设计试样的整体尺寸。在试样尺寸确定中，一般比例试样遵循以下关系，即

$$L_0 = k\sqrt{S_0} \tag{20.4}$$

式中，L_0 为原始标距；S_0 为横截面积；k 为比例系数。

国际上使用的比例系数（k）的值为 5.65，此时原始标距不应小于 15mm。当试样横截面积太小，比例系数取 5.65 时的原始标距长度小于最小原始标距 15mm 时，则可以采用较高的比例系数，一般优先采用 11.3 或采用非比例试样。针对非比例试样，其原始标距和原始横截面积无关。需要注意当试样的标距小于 24mm 时，其测量的断后伸长率的不确定度可能增加。

针对机加工制备样品，如试样的夹持端与平行段的尺寸不相同时，它们之间应以过渡弧连接。若在国标中对过渡半径未作规定时，建议在相关产品标准中规定。注意试样夹持端的形状应适合试验机的夹头，确保试样轴线与力的作用线重合。试样平行段长度 L_c 或试样不具有过渡弧时夹头间的自由长度应大于原始标距 L_0，如试样为未经机加工的产品的一段长度或试棒，两夹头间的长度应足够，以使原始标距的标记与夹头有合理的距离。

当需要使用引申计时，引伸计的标距 L_e 的选择应尽可能覆盖试样平行长度的规格。这将保证引伸计检测到发生在试样上的全部屈服。理想的 L_e 应大于 $0.5L_0$，但小于 $0.9L_c$。测试最大力或在最大力之后的性能时，推荐 L_e 近似等于 L_0，但测定断后伸长率时 L_e 应等于 L_0。

4.2 实验过程

样品制备完成后，对样品标距段长度进行三次测量，并求平均值，同时分别在标距两端及中部三个位置上测量试件的直径求平均值，进而获得样品原始横截面积。将计算机与力学性能试验机联机，并完成样品的夹持与预拉伸。随后选择对应试验方案，如图 20.2 所示。填写试验参数并保存，在测试开始前对力和位移进行清零，随后单击"运行"，直到试验停止。测试完成，单击"结果"→"保存"→"试验报告"，选择对应试验报告模板，单击打印预览即可输出报告。实验完成后，取下试件，对断后的标距段长度和横截面积进行测量，用以计算断后伸长率和断后截面收缩率。

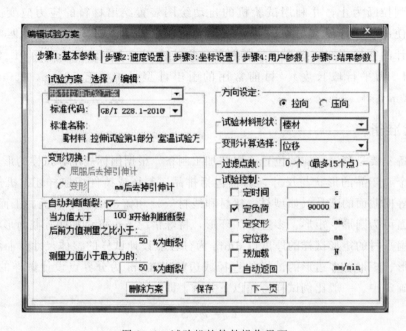

图 20.2　试验机的软件操作界面

4.3 实验数据处理

测试完成后得到的是实验数据为力和位移的变化量。要想获得应力应变曲线需要对实验数据进行处理。如果是工程应力应变曲线，只需将 F/S_0 与 $\Delta L/L_0$ 作图就可以得到，其中 F 为数据中的拉伸力，ΔL 为位移变量，S_0 和 L_0 则分别为试样的原始横截面积和标距。如果是真应力真应变曲线，则需要考虑瞬态变化，其强度 R 的计算公式为

$$R = \frac{F\left(1+\dfrac{\Delta L}{L_0}\right)}{S_0} \qquad (20.5)$$

真应变的计算公式为

$$e = \ln\left(1+\frac{\Delta L}{L_0}\right) \qquad (20.6)$$

典型的应力应变曲线（见图 20.1）的屈服强度、抗拉强度和延伸率等数据读取较为简单。但并不是所有金属材料在屈服时都有明显的屈服平台，特别是镁合金、铝合金等有色金

属，此时需要取应变为 0.2% 时对应的强度为屈服强度（$R_{0.2}$ 或 $\sigma_{0.2}$），如图 20.3 所示。在曲线图上，画一条与曲线的弹性直线段部分 OS 平行的直线 QN，且在延伸轴上弹性直线段部分与此直线段的距离等于规定塑性延伸率 0.2%。此平行线与曲线的交截点 N 给出的塑性延伸强度即为材料的屈服强度。若曲线图的弹性直线部分不能明确地确定，以致不能以足够的准确度划出这一平行线时，推荐采用图中 UV 线的获得方法。具体操作为当已超过预期的规定塑性延伸强度后，将力降至约为已达到的力的 10%。然后再施加力直至超过原已达到的力。为了测定规定塑性延伸强度，过滞后环两端点画一直线。该直线延长

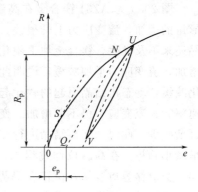

图 20.3　规定塑性延伸率强度

过横轴上与曲线原点的距离等效于所规定的塑性延伸率的点。与曲线的交截点 U 给出的塑性延伸强度即为材料的规定塑性延伸强度。

5　结果分析与讨论

图 20.4 为镁合金挤压板室温拉伸真应力-真应变曲线。采用前面的力学性能数据分析方法，可以从图中获得镁合金挤压板的屈服强度、抗拉强度和断后伸长率。在弹性的线性阶段，应变与应力呈明显的线性关系。与钢铁材料的明显屈服平台不同，镁合金没有明显的屈服平台，主要规定塑性延伸率 0.2% 时对应的强度为屈服强度。随着变形的进一步增加，可以观察到明显的变形抗力的增加，即进入应变硬化阶段。随后在达到抗拉强度的最高点后出现应力下降。针对真应力-真应变曲线，不需绘制出试样断裂时的应力迅速下降阶段。图 20.4 中对沿与挤压方向成 0°（ED 方向）、45° 和 90°（TD 方向）的试样进行拉伸性能测试，可知材料在不同取样方向的力学性能数据差异较大，即该板材具有明显的各向异性。其沿 0° 方向和 90° 方向的延伸率分别为 31.8% 和 10.5%，对应屈服强度从 85MPa 增加至 148MPa。

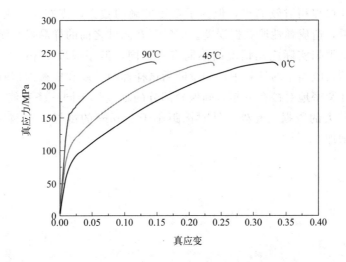

图 20.4　镁合金挤压板室温拉伸真应力-真应变曲线

图 20.5 为 AZ31 镁合金在高温拉伸时的真应力真应变曲线。在变形开始阶段，随着变形量的增加，流变应力上升很快。此阶段，随变形增加位错密度迅速增加，动态回复和再结晶还来不及发生，镁合金加工硬化明显，同时积累能量为诱发动态再结晶做准备。随变形量增加，流变应力增加减缓，说明此时动态再结晶发生后，使得晶粒细化，位错产生的加工硬化减缓，动态再结晶引起的软化起作用，但是此时加工硬化速率仍比动态再结晶引起的软化速率大，流变应力仍不断增加。变形量增大到一定值，流变应力缓慢增加到一峰值后，开始逐渐减少，此时动态再结晶进行充分，动态再结晶引起的软化作用大于加工硬化，流变应力呈减小趋势。在高温拉伸过程中，镁合金中原子热振动及扩散速度增加，位错的滑移、攀移、交滑移等更容易，位错在晶界上的密度降低，动态再结晶的形核率增加，软化作用加剧。变形量继续增大，镁合金发生宏观颈缩，当镁合金无法承受拉伸应力时发生断裂。

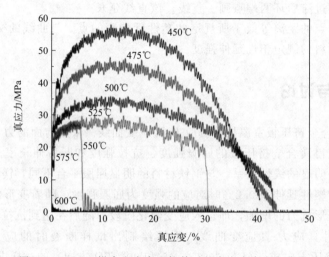

图 20.5　AZ31 镁合金在高温拉伸时的真应力真应变曲线

6　实验总结

本实验的操作过程相对较简单，但为了获得准确的数据，需在试样夹持后先进行预拉伸，避免样品打滑，造成弹性段数据误差。同时，在测试之前的样品尺寸测量通常取三次的平均值，测试速度根据实际应用情况的不同有所不同，但一般取 1mm/min。测试完成后，在断后伸长率和断面收缩率的计算中，测量断后试样标距长度和横截面积时，一定要注意将断后的两部分试样紧密地对接在一起，确保两部分的轴线位于同一条直线上后再进行测量，否则将得到误差较大的数据。此外，针对标距小于 24mm 的试样，在测量断后伸长率时，其不确定度可能增加。

实验21

材料硬度的测定

1 概述

　　硬度是表征固体材料软硬程度的力学指标，是通过材料抵抗压入和划刻的性质来衡量的。硬度的测定方法有压入法、刻痕法和弹性回跳法和其他方法，其中压入法是使用最广泛的测定方法。压入法硬度测定是将具有一定形状和尺寸的较硬物体以一定的压力压入材料表面，使材料产生压痕（局部塑性变形），即通过压痕的大小及压入载荷来确定材料的硬度值，其中测定用的较硬物体通常称为压头。根据压入载荷、压头和压痕测量方法的不同，压入法硬度测定通常可分为布氏硬度、洛氏硬度、维氏硬度等。

　　硬度测定和其他力学性能测定方法相比，具有以下明显的优点：试样制备相对简单，几乎可以在各种不同形状和尺寸的试样上测定，并且对试样几乎没有破坏。另外，硬度测定设备操作简单，测量速度快。同时，硬度的大小对工件的使用性能及寿命都有决定性意义，硬度与强度之间具有近似的换算关系，可以根据测出的硬度值近似估算材料的强度极限，这对工程应用具有十分重要的意义。

　　本实验的目的是：①掌握常见硬度测定法的基本原理及应用。②掌握常用硬度计的操作方法。③学会常用硬度测定法硬度值的计算方法。

2 实验设备与材料

2.1 实验设备

2.1.1 HBE-3000A 型电子布氏硬度计

　　HBE-3000A 型电子布氏硬度计的主要参数如下。试验力：62.5kgf、100kgf、125kgf、187.5kgf、250kgf、500kgf、750kgf、1000kgf、1500kgf 和 3000kgf(1kgf＝9.80665N)；最小测量单位：0.005mm；保载时间：5～60s；试件最大高度：230mm。图 21.1 为 HBE-3000A 型电子布氏硬度计。

2.1.2 HR-150A 洛氏硬度计

　　HR-150A 洛氏硬度计主要参数如下。试验力：60kgf、100kgf 和 150kgf；硬度值分辨率：0.5HR，试样最大高度：170mm。图 21.2 为 HR-150A 洛氏硬度计。

2.1.3 HVS-1000Z 转塔数显显微硬度计

　　HVS-1000Z 型自动转塔数显显微硬度计主要参数如下。试验力：0.01kgf、0.025kgf、0.05kgf、0.1kgf、0.2kgf、0.3kgf、0.5kgf 和 1kgf；测量显微放大倍率：100×、400×；

试验力保载时间：0～60s；试件最大高度：75mm。图 21.3 为 HVS-1000Z 转塔数显显微硬度计。

图 21.1 HBE-3000A 型电子布氏硬度计

图 21.2 HR-150A 洛氏硬度计

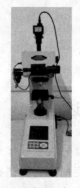

图 21.3 HVS-1000Z 转塔数显显微硬度计

2.2 实验器材

退火态 20 钢、45 钢、T12 钢，淬火态 20 钢、45 钢，表面渗碳钢等试样，金相预磨机、抛光机、砂纸等。

3 实验原理

根据压入载荷、压头类型和压痕测量方法的不同，硬度主要有布氏硬度、洛氏硬度、维氏硬度以及显微硬度。其中，布氏硬度适用于硬度较低的金属，如退火、正火的金属、铸铁及有色金属的硬度测定，用 HBW 表示；洛氏硬度又可分为 HRA、HRBW 和 HRC 等多种，其中 HRC 适用于测定硬度较高的金属，如淬火钢的硬度；维氏硬度可以测定从极软到极硬的各种材料的硬度，用 HV 表示，其硬度值比布氏和洛氏精确，但测定过程相对较麻烦；显微硬度用于测定显微组织中各微小区域的硬度（如：不同相的硬度和材料表面的硬度），更适用于小而薄的试件和显微试样，反映微小区域的性能。下面分别介绍几种硬度测定的原理。

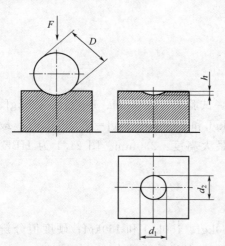

图 21.4 布氏硬度试验原理
D—合金球直径，mm；F—试验力，N；
d_1，d_2—压痕直径，mm；
h—压痕深度，mm

3.1 布氏硬度

3.1.1 测量原理

对一定直径 D 的碳化钨合金球压头施加试验力 F 压入试样表面，经规定保持时间后，卸除试验力 F，测量试样表面压痕的直径 d（见图 21.4），根据公式计算出布氏硬度值，用 HBW 表示。布氏硬度与试

验力除以压痕表面积的商成正比，其计算公式为

$$HBW=0.102\frac{F}{S}=0.102\frac{F}{\pi Dh}=0.102\frac{2F}{\pi D(D-\sqrt{D^2-d^2})} \tag{21.1}$$

式中，$0.102\approx\dfrac{1}{9.80665}$，9.80665 是从 kgf 到 N 的转换因子；d 为压痕平均直径，mm。

由布氏硬度的计算公式可知，布氏硬度与 F、D 和 d 有关。当 F 和 D 一定的情况下，布氏硬度的高低取决于压痕的直径 d，d 越大，表明材料的 HBW 值越低，即材料越软；反之材料硬度越高，即 HBW 越大。若将不同压痕直径 d 对应的载荷 F 以及布氏硬度值建立一个表，则可直接查出对应 d 尺寸的 HBW。当然，也可以通过上述公式计算出 HBW。

3.1.2　布氏硬度表示方法

HBW 前为硬度值，符号后依次为压头直径、试验力及保持时间。如：600HBW1/30/20，表示直径 1mm 的硬质合金球在 294.2N 试验力下保持 20s 测定的布氏硬度值为 600。

3.1.3　试验条件

试样厚度至少应为压痕深度的 10 倍。试验时只要满足试验力-球直径平方的比率（$0.102F/D^2$ 比值）为常数，则对同一种材料来说其布氏硬度值都是相同的，而对不同材料，所得硬度值可进行比较。试验力的选择应保证压痕直径 d 为 $0.24\sim0.6D$，最理想值为 $0.375D$。试验力-压头球直径平方的比率（$0.102F/D^2$ 比值）应根据材料和硬度值选择，可参考表 21.1。在试样截面大小和厚度允许的情况下，尽可能地选取大直径压头和大的载荷。

表 21.1　不同材料推荐的试验力与压头球直径平方的比率

材料	布氏硬度 HBW	试验力-球直径平方的比率 $0.102F/D^2$/(N/mm²)
钢、镍基合金、钛合金	—	30
铸铁	<140	10
	≥140	30
铜和铜合金	<35	5
	35~200	10
	>200	30
轻金属及其合金	<35	2.5
	35~80	5
		10
		15
	>80	10
		15
铅、锡	—	1
烧结金属	依据 GB/T 9097—2016《烧结金属材料(不包括硬质合金)表观硬度和显微硬度的测定》	

注：对于铸铁，压头的名义直径应为 2.5mm、5mm 或 10mm。

3.1.4 布氏硬度计的构造与操作

常见的布氏硬度计有油压式和杠杆式，目前多采用杠杆式硬度计，通过杠杆来传递压力，是较为完善的硬度计。图 21.5 为 HB-3000 型布氏硬度计的基本结构。

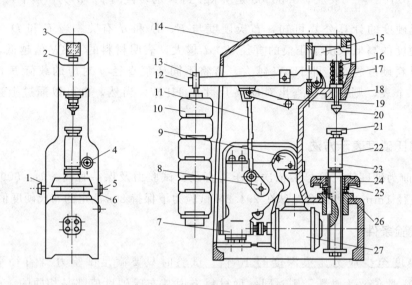

图 21.5　HB-3000 型布氏硬度计结构

1—电源开关；2—加力指示灯；3—电源指示灯；4—加力开关；5—压紧螺钉；6—圆盘；

7—减速器；8—曲柄；9—换向开关；10—砝码；11—连杆；12—大杠杆；

13—吊环；14—机体；15—小杠杆；16—弹簧；17—压轴；18—主轴衬；

19—摇杆；20—压头；21—可更换工作台；22—工作台立柱；

23—螺杆；24—升降手轮；25—螺母；

26—套筒；27—电动机

HB-3000 型布氏硬度计的操作方法如下。

（1）首先根据试样厚度确定压头直径 D，再根据材料和布氏硬度值范围选择 $0.102F/D^2$ 比值，确定试验力 F。

（2）将试样放在工作台中央，顺时针方向平稳转动手轮，使工作台上升至试样与压头接触，直到手轮打滑，即与螺母产生相对滑动，此时停止转动手轮。

（3）按下加力开关，开始加载，当指示灯闪亮时，同时迅速拧紧压紧螺钉，使圆盘随曲柄一起回转，直到自动反向和停止转动为止。从加载指示灯闪亮到熄灭为全载保持时间。

（4）逆时针转动手轮，样品台下降，取下试样，用读数显微镜测量试样表面压痕的直径，相互垂直方向各测一次，取其平均值，查表（参见 GB/T 231.4—2009《金属材料 布氏硬度试验 第 4 部分：硬度值表》）或计算确定 HBW 硬度值。

整个试验期间，硬度计不应受到影响试验结果的冲击和振动。任一压痕中心到试样边缘的距离至少应为压痕平均直径的 2.5 倍。两相邻压痕中心距离至少应为压痕平均直径的 3 倍。

3.2 洛氏硬度

3.2.1 测量原理

洛氏硬度的测试原理是将特定尺寸、形状和材料的压头（金刚石锥体和合金球）按规定分两级试验力压入试样表面，初试验力加载后，测量初始压痕深度，随后施加主试验力，在卸载主试验力后保持初试验力时测量最终压痕深度，计算最终压痕深度与初始压痕深度的差值（即残余压痕深度 h），再根据式(21.2)计算出洛氏硬度值，用 HR 表示。洛氏硬度的测量原理图如图 21.6 所示。

$$洛氏硬度\ HR = N - \frac{h}{S} \tag{21.2}$$

式中，S 为给定标尺的标尺常数（0.002mm）；N 为给定标尺的全量程常数（金刚石圆锥体压头时为 100，球形压头时为 130）。

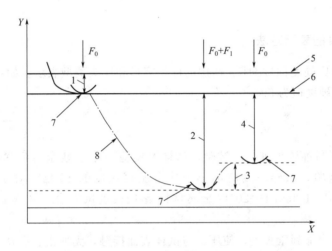

图 21.6 洛氏硬度试验原理

X—时间；Y—压头位置；1—在初试验力 F_0 下的压入深度；
2—由主试验力 F_1 引起的压入深度；3—卸除主试验力 F_1 后
的弹性回复深度；4—残余压痕深度 h；5—试样表面；
6—测量基准面；7—压头位置；8—压头
深度相对时间的曲线

实际测定洛氏硬度时，由于硬度计的压头上方装有百分表，可直接测量出压痕深度，并按式(21.2)计算出相应的硬度值。所以，在试验中可直接读取洛氏硬度值。

为了能测定从软到硬或厚薄试样的材料硬度，根据压头类型、试验力大小和材料适用的范围将洛氏硬度标尺分为 9 种，对应的全量程常数 N 有 100 和 130 两种，洛氏硬度标尺见表 21.2。使用中最常用的是 A、B 和 C 三种标尺，HRA 适用于坚硬或薄硬材料硬度，如硬质合金、渗碳后淬硬钢、经硬化处理后的薄钢带、薄板等；HRB 适用于中等硬度的材料，如经退火后的中碳和低碳钢、可锻铸铁、各种黄铜和大多数青铜以及经固溶处理时效后的各种硬铝合金等；HRC 适用于经淬火及低温回火后的碳素钢、合金钢以及工、模具钢，也适用于测定冷硬铸铁、珠光体可锻铸铁、钛合金等。

表 21.2 洛氏硬度标尺

洛氏硬度标尺	硬度符号单位	压头类型	初试验力 F_0/N	总试验力 F/N	标尺常数 S/mm	全量程常数 N	适用范围
A	HRA	金刚石圆锥	98.07	588.4	0.002	100	20～95
B	HRBW	直径 1.5875mm 球	98.07	980.7	0.002	130	10～100
C	HRC	金刚石圆锥	98.07	1471	0.002	100	20①～70
D	HRD	金刚石圆锥	98.07	980.7	0.002	100	40～77
E	HREW	直径 3.175mm 球	98.07	980.7	0.002	130	70～100
F	HRFW	直径 1.5875mm 球	98.07	588.4	0.002	130	60～100
G	HRGW	直径 1.5875mm 球	98.07	1471	0.002	130	30～94
H	HRHW	直径 3.175mm 球	98.07	588.4	0.002	130	80～100
K	HRKW	直径 3.175mm 球	98.07	1471	0.002	130	40～100

①当金刚石圆锥表面和顶端球面是经过抛光的，且抛光至沿金刚石圆锥轴向距离尖端至少 0.4mm，试验适用范围可延伸至 10HRC。

3.2.2 洛氏硬度的表示方法

洛氏硬度用洛氏硬度符号 HR、使用的标尺字母和压头类型表示。如：59HRC，表示用 C 标尺测得的洛氏硬度值为 59。

3.2.3 试验条件

对于用金刚石圆锥压头进行的试验，试样厚度应不小于残余压痕深度的 10 倍；对于用球压头进行的试验，试样厚度应不小于残余压痕深度的 15 倍。对于特别薄的薄板金属，可参考国标 GB/T 230.1—2018《金属材料 洛氏硬度试验 第 1 部分试验方法》附录 A 的要求。

总试验力分两次加到压头上，使压头与试样表面接触，无冲击、振动、摆动和过载地施加初试验力 F_0 和主试验力 F_1。

3.2.4 洛氏硬度计的构造与操作

洛氏硬度计类型较多，外形构造也不相同，但构造原理及主要部件相同。图 21.7 为常用的 HR-150 型洛氏硬度计的结构。

HR-150A 型洛氏硬度计的操作方法如下。

（1）根据硬度标尺表选择压头及载荷。

（2）将试样放在洛氏硬度计的载物台上，选好测试位置。顺时针方向缓慢转动升降机构的手轮，使试样与压头接触，加初试验力，并观察读数百分表上长指针顺时针转三圈垂直向上，短指针对准小红点为止（长指针位置相差不能超过 5 个刻度，若超过需重新开始试验）。

（3）旋转百分表外壳，使百分表盘上的长指针对准硬度值的起点，即归零（HRA 和 HRC 对准黑字 C 处，HRB 对准红字 B 处）。

（4）平稳向前扳动加载手柄至极限位置，即加载主试验力，观察长指针，从开始转动到停止的时间应为 4～8s。

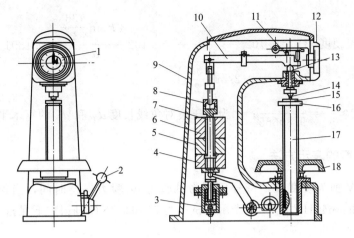

图 21.7　HR-150 型洛氏硬度计结构

1—指示器；2—加载手柄；3—缓冲器；4—砝码座；5、6—砝码；7—吊杆；

8—吊套；9—机体；10—加载杠杆；11—顶杆；12—刻度盘；13—主轴；

14—压头；15—试样；16—工作台；17—升降丝杆；18—手轮

（5）当长指针停止转动后，向后缓慢推回卸载手柄至原来位置，卸除主试验力。此时大指针回转若干格后停止，从表盘上读出长指针所指示的硬度值，并记录下数值。

（6）逆时针旋转手轮，工作台下降使压头与试样分开，再移动试件。用同样的方法在试样不同位置测量三次，取三次测量结果的平均值作为试样的洛氏硬度值。

试验过程中，硬度计应避免受到冲击或振动。两相邻压痕中心之间的距离至少应为压痕直径的 4 倍，且不应小于 2mm。任一压痕中心到试样边缘的距离至少应为压痕直径的 2.5 倍，并且不应小于 1mm。

3.3　维氏硬度

3.3.1　测试原理

维氏硬度是将顶部两相对面夹角 136°的正四棱锥体金刚石压头用一定的试验力压入试样表面，保持规定时间后，卸除试验力，测量试样表面压痕对角线长度，由此计算出表面积，再根据式(21.3)计算出维氏硬度值，用 HV 表示。其测试原理图如图 21.8 所示。

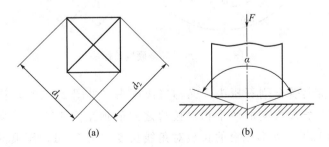

(a)　　　　　　　(b)

图 21.8　维氏硬度试验原理

(a) 维氏硬度压痕；(b) 压头（金刚石锥体）

α—金刚石压头顶部两相对面夹角（136°）；F—试验力，N；

d_1，d_2—两压痕对角线长度，mm

$$维氏硬度\ \mathrm{HV}=0.102\frac{F}{\dfrac{d^2}{2\sin\left(\dfrac{136°}{2}\right)}}=0.102\frac{2F\sin\dfrac{136°}{2}}{d^2}\approx0.1891\frac{F}{d^2} \qquad (21.3)$$

式中，$0.102\approx\dfrac{1}{g_n}=\dfrac{1}{9.80665}$；$d$ 为两压痕对角线长度 d_1 和 d_2 的算术平均值，mm。

3.3.2　维氏硬度的表示方法

硬度符号 HV 前为硬度值，符号后面为试验力/试验力保持时间，当保持时间为 10～15s 时不标注。如：640HV30/20，表示在试验力为 294.2N(30kgf) 下保持 20s 测得的维氏硬度值为 640。

3.3.3　试验条件

进行维氏硬度测试时，使压头与试样表面接触，垂直于试验面施加试验力，加力过程中不应有冲击和振动，直至将试验力施加至规定值。试验力保持时间通常为 10～15s。

3.4　显微硬度

3.4.1　测量原理

根据压头的不同，显微硬度分为两种。一种是和维氏硬度一样的两面角 136° 的金刚石正四棱锥形压头（见图 21.9），称为维氏显微硬度，其压痕深度与两对角线平均值关系约为 1：7，其计算式与维氏硬度计算式一样，即

$$维氏显微硬度值\ \mathrm{HV}=0.102F/A_v=0.1891\times10^6 F/d_v^2 \qquad (21.4)$$

式中，A_v 为压痕接触面积，mm^2；d_v 为压痕两对角线长度的算术平均值，$\mu\mathrm{m}$。

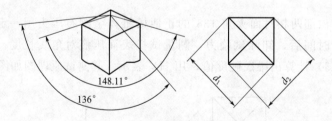

图 21.9　维氏显微硬度计压头

另一种压头是克努普金刚石压头，又称努氏压头（见图 21.10），特征是具有菱形几面的金刚石棱锥体，长度方向的两个相对棱边之间的顶角为 172.5°，宽度方向两个相对棱边之间的顶角为 130°。菱形压痕的长短对角线长度比为 7：1，压痕深度与对角线长度的比约为 1：30，其计算式为

$$努氏显微硬度值\ \mathrm{HK}=0.102F/A_k=1.4514\times10^6 F/d_k^2 \qquad (21.5)$$

式中，A_k 为压痕投影面积，mm^2；d_k 为压痕长对角线的长度，$\mu\mathrm{m}$。

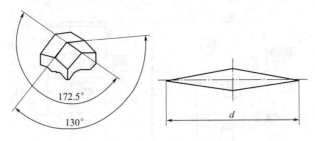

图 21.10　努氏显微硬度计压头

3.4.2　显微硬度的表示方法

显微硬度的表示方法同维氏硬度，只是努氏显微硬度的符号为 HK。如：640HV0.1 表示在试验力为 0.1kgf(0.980665N) 下保持时间 10～15s 时测得的维氏显微硬度值为 640。640HK0.1/20 表示在试验力为 0.1kgf(0.980665N) 下保持时间 20s 时测得的努氏显微硬度值为 640。

3.4.3　试验条件

与宏观硬度值相比，小试验力下"硬度与负荷无关"的几何相似定律不再适用，显微硬度测定值会受到试验力大小的影响。只有在试验力及保持时间相同的情况下，才能获得可比硬度值。要获得最准确的显微硬度值，应当采用适用范围内的最大试验力。

显微硬度测定时，试样应经过抛光，必要时需腐蚀制备成金相样品。在测量时，压头轴线要与试验面保持垂直，否则测量无效。试样应固定以保证在试验过程中试样不发生移动。

覆盖层硬度测定时，所采用的试验力应当使压痕深度小于覆盖层厚度的 1/10。维氏显微硬度测定时，覆盖层的厚度至少应为压痕对角线平均长度的 1.4 倍，努氏显微硬度测定时，覆盖层厚度至少应为压痕长对角线长度的 0.35 倍。两种试验时的最小厚度应为 15μm。

显微硬度的测定通常是在显微镜下进行压痕观察的，故而应当在视场中央测量硬度压痕，压痕面积最好在整个视场的 2/3 以内。

3.4.4　显微硬度计的构造和操作

显微硬度计由显微镜和硬度计两大部分构成，显微镜用来测量显微组织，确定待测部位，测定压痕对角线的长度；硬度计测量测试装置则是将一定的载荷加在一定的压头上，压入所确定的测试部位。通常显微硬度计主要由支架部分、载物台、负荷机构、显微镜系统四部分组成的。以 HVS-1000Z 型自动转塔数显显微硬度计为例，介绍其构造和操作。图 21.11 为 HVS-1000Z 型自动转塔数显显微硬度计结构。

HVS-1000Z 型自动转塔数显显微硬度计的具体操作如下。

(1) 开机：打开电源，显示屏亮，转搭自动转动，压头到前方位置。

(2) 选择试验力：小心缓慢地转动变荷手轮，选择合适的试验力。

(3) 选择参数：可对屏幕上实验参数进行修改和选择，选择确认后，按 OK 键确定。

(4) 试样测试面调焦：将标准试块或试件放在十字试台上，转动升降旋轮使十字试台上升，当试件离压头下端 0.5～1mm 时，按"←"键，40×物镜转到前方位置，此时光路系

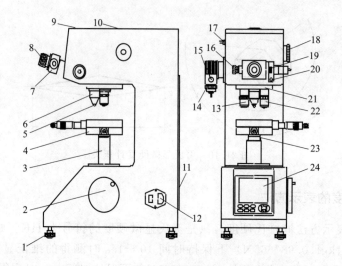

图 21.11 HVS-1000Z 型自动转塔数显显微硬度计结构

1—调节螺钉；2—升降旋轮；3—升降螺杆；4—十字试台；5—压头；6—保护罩；

7—目镜；8—眼罩；9—摄像盖板；10—上盖；11—后盖；12—开关；

13—10×物镜；14—灯源上下调节螺母；15—灯源前后调节螺钉；

16—左鼓轮；17—圆插座；18—变荷手轮；19—右鼓轮；

20—测量按钮；21—转塔；22—40×物镜；

23—支紧螺钉；24—操作面板

统总放大倍率为 400×，靠近目镜观察，并通过调节试台高度完成调焦。

（5）放大视场范围：若想观察试件表面上较大的视场范围，则可按"→"键将 10× 物镜转至前方位置，此时光路系统总放大倍率为 100×，处于观察状态。

（6）加载保载卸载：按"启动"键，压头自动转到前方，此时加载试验力，同时屏幕上出现"正在加荷"，而后依次显示"保荷延时""10、9、8、……、0 秒倒计时"和"正在卸荷"，当试验力卸载结束后压头自动退回，40× 物镜回到前方，屏幕回到操作界面。

（7）压痕调焦：在目镜的视场内可看到压痕，根据自己的视力稍微转动升降旋轮，上下调节十字试台将其调到最清楚。

（8）清零：转动右鼓轮，移动目镜中的刻线，使两刻线逐步靠拢，当刻线内侧无限接近时（刻线内侧之间处于无光隙的临界状态，但两刻线不能重叠），按"清零"键，主屏幕上的 d_1 数值为零，即为术语中的零位。

（9）测量压痕对角线长度：转动右边鼓轮使刻线分开，然后移动左侧鼓轮，使左边的刻线移动，当左边刻线的内侧与压痕的左边外形交点相切时，再移动右边刻线，使内侧与压痕外形交点相切，按下目镜上测量按钮，对角线长度 d_1 的测量完成。转动目镜 90°，以上述方法完成另一对角线长度 d_2 的测量。这时屏幕显示本次测量的示值和所转换的硬度示值。

（10）试验测定完毕后，调低十字试台到合适位置，取下试样，关闭电源。

对于钢、铜及铜合金，压痕中心至试样边缘的距离至少应为压痕对角线长度的 2.5 倍，两相邻压痕中心之间距离至少应为 3 倍；对于轻金属、铅、锡及其合金，压痕中心至试样边缘的距离至少应为压痕对角线长度的 3 倍，两相邻压痕中心之间距离至少应为 5 倍。试样一般选取不同部位至少测三个硬度值，取平均值作为试样的硬度值。

4 实验内容

4.1 实验准备

对待测试样的表面进行打磨和或抛光处理，以保证试验面平整，具有能够测量压痕的粗糙度。维氏显微硬度测定时，如有必要需对样品进行腐蚀制备成金相样品。

对试验所用硬度计进行检查及校正，确保仪器能正常使用。

4.2 实验过程

（1）根据试样特性选择合适的硬度测试方法和设备，确定试验条件。根据硬度计的使用范围，选择合理的载荷和压头，设置合理的保载时间。

（2）用标准硬度块校验硬度计。校验的硬度值与标准块的硬度值之差，布氏硬度不大于±3%，洛氏硬度不大于±1%～3%，维氏硬度不大于±4%，小力值及显微维氏硬度最大不大于±12%"（不同硬度值范围最大允许误差不同）"。

（3）严格按照设备操作规程进行试验。测试时，保持工作台面、试样表面和压头清洁干净。加载试验力时平稳细致操作，试验力加载过程中不要碰触试样及硬度计，不得造成冲击及振动，加载试验力方向应保持与试样表面垂直。

① 布氏硬度试验。

a. 清理试样表面，并根据试样的材料、厚度和硬度范围选择压头直径 D、试验力 F 及保载时间。

b. 试样放在硬度计工作台上，按布氏硬度计的操作规程进行试验，在试样表面产生一个压痕。移动试样至少重做两次试验，产生后两个压痕。

c. 取下试样，用读数显微镜在相互垂直方向上测量压痕直径求得平均压痕直径 d，根据 d 查表或求出试样的布氏硬度值。

② 洛氏硬度试验。

a. 清理试样表面，并根据试样的材料、形状选择压头、试验力和工作台。

b. 把试样放在工作台上，按洛氏硬度计的操作规程进行试验。共测四点，取后三点，取其平均值为洛氏硬度值。

③ 维氏显微硬度。

a. 试样进行抛光、浸蚀、吹干。根据试样的材料、形状选择工作台、载荷和加载时间。

b. 在显微镜下观察，选择所测试的部位，调焦使视场图像清晰。

c. 操作"启动"键自动使压头转向前方，对准所测试的部位，然后加载，保持一定时间，卸载。

d. 在目镜中观察显微硬度的压痕，对目镜刻线进行清零操作。

e. 通过目镜中刻线测量压痕对角线的长度，通过计算或查找对角线与显微硬度对照表，得到显微硬度值。也可使用显微硬度计图像测量系统对压痕对角线进行测量，读取计算机所示硬度值。按照试验规程第一测试点不计入硬度值结果中。

f. 按照以上操作步骤在试样上测量三个点，对测得的三次硬度值求平均值，得到试样的显微硬度值。

（4）在卸除试验力测试完毕后，必须使压头完全离开样品表面再取下试样，以免损坏压头，关闭硬度计，清理好工作台。

（5）整理试验数据，撰写实验报告，并对试验结果进行分析。

5 结果分析与讨论

显微硬度计目前在高校科研院所等单位广泛使用，尤其是在材料科学研究工作中，仅以此为例进行硬度值测定说明。

试样选用标样标准显微硬度块（738HV1），选择加载试验力为 9.80665N(1kgf)，保载时间为 10s。按照显微硬度计的操作规程进行硬度测定，得到样品表面的压痕 1，如图 21.12(a) 所示。经过测量压痕的对角线长度 d_1 和 d_2 分别为 50.313μm 和 50.757μm，则压痕对角线长度的平均值 d 为 50.535μm。根据维氏显微硬度的计算公式可求出

$$\mathrm{HV} = 0.102 \times \frac{\dfrac{F}{d^2}}{2\sin\left(\dfrac{136°}{2}\right)} = 0.102\,\frac{2F\sin\dfrac{136°}{2}}{d^2} \approx 0.1891\,\frac{F}{d^2}$$

$$= 0.1891 \times 10^6 \times \frac{9.80665}{(50.535)^2} = 726.15 \approx 726(\mathrm{HV1})$$

同样再测两个点 [见图 21.12(b)]，压痕 2：对角线长分别为 50.757μm 和 50.092μm；压痕 3：对角线长分别为 50.535μm 和 50.313μm，求出其硬度值均为 729HV1，则此样品的显微硬度值为 728HV1。其测得硬度值和标样标称值的误差约为 1.4%，说明测量结果较为准确。

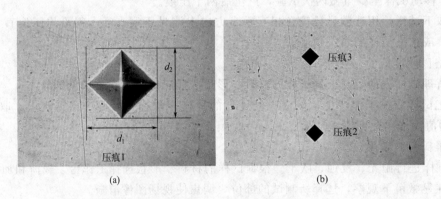

图 21.12 维氏显微硬度压痕

(a) 放大倍数 400×；(b) 放大倍数 100×

同样也可以利用维氏硬度试验硬度值表（GB/T 4340.4—2009《金属材料 维氏硬度试验 第4部分：硬度值表》）查出三个压痕对角线长度所对应的硬度值，再求平均值。

试验测得硬度值同标样标称值并不完全相同，这是因为在测量时样品表面状态、硬度计压头状态等都可能有所不同，以及人为测量误差造成的。

以上是根据材料试验条件选择的 9.80665N 的试验力，同样可以选择在不同的试验力下进行测试，比较分析试验力对硬度值的影响。

6 实验总结

本实验的要点有：①掌握常用硬度测定方法的基本原理，并会计算硬度值；②了解常用硬度测定方法的适用范围，选择合理的试验条件；③掌握常用硬度计的操作。

影响实验结果的因素：①试样的表面状态；②试样上硬度测定的位置；③压头的选择及压头状态；④试验力的选择；⑤加载速度和加载时间的选择；⑥试验过程中的操作规范性，仪器是否受到振动或冲击；⑦压痕直径或深度的测量误差。

实验注意事项：①遵守实验室规章制度，严格按照规定操作各硬度计；②在移动压头或更换试样时，必须确保压头离开试样后再操作；③硬度计在加载过程中勿移动试样或碰撞硬度计及试验台，避免硬度计受到冲击和振动；④根据材料大小和类型等选择合适的压头和试验力。

实验22
材料微动摩擦磨损性能及磨痕形貌测试

1 概述

微动是指在相互接触表面发生的振幅极小的往复运动，通常位移幅度在微米量级。微动摩擦不仅可以造成接触表面的破坏，引起构件咬合、松动或形成污染源等，还能引发裂纹的萌生、扩展与断裂，导致零部构件失效，大大降低了构件寿命。

微动损伤普遍存在于机械行业、航空航天、核反应堆、电力工业、桥梁工程、交通运输工具，甚至人工植入器官等领域的紧配合部件中。随着高科技领域对高精度、长寿命和高可靠性的要求，以及各种工况条件的苛刻，微动损伤的危害日益凸现，现已成为一些关键零部件失效的主要原因之一。在机械工程及其相关领域不断发展的形势下，摩擦学的研究领域正由宏观转向微观，其试验也向着微观领域和动态领域方面发展。微动摩擦学作为摩擦学的一个重要分支，越来越受到国内外学者的重视。摩擦磨损后的测试样品表面特征一般与高度分布有关，因此可以采用光学轮廓仪采集表面测试数据，从而完成磨痕形貌、体积等信息分析。

本实验的目的是：①熟悉微动摩擦磨损试验机的工作原理和结构。②掌握用微动摩擦磨损试验机的操作方法。③掌握对经过微动摩擦磨损实验后的样品表面进行磨痕测试和分析的方法。

2 实验设备与材料

2.1 实验设备

如图 22.1 的德国布鲁克（Bruker）的 UMT Tribolab 型通用机械性能测试仪主要技术指标如下。①负载范围：1mN～2kN。②垂直行程：最大行程为 150mm，分辨率为 $0.5\mu m$，速度为 $0.002\sim10mm/s$。③水平行程：最大行程为 75mm，分辨率为 $0.25\mu m$，速度为 $0.002\sim10mm/s$。④扭矩能力：100r/min 转速下，5N·m；5000r/min 转速下，2.5N·m。⑤温度控制：$-30\sim1000℃$。

UMT Tribolab 型通用机械性能测试仪采用模块化驱动的可互换测试模块。传统的摩擦测试仪器为单一化功能测试设备，现新型摩擦测试系统可根据切换不同的测试模块，实现在同一测试平台上进行多种不同类型的摩擦测试。

（1）旋转驱动。专为球盘、销盘和研磨试验设计，转速为 $0.1\sim5000r/min$，扭矩可达 5N·m，最大加载载荷为 2kN。该驱动可用于生成 Stribeck 曲线，比较润滑油性能。测试满足 ASTM 测试标准，如 ASTM G99、ASTM G132、ASTM D3702 等。

（2）环块驱动。专为环块实验设计，转速为 $0.1\sim5000r/min$，扭矩可达 5Nm，最大加载载荷为 2kN。该驱动器满足 ASTM 测试标准，如 ASTM G77、ASTM D3704、ASTM D2981 等。

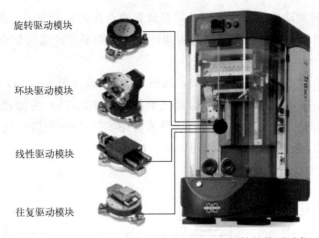

旋转驱动模块

环块驱动模块

线性驱动模块

往复驱动模块

图 22.1　Bruker 的 UMT Tribolab 型通用机械性能测试仪

（3）线形驱动。理想的低速磨损研究和划痕试验工具，速度为 0.001～10mm/s，行程可达 120mm，最大加载载荷为 2kN。该驱动可实现划痕测试来表征涂层，并满足用于涂层表征（通过划痕试验）和 ASTM 测试标准，如 ASTM G174、ASTM G133 等。

（4）往复驱动。专为球板、销板和研磨试验设计，往复频率可达 60Hz，冲程为 0.1～25mm，位置分辨率为 1μm，最大加载载荷为 2kN。该驱动器满足 ASTM 测试标准，如 ASTM G119、ASTM G203、ASTM G204、ASTM 206 等。

2.2　实验器材

待测试样、摩擦对偶［三氧化二铝球、氮化硅球（硬度较高），硬度较低的合金可用 GCr15 球］。

3　实验原理

3.1　微动摩擦学

微动摩擦的两接触表面间发生了振动幅度很小的往复运动。微动摩擦广泛存在于承受机械振动、电磁振动、疲劳载荷或热循环等工况的"近似紧固"的机械配合件中。

微动的过程，根据运动方式的不同分类，可分为四类，如图 22.2 所示。

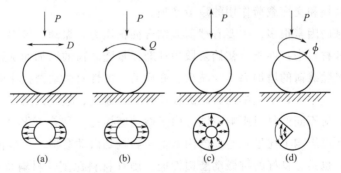

图 22.2　微动运行的四种运动方式

（a）切向微动；（b）滚动微动；（c）径向微动；（d）扭动微动

图 22.2(a) 切向微动也称平移式微动，是最普遍存在的微动方式。图 22.2(b)～(d) 三种微动形式在工程领域中大量存在。同时由两种以上微动形式形成的复合式微动也存在，并且问题更为复杂。

微动造成的损伤形式主要可分为三类，如图 22.3 所示。图 22.3(a) 为微动磨损，是相互接触的表面之间小振幅位移产生的复合形式磨损。图 22.3(b) 为微动疲劳，指接触表面的相对运动是外界交变疲劳应力引起的微动模式。图 22.3(c) 是微动腐蚀，指在微动磨损过程中，表面之间的腐蚀现象起主要作用的微动模式。

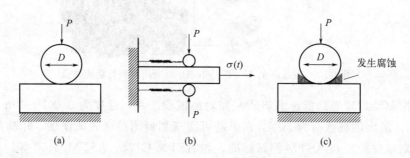

图 22.3 微动的三种损伤类型

(a) 微动磨损；(b) 微动疲劳；(c) 微动腐蚀

微动磨损的产生必须满足三个必要条件：①两表面间必须承受载荷；②两表面间必须存在小振幅振动或反复相对运动；③截面的载荷和相对运动必须足够使表面承受变形和位移。

微动磨损的机理可描述为在载荷作用下，相互配合表面的接触微凸体产生塑性变形并发生黏着，当配合表面受外界小幅度振动时，黏着点将发生剪切破坏，随后剪切面被逐渐氧化并发生氧化磨损，形成磨屑。由于表面紧密配合，磨屑不易排除，在结合面上起磨料作用，形成磨粒磨损。裸露的金属接着又发生黏着、氧化、磨粒磨损等，如此反复循环。当稳定磨损积累到一定程度，出现疲劳剥落。但有些氧化物颗粒增多时磨损并不加剧，甚至可能起润滑作用。初期损伤的磨损严重性和范围取决于金属的活性和环境的腐蚀性。

微动磨损不是单独的磨损形式，而是包含黏着磨损、氧化磨损、磨粒磨损，还可能包含腐蚀作用引起的磨损和交变载荷作用的疲劳磨损。

影响微动区域的因素很多，主要有载荷或结合面正压力，振动、频率与循环次数，环境的腐蚀性，润滑和材料本身性质。初始阶段微动磨损量随载荷的增加而加剧，但超过某极大值后，微动磨损量随载荷的增加而不断减少。介质的腐蚀性对微动磨损影响很大，氧气介质中的微动磨损比空气中大，空气中的微动磨损比真空、氮气、氢气以及氩气中大。湿度对于微动磨损的影响，对不同的材料影响不同。由于微动磨损是由黏着、化学、磨料、疲劳磨损等形式构成的，所以影响上述形式磨损的因素都会影响到微动磨损。一般情况下，抗黏着磨损性能好的材料，也具有良好的抗微动磨损性能。脆性材料比塑性材料抗黏着磨损能力强；同一种金属或晶格类型、点阵常数、电化学性能、化学成分相近的金属或合金组成的摩擦副易发生黏着，也易造成微动磨损。

3.2 摩擦磨损参数测量

3.2.1 摩擦系数的测量

摩擦系数大小是表示摩擦材料特性的主要参数之一。在微动摩擦中需测定动摩擦系数。常用测量连续摩擦时的摩擦力变化来求得摩擦系数。摩擦系数主要测量方法包括：重力平衡法、弹簧力平衡法和电测法。电测法是目前最为普遍应用的方法。它通过把压力传感器附加到测力元件上，将摩擦力（或力矩）转换成电量（电信号），输入测量和记录仪上，自动记录下摩擦过程中摩擦力的变化。再由摩擦力与法向载荷间接求得摩擦因数。

3.2.2 磨损量的测量

磨损量是评定摩擦材料的耐磨性，控制产品质量和研究摩擦磨损的一个重要指标。测量方法常见有以下三种。

（1）称重法。根据试样在试验前后的重量变化，用精密分析天平称量来确定磨损量的方法。这种方法简单，应用普遍。为保证称重的精度，试件在称重前应当清洗干净并烘干，避免表面有污物或湿气而影响重量的变化。对于多孔性材料，在磨损过程中容易进入油污而不易清洗，称重法往往误差很大。此外，若试件在摩擦过程中重量损失不大，而只发生较大的塑性变形，则也不宜用称重法，否则测量误差较大。

（2）测长法。测长法是测量摩擦表面法向尺寸在试验前后的变化来确定摩擦量的方法。常用测量长度的仪器有千分尺、千分表、测长仪、万能工具显微镜、读数显微镜等。

（3）轮廓仪法。对图所示的磨痕进行测量，可采用轮廓仪法。这种方法是用轮廓仪在几个部位上垂直于磨损轨迹绘制出磨痕的轮廓线。在轮廓线上找出基准线，然后用面积仪（或近似用方格法）求得基准线和磨痕轮廓之间的面积大小。在一个磨痕上取若干个测量部位，然后将所测得的面积求平均值。该平均值除以相应的放大倍数，乘上磨痕的长度，即得磨痕体积，并以此推算出磨损量。这种方法精度比较高，并且可利用磨痕轮廓图分析磨损的部分特性。

4 实验内容

4.1 实验准备

测试样品要求表面平整光滑，尺寸长度大于1.5mm，宽度大于1mm。

4.2 实验过程

以 CrNbTiMoZr 薄膜对 GCr15 球的摩擦学性能为例，说明在线性往复模式下运行操作流程如下。

（1）打开计算机。

（2）在机台上电之前更换上线性驱动模块，并用夹具将试样夹紧，固定在模块上。

（3）安装适合量程的力传感器和缓冲器，安装实验需要的摩擦对偶球。

（4）打开机台电源。

（5）打开 UMT 控制软件。

（6）打开 Edit 菜单查看是否正常识别了对应的配置文件。

（7）在 Script 工具栏中依次从上至下打开 Graph、Manual 和 Adjustment 三个面板。

（8）使用键盘控制 Carriage 和 Slider 移动，将球移动至试样上方 2mm 左右的位置。

注意：

① 确保键盘控制 Carriage 和 Slider 移动过程中，球托不会碰到样品夹具。

② 只有打开 Adjustment 面板后，键盘控制 Carrige、Slide 和 Lower Drive 移动才会生效。

③ 在移动之前要确保保护罩的门是关闭的，并且机台前面板 Motor 处于 Active 状态。

（9）使用 Manual 面板，控制 Lower Drive 前后自动移动，即做相对摆动运动，确保移动中 Holder 不会触碰到样品夹具。

（10）上一步测试正常时，使用 Manual 面板停止 Lower Drive 的自动移动。

（11）按"从上到下""从左至右"的原则进行脚步程序编辑。程序编辑时推荐初始设置如下：①接触力设置为传感器量程的 1%。比如 100kg 传感器，则接触力可设置为 1kg 或 10N。Pretouch、Touch、Tracking 的速度分别为 0.2mm/s、0.05mm/s、0.005mm/s。②Tolerance 设置根据使用加载力和样品差异有所不同。常规设置为加载力的 1%～5%。比如加载力为 10N，Tolerance 可设置为 0.1～0.5N。③Disengage 一定要设置，可设置为抬起高度 5mm，速度为 2mm/s（最大不超过 10mm/s）。④Data File 中勾选需保存的通道，摩擦测试中 Fx 和 Fz 必选，其他的通道可根据需要勾选。

（12）数据通道 Fx、Fz 清零。选中 Fx Fz 曲线面板，单击工具中 Unzero All Channels 按钮释放力偏置量，然后观察曲线面板中 Fx 和 Fz 的示数，如果超过量程的 5%，需要使用机械清零，在完成机械清零后，再次单击清零按钮进行数字清零。

（13）单击 Start，运行程序。

（14）在程序运行后，注意观察 Fz 的力和模块的运动方式，看是否为用户设定的力加载和运动方式，如果异常可单击 Stop 停止该程序。

（15）程序运行完后，可使用 Viewer 软件打开数据文件进行分析。

（16）运行完成后，使用键盘手动将 Carriage 升至最高，以方便更换模块和样品。

（17）将样品从夹具上取下。

（18）依次关闭 UMT 控制软件，关闭机台电源，关闭计算机，关闭总控开关。

5 结果分析与讨论

5.1 摩擦系数

以 CrNbTiMoZr 高熵合金薄膜的摩擦学性能测试为例，采用直径为 6mm 的 GCr15 球为对偶，在测试前用丙酮对 GCr15 球超声清洗 10min。试验时施加 2N 的载荷，恒定滑动速度为 0.08m/s，测试时间为 20min，对偶总滑动距离为 96m。完成后，用 Viewer 软件打开数据文件，可得到试样的摩擦系数曲线。测试期间 UMT 测试系统自动记录 CrNbTiMoZr 薄膜摩擦系数随时间的变化如图 22.4 所示，不同偏压下制备的试样测试结果可合并到一张图中，便于结果比较。CrNbTiMoZr 高熵合金薄膜采用直流磁控溅射的方法制备，在沉积过程中分别将基底偏压调为：0V，−50V，−100V，−150V 以及 −200V。从图 22.4 中可看出，在对偶与薄膜表面的跑合期后（约 100s），所有的 CrNbTiMoZr 薄膜的摩擦系数保持在 0.5 左右偏压的变化对薄膜摩擦系数的影响很小。

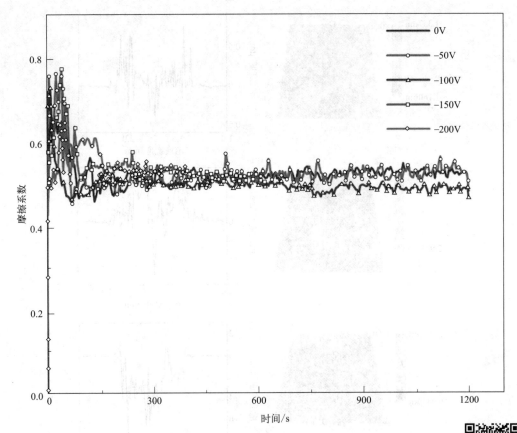

图 22.4　在不同偏压参数下制备的 CrNbTiMoZr 薄膜的摩擦系数曲线

5.2　磨痕形貌测试

采用白光干涉光学轮廓仪对不同偏压下制备的 CrNbTiMoZr 薄膜表面进行扫描后，可处理得到其三维磨痕形貌和二维磨痕轮廓图（见图 22.5）。经比较后可发现：①磨痕的深度和宽度均随偏压的增加而增加。特别是－150V 和－200V 偏压下制备的薄膜磨痕深度，超过了薄膜厚度，说明发生了磨损失效。②对比－50V 和－100V 的磨痕形貌和轮廓，可发现低偏压下，磨痕的磨屑多分布于磨痕两侧边缘处，而－100V 的磨屑更接近于磨痕的中部。这说明 CrNbTiMoZr 薄膜表面的主要磨损机制很有可能是黏着磨损。后期可再结合磨痕表面的扫描电镜照片进一步确定。

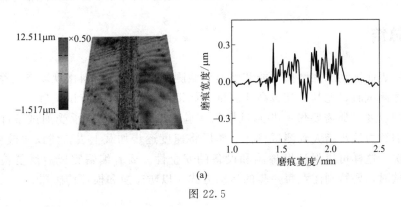

(a)

图 22.5

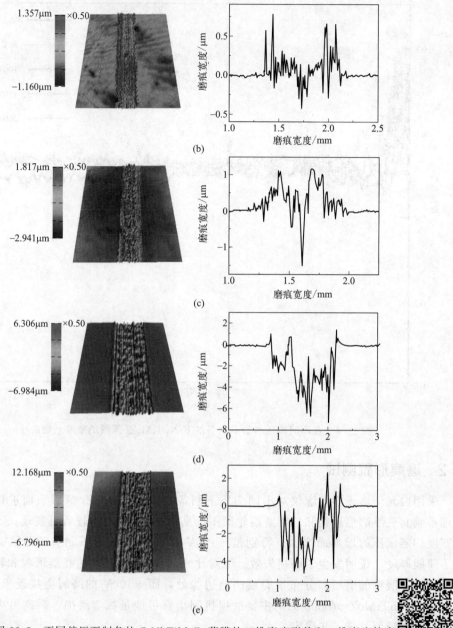

图 22.5　不同偏压下制备的 CrNbTiMoZr 薄膜的三维磨痕形貌和二维磨痕轮廓

6　实验总结

　　通过试样表面微动摩擦磨损性能和磨痕形貌测试，可研究材料微观动态的摩擦机理。

　　在做摩擦测试时，尤其是高载高速测试，如果摩擦副之前没有试验过，不一定能承受所设计的载荷和速度，那需要做一些测试性的实验，确认摩擦副能承受测试条件。一般情况下，会先将加载力逐步增大到测试目标，然后将速度逐步加载上去，建议每改变一次条件，重新实验一次。这样可以保证摩擦副和设备的安全性。要有编辑完成后反复检查确认的习惯。摩擦测试时，要特别注意每一步的运动方式，以防碰撞和损坏传感器。

实验23
金属材料的电化学耐蚀性能测试

1 概述

电化学腐蚀是最普遍、最常见的腐蚀，如金属在酸、碱、盐中产生的腐蚀、大气腐蚀、海水腐蚀、土壤腐蚀以及石油化工生产中大部分的腐蚀和熔融盐腐蚀都属于此类。金属材料的电化学腐蚀主要由阳极、阴极、电解质和电路回路组成，其阳极金属被氧化溶解后以离子形式进入溶液，而阳极上富余的电子通过电路回路转移到阴极，并在阴极处与溶液中的氧化剂发生反应。测试金属材料的电化学耐蚀性能主要采用电化学动电位极化与电化学阻抗谱的测试与分析方法。在有电流通过电极时，由于电极反应的不可逆使电极电位偏离平衡值的现象称为电极极化，用来描述电极极化时电流密度与电极电位之间关系的曲线称为极化曲线，分析极化曲线，可知自腐蚀电位、极化特性（钝化）、阴（阳）极腐蚀速率等参数。电化学阻抗谱（EIS）是指给电化学系统施加一个频率不同的小振幅的交流正弦电势波，测量交流电势与电流信号的比值（系统的阻抗）随正弦波频率的变化，或者是阻抗的相位角随正弦波频率的变化。电化学阻抗谱测试可用于分析电极过程动力学、双电层和扩散等，研究电极材料、固体电解质、导电高分子以及腐蚀防护机理等。

通过本实验的开展，可在了解电化学工作站的基本原理与应用的基础上，熟悉电化学测试系统的组成和各组成部分在测试过程中所发挥的作用，以及电化学测试常用的分析方法及其优缺点；学会用 Gamary3000 电化学工作站测试金属材料的开路电位、动电位极化曲线和交流阻抗谱，并理解其测试的目的及意义；掌握塔菲尔直线外推法求电化学腐蚀参数和电化学阻抗谱的等效电路图拟合方法。

2 实验设备与材料

2.1 实验设备

电化学工作站是将恒电位仪、恒电流仪和电化学交流阻抗分析仪等有机结合的电化学测量系统。利用计算机得到各种复杂的激励波形，这些波形是以数字阵列的方式产生并存于储存器中，然后将这些数字通过数-模转换器转变为模拟电压施加到恒电势仪上。在数据获取及记录方面，电化学响应（如电流或电势）基本上是连续的，可通过模-数转换器在固定时间间隔内将它们数字化后进行记录。

Gamry Reference 3000 电化学工作站，除工作站主机外，还配置有电极线、USB 线、电源线、电源适配器、接地线、校准屏蔽盒、校准电路板、模拟电解池，以及软件安装光盘等。该设备可作为恒电位仪/恒电流仪/零电阻电流计/频率响应分析仪来操作，可实现两电极、三电极和四电极体系的测量，甚至双参比电极膜（膜的电阻等）的测量。设备的主要技术参数为：电流测量量程为 $3pA \sim 3000mA$，最小电流分辨为 $100aA$，电位测量精度（直流）小于 0.1% 满量程，最小电位分辨为 $1\mu V$，电化学交流阻抗频率为 $10\mu Hz \sim 1MHz$。

2.2　实验器材

待测试样、电解质溶液、参比电极、对电极、电解池。

3　实验原理

3.1　电化学反应过程

电化学反应主要由三个阶段组成。第一阶段，当加载电位未达到电化学反应发生的电位时，研究的是电化学热力学；第二阶段，当加载电位超过平衡电位时，考察电压与电流之间的关系，此时数据呈现的是反应发生的速度，研究的是电极过程动力学；第三阶段，当电压偏离平衡位置很大，即过电位很大时，整个电化学过程中控制反应速度的不再是电位，而是产物或者是产物的传递过程，研究的是物质传递，如图 23.1 所示。相应的金属电化学腐蚀从阳极金属溶解开始，即 $M \to M^{n+} + ne^-$，阳极上富余的电子通过导线流入阴极区，并被溶液中的去极化剂所吸收发生还原反应。若去极化剂为酸性溶液，其中的氢离子吸收电子，发生 $H^+ + 2e^- \to H_2$ 反应。若为中性和碱性溶液，其中的溶解氧吸收电子 $O_2 + 4e^- \to 2O^{2-}$，由于其在碱性条件下不能单独存在，只能结合 H_2O 生成 OH^-，即 $2O^{2-} + 2H_2O \to 4OH^-$，总反应式为 $O_2 + H_2O + 4e^- \to 4OH^-$。因此，阳极金属在酸性或弱酸性溶液中，由于金属离子可以稳定地存在，一般以离子的形式溶解于溶液中，而在中性或碱性水溶液中往往容易在其表面生成氢氧化物等不溶性薄膜。

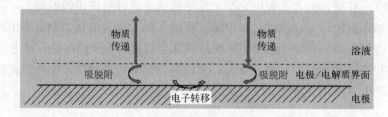

图 23.1　电化学反应过程

金属电化学腐蚀的发生是有条件的，即金属表面上的不同区域或不同金属在腐蚀介质中存在电极电位差，且具有电极电位差的两电极处于短路状态或电解质溶液中。此时，阳极金属离子从阳极转入溶液，在阳极/溶液界面发生氧化反应释放电子，阴极在溶液/电极界面接受电子发生还原反应。在这两种反应中除了分子、离子外，还有电子参加反应，故而叫电化学反应。

3.2　双电层理论

金属在腐蚀介质中产生电化学腐蚀的基本条件之一就是金属表面不同区域存在着电极电位差而形成腐蚀原电池，有腐蚀电流产生。原电池产生电流的机理可用双电层理论进行说明，如图 23.2 所示。金属浸入电解质溶液中，其表面上的金属正离子由于受到极性水分子的吸引，发生水化作用，有进入溶液而形成离子的倾向，并将电子留在金属表面。如果水化时所产生的水化能足以克服金属晶格中金属离子与电子间的引力，则金属离子脱离金属表面进入与金属表面相接触的溶液层中形成水化离子，金属晶格上的电子受水分子电子壳层同性电荷的排斥，不能进入溶液，仍然留在金属内。

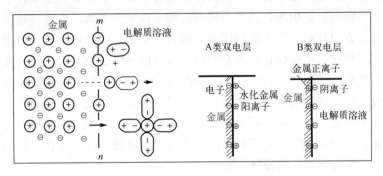

图 23.2　金属离子水化示意图与双电层结构示意

当金属水化离子带正电，留在金属表面的电子带负电，由于正负电荷相互吸引，在与溶液接触的金属表面聚集一定数量的电子，形成负电层，在与金属接触的溶液层中聚集一定数量金属离子，形成正电层，此为 A 类双电层。如果金属离子的键合能超过金属离子的水化能，则金属表面可能从溶液中吸附一部分正离子，结果在金属表面带正电，与金属表面相接触的溶液层带负电，形成了另一种双电层类型 B。由于双电层的形成，在金属和溶液的界面上产生了电位差。当金属电极与电解质溶液接触，可以自发形成双电层，也可以在外电源（电化学工作站）作用下强制形成双电层。

金属电极电位的大小是由金属表面双电层的电荷密度，即单位面积上的电荷数决定的。金属表面的电荷密度与很多因素有关。首先它取决于金属的性质。此外，金属表面状态、温度以及溶液中金属离子的浓度等都对金属的电极电位有影响。它们之间的关系可用 Nernst 方程来表示，即式(23.1)：

$$E_{M/M^{n+}} = E^0_{M/M^{n+}} + \frac{RT}{nF} \mathrm{Ln}\alpha_{M^{n+}} \tag{23.1}$$

式中，$E_{M/M^{n+}}$ 为金属离子活度为 $\alpha_{M^{n+}}$ 时金属的平衡电极电位；$E^0_{M/M^{n+}}$ 为金属离子活度为 1 时金属的平衡电极电位，即金属的标准电极电位；R 为气体常数；T 为绝对温度；F 为法拉第常数；n 为参与反应的电子数；$\alpha_{M^{n+}}$ 为溶液中的金属离子活度。

3.3　金属的极化与去极化

金属电化学腐蚀过程中所发生的极化作用和去极化作用是影响金属腐蚀速度的主要因素。在研究可逆电池的电动势和电池反应时，电极上几乎没有电流通过，每个电极反应都是在接近于平衡状态下进行的，此时的电极反应是可逆的。但当有明显的电流通过电池时，电极的平衡状态被破坏，电极电势偏离平衡值，电极反应处于不可逆状态，而且随着电极上电流密度的增加，电极反应的不可逆程度也随之增大，其电位值对平衡值的偏离也越大，即极化作用越大。阳极电位向正的方向移动的现象称为阳极极化，阴极电位向负的方向移动的现象称为阴极极化。腐蚀电池极化可使腐蚀电流强度减少，从而降低了金属的腐蚀速度。如果没有极化现象发生，电化学的腐蚀速度要比实际观察到的快几十倍甚至几百倍。所以从电化学保护的观点看，极化作用是非常有利的，探讨产生极化作用的原因及其影响因素，对研究金属腐蚀与防护具有十分重要的意义。

产生极化的原因有活化极化、浓差极化和电阻极化。其中电阻极化主要发生在阳极金属表面，而活化极化和浓差极化主要影响阴极极化过程。某些金属在一定条件下有阳极电流流过时易在表面生成致密的保护膜，使得金属的溶解速度显著降低，电极过程受到阻滞，阳极电位剧烈地向正的方向移动。由于保护膜的形成，使电池系统的电阻也随着增加，故由此引起的极化称为电阻极化。阴极极化过程是溶液中吸收电子的物质 D，亦即去极化剂（如溶液中的氢离子和溶解氧），在阴极吸收电子的过程，即 $D+e^- \rightarrow [D \cdot e]$。当阳极的电子供给速度大于阴极去极化剂的吸收电子速度时，会在阴极积累富余的电子，此时电子密度将增加，使得阴极电位越来越负，即产生了阴极极化（亦称为电化学极化）。同时，当溶液中的去极化剂向阴极表面扩散速度较慢，或阴极反应产物向外扩散较慢时，都会引起阴极电位向负的方向移动而产生阴极极化（浓差极化）。

去极化是指一切可以消除或减少极化作用的电极过程。阳极发生的去极化作用称为阳极去极化，而阴极发生的去极化作用称为阴极去极化。能阻止极化过程进行的物质称为去极化剂。显然，电极的去极化过程将大大加快金属的腐蚀速度。从防止或减少金属电化学腐蚀的角度出发，通常不希望发生去极化的电极过程。为了控制去极化过程的进行，首先需要了解去极化产生的原因。由于去极化剂容易到达阴极表面，或阴极表面的反应产物向外扩散速度快就会发生阴极去极化作用，如搅拌溶液可加快阴极反应的进行。所有能在阴极获得电子的过程都可以产生阴极去极化作用，其中以氢离子的去极化作用（析氢腐蚀）和溶解氧的去极化作用（吸氧腐蚀）最为重要。

3.4　阻抗谱原理

电化学阻抗是通过对电路施加小的交流电势激励信号来测量响应的电流变化而获得的。当施加正弦波电位激励信号时，对应于正弦电位信号的电流也是相同频率的正弦信号，只是相位偏移不同（见图 23.3），通常使用正弦方程（傅里叶级数）来分析该电流信号。激励信号是时间的函数，为 $E_t = E_0 \sin(\omega t)$，其中 E_t 是 t 时间的电势，E_0 是幅值，ω 是角频率。角频率与频率之间的关系为 $\omega = 2\pi f$（f 为频率）。在线性响应系统中，响应信号 I_t 随相位角移动，幅值变化为 $I_t = I_0 \sin(\omega t + \phi)$（$\phi$ 为相位角）。由此，类似于欧姆定律的表达式用系统阻抗表示为

$$Z = \frac{E_t}{I_t} = \frac{E_0 \sin(\omega t)}{I_0 \sin(\omega t + \phi)} = Z_0 \frac{\sin(\omega t)}{\sin(\omega t + \phi)} \tag{23.2}$$

阻抗的大小与 Z_0 和 ϕ 有关。通过欧拉公式对其进行转换，可得到其复函数下的阻抗为

$$Z(\omega) = \frac{E}{I} = Z_0 \exp(j\phi) = Z_0(\cos\phi + j\sin\phi) \tag{23.3}$$

对于一个阻抗的测试系统，其必须满足因果性、线性和稳定性三个基本条件。系统的激励与响应之间必须具有因果关系。即系统输出的响应信号只是由输入系统的激励信号引起，必须排除与输入系统激励信号无关的噪声信号的影响，确保对被测系统的激励与系统对激励的响应之间的关系是唯一的因果关系。很明显，如果系统还受其他噪声信号等的干扰，它就

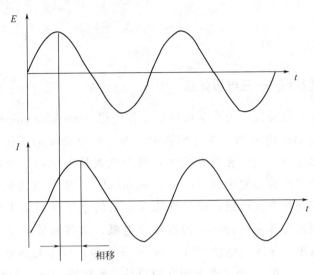

图 23.3　线性系统中的正弦响应电流

会扰乱系统的响应，进而无法保证系统输出的是一个与激励信号具有同样角频率的正弦波响应信号。

被测系统必须是线性系统，即系统输出的响应信号与输入系统的激励信号之间存在线性函数关系。正是由于这个条件，所以在激励信号与响应信号之间具有因果关系的情况下，两者是具有同一角频率 ω 的正弦波信号。在典型的电化学阻抗谱（electrochemical impedance spectroscopy，EIS）测试中，常向系统施加 $1\sim10\mathrm{mV}$ 的交流电信号。在如此小的电位下，系统可以近似为线性的。如果系统不是线性的，电流响应将包含激励频率的谐波。谐波是基频的整数倍的频率，如二次谐波的频率等于基频的两倍。

EIS 测量需要一定的时间，通常长达几个小时。在整个 EIS 测量时间内，被测系统必须是一个稳定的系统。EIS 测量和分析中出现问题的一个常见原因是被测系统的不稳定。事实上，稳态系统很难获得。测试系统随溶液杂质的吸附、氧化层的生长、溶液中反应物的形成、涂层的溶解或温度的变化等而变化。在非稳态系统中，EIS 标准分析工具可能会产生极其不准确的结果。因此，要求被测系统对于激励信号是稳定的，即输入系统的激励信号不会引起系统内部结构发生变化。当对于系统的扰动停止后，系统能够恢复到它原先的状态。

除了上述三个基本条件外，被测系统还必须具有阻抗 $Z\neq0$ 或导纳 $Y(Y=1/Z)$ 为有限值。

因此，利用 EIS 研究一个电化学系统时，实际是将电化学系统看作一个等效电路，该等效电路是由电阻（R）、电容（C）和电感（L）等基本元件按串联或并联等不同方式组合而成的。通过 EIS，可以测定不同频率 $\omega(f)$ 的激励信号 X 和响应信号 Y 的比值，得到不同频率下阻抗的实部 Z'、虚部 Z''、模值 $|Z|$ 和相位角 ϕ，然后将这些量绘制成各种形式的曲线，就得到 EIS 阻抗谱。从而通过等效电路的构建以及各元件电化学含义与大小的分析，深入探讨电化学系统的结构及其电极反应过程动力学、双电层和扩散等的机理。

4 实验内容

4.1 实验准备

4.1.1 电化学测试系统——三电极体系

电化学测试通常是测量发生电化学反应的工作电极（working electrode，WE）的电极电位和与其相对应的腐蚀电流值。在电解液中，为了使电流流向工作电极，需将另一个金属电极（常用铂黑电极）浸渍在电解液中，两个电极接通电源，通过外加电压的方式测量流动电流，这个电极称为对电极（counter electrode，CE）。在测试发生反应的工作电极的电极电位时，需使用参比电极，通过高输入电阻的电压计测量工作电极和参比电极之间的电位差。不同研究体系可选择不同的参比电极，水溶液体系中常用饱和甘汞电极（SCE）、Ag/AgCl 电极、标准氢电极（SHE 或 NHE）等，许多有机电化学测量使用非水参比体系的 Ag/Ag+（乙腈），而工业上则常用简易参比电极，或用对电极兼做参比电极。因此，三电极体系中的电流从工作电极流到对电极，独立的参比电极只提供参比电势而无电流通过。

通常情况下电化学测试得到的工作电极的电位及电流是平均值。因此，在电极实际电位和电流分布不均匀的条件下，测量数据与真实数据通常不一致。特别是电极表面的电流分布极易不均匀，需要特别注意。在电极的端角部分、溶液的气相-液相界面和电解池的底面附近很容易发生电流集中现象。此外，对电极的形状和布置也会影响电流集中，面向对电极的工作电极面与其背面之间的电流密度会产生差值。参比电极在电流流动状态下的正确接法是将其前端（Luggin 毛细管的前端）靠近工作电极，以减小溶液电阻产生的误差，但若因为靠近 Luggin 毛细管而遮挡和改变了流向工作电极的电流，也会产生误差。因此，需要对工作电极、电解池及测试装置进行合理设计。

4.1.2 金属电极的制备

根据电解池测试装置选择的不同，金属电极的制备方法有所不同。针对外置工作电极（不封样），只需在样品测试面的背面焊上导电铜线后，将工作面打磨至要求即可。针对内置工作电极（封样），首先需要在样品测试面的背面焊上导电铜线，或者用导电铜箔将导线与样品测试背面连接在一起。样品与导电铜线连接后需对其导电性进行测试，直接用万用表即可。在导电性测试正常后，将样品放入镶样模具中，测试面朝下，连接铜线的背面朝上。随后在模具中填充环氧树脂或牙托粉（配合牙托水使用）进行镶嵌，样品需全部覆盖在内，确保测试过程中不会暴露在电解质溶液中，导电铜线另一端暴露在外，用来连接工作站夹头。待样品完全定型后即可将其从模具中取出进行打磨备用。

4.2 实验过程

4.2.1 电化学性能测试

该实验过程以 Gamry3000 电化学工作站为例，主要分为制样与装样、开机与预热、以及测试与关机几个步骤。设备运行之前需要打开空调、除湿机以及排风扇，用以调整室内温度与湿度，确保设备处于最佳运行环境中。制样与装样过程中，首先进行样品的打磨。依次选用 400 号、600 号、800 号、1000 号的金相砂纸去掉样品外表面氧化皮，并将样品工作面磨至镜面状态，同时打磨样品的仪器外置接线盒中连接对电极、工作电极、参比电极的金属夹头表面，确保光洁。然后对电极进行清洁。用超纯水清洗工作电极除去污渍，再用无水乙醇冲洗样品除去油污和水渍，然后吹干备用。最后依据腐蚀实验的三电极原理，接好实验线路。工作电极（W/WS，绿线和蓝线）、参比电极（R，白线）和对电极（C，红色，橙色的 CS 线一般在做电化学噪声时必须接上）分别与对应的电化学工作站上外置的引线连接，再加入电解质溶液。对电极、工作电极、参比电极放置在一条直线上，且对电极的面积要大于工作电极的工作面面积。

测试前需要至少提前 30min 对设备进行开机预热，将 Gamry 3000 主机背面左下方的黑色按钮拨至开的状态，然后打开计算机系统，单击 Gamry Instruments Framework 启动测试软件。针对不同的测试项目进入不同的测试栏目下进行测试。开路电位是电流密度为零时的电极电位，也就是不带负载时工作电极和参比电极之间的电位差，其电位的变化来源于电极从不稳定到稳定的变化过程，主要用于判断材料的腐蚀概率，通常在极化曲线和交流阻抗测试前完成。开路电位的测试流程是在软件系统中按实验要求设置相关参数，例如：Experiment→Utilities→Open Circuit Potential→输入相应数据，如测试时间、电极面积，单击 OK。测试时间应根据样品的稳定情况而定，只有测试到稳定阶段后得到的电位值才具有参考意义。通常情况下要求至少 30min。

动电位极化曲线测试为 Experiment→DC Corrosion→Potentiodynamic→输入相应数据，包括扫描范围、扫描速度、采样间隔、电极面积、材料密度和化学当量等，单击 OK。在参数设置的 Test Identifier、Output File 和 Notes 中，第一个是方法脚本名称，不能修改，第二个是仪器自动保存数据，需要在这里输入保存数据的文件名称，如果有同样文件名的数据存在，软件会提示修改。不要用特殊字符，如 ":"";""\""/" 等，第三个是样品备注信息，也可以不填。后面的参数，扫描范围可根据样品的实际情况进行设置，一般钢铁材料的扫描范围在开路电位的 $\pm 0.1 \sim 0.2V$，铝、镁合金的扫描范围在 $\pm 0.3 \sim 0.5V$。当直接选择扫描范围为区间值时，对应地选择 vs Eco(以相对于开路电位的方式，设置工作电极的电位)，当输入值为开路电位基础上进行加减区间值后的实际电位值时，对应地选择 vs Eref，表明该输入值是以相对于参比电极电位的方式来设置工作电极的电位。Initial E 为扫描开始电位，Final E 为扫描停止电位，扫描时先阴极再阳极，因而开始电位较停止电位更负。扫描速度（Scan Rate）一般可选择 1mV/s 或者 0.167mV/s，过大的扫描速度会漏掉一些微小的电极反应过程。采样间隔（Sample period）一般按默认的 1s 即可。样品面积（Sample Area）、电极材料密度（Density）和电化学当量（Equiv. Wt）根据实际情况输入即可。其中电化学当量等于物质摩尔质量除以电子转移数。需要注意 Conditioning 可在进行电位扫描之前进行一段时间的恒电位极化，可以设置极化时间和极化电位。不需要就选 OFF，OFF 状态后面的方框是灰色表示为无法更改的状态。Init. Delay 是极化曲线测试前的开路电位测试，可以设置时间和电位变化率。如果打开此功能，则会在极化扫描之前先测试开路电位，其 Time 为持续测量开路电位的时间，当达到设定的时间长度时，开路电位的测试就会停止；其 Stab 表示电位随时间的变化率，当工作电极电位变化小于此设定值时，开路电位的测试将会停止。如果不需要该项作为停止条件，可以输入 0。当 Time 和 Stab 的条件满足任何一个，开路电位的测试都将会停止。参数设置中的 IR Comp 为 IR 补偿，不需要时就保持 off 状态；如果勾选，仪器将会用电流截断法的方式实时测量 IR 值，并补偿电位，一般只在电流达到皮安级别时才需要开启。参数设置最后的 Equil. Time 为静置时间，是指电位保持在 Initial E 上的时间。需要注意电极面积、材料密度和电化学当量的设置均不影响测试所得的电流大小，但电极面积会影响测试结束后的电流密度（A/cm^2），而材料密度和电化学当量则会影响拟合结果中的腐蚀速率（mm/a）。

常规的交流阻抗测试都是控制电位变化。其测试过程为：Experiment→Electrochemical Impedance→Potentiostatic EIS→输入相应数据，包括频率范围、点数（点数越少，测试越快）、交流扰动幅值、直流扰动电位、电极面积、预估阻抗值、优化选择（建议选择 Normal），单击 OK。其参数设置的前面三个 Test Identifier、Output File 和 Notes 与极化曲线的设置一样。后面的初始频率（Initial Freq）最高 1MHz，终止频率（Final Freq）最低 10μHz，点数设置（Points/decade）表示每个数量级多少个频率点，一般建议 10 个点。设置的点数越少，测试越快。交流扰动幅值（AC Voltage）一般 5～10mV，如为防腐涂层可以是 20mV 甚至更大。扰动的直流电压大小（DC Voltage），如果在开路电压下做，可以选择 DC Voltage＝0V(vs Eoc)，同时，需要勾选下方的 Init. Delay，在阻抗扫描之前进行开路电位的测试。电极活性面积（Area）可设置为实际值或者默认的 1，该值不影响测试数据。Init. Delay 和 Conditioning 的设置也与极化曲线设置一致。预估阻抗值（Estimated Z）对应高频下的体系电阻值，仪器根据此输入值来确定初始电流挡位。一般可以输入溶液电阻或者电池内阻值，水溶液的电阻值一般为 1～100Ω，有机溶剂的电阻值为 100Ω～10kΩ，电池一般为 1mΩ～1Ω。优化选择（Optimize）可用于测试模式的选择，Fast 测试速度最快，一个频率点测一次，如果需要快速测试时可以选用。一般样品建议选择 Normal，既保证精度，又能进行较快测试，而 Low Noise 测试速度很慢，平行测定次数多，一般不建议。测试完成后退出系统。测量界面左下方出现 Cure done，测试结束。单击界面右上角的×，退出测试系统。关机顺序为：旋转 Gamry 3000 主机背面左下方的黑色按钮至"关"状态，再关闭计算机。一般情况下，不建议频繁关闭设备，且设备长时间不用后重新使用需要对设备进行校准。

4.2.2　极化曲线的数据处理

极化曲线数据处理采用塔菲尔拟合（Tafel fit）的方法进行数据处理与分析。首先用 Echem Analyst 打开 Tafel 或动电位极化 Potentiodynamic 曲线，选择工具栏上的鼠标按钮。在曲线的阴极支和阳极支的强极化区各选择一点，两点之间必须包含极化扫描前测量的 Open Circuit Voltage 开路电位值，也可以从 Experiment Setup 里查到。然后选择 Potentio-dynamic→Tafel Fit 进行拟合，在弹出的窗口中先单击 Calculate 按钮进行计算，然后单击 Close。此时窗口会多出一个 Tafel 的标签页，单击之后，显示结果列表。其结果中的 Chi Squared 值表示拟合曲线与原始曲线接近的程度，该值越小，表示越接近。

当不使用该设备自带的极化曲线处理软件时，也可以使用 Excel 或者 Origin 对数据进行处理。打开数据，最顶上的部分为实验技术参数设置的内容，其内涉及电位设置、样品面积、密度、电化学当量等，注意观察对应的单位。接下来的部分为极化曲线测试前为稳定界面而进行的开路电位测试，该部分数据是设备用于确定测试范围的，数据不用处理。再往下即为极化曲线测试数据，用电势 V_f 和电流 I_m 列的数据进行画图，极化曲线是用来描述电极电位与极化电流或极化电流密度之间关系的曲线。因此若用极化电流可以直接对 I_m 取绝对值后再取对数作图，若用极化电流密度，则需先将电流 I_m 转化为电流密度 i，$i=I_m/s$，s 为样品工作面积，然后对 i 取绝对值后再取对数作图。最后分别选取阴极分支与阳极分支的线性段，算出斜率，带入线性段具体的数据，即可得到直线方程。两直线交点纵横坐标分别为样品自腐蚀电位 E_{corr} 与自腐蚀电流密度 i_{corr}，如图 23.4 所示。

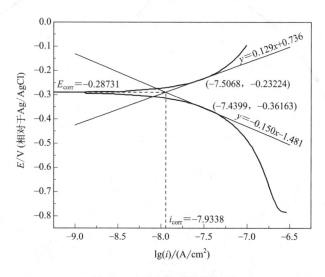

图 23.4　极化曲线数据处理

进行极化曲线的塔菲尔拟合时，关键是要选择 Tafel 区的位置以及长度。根据相关电化学原理可知，当过电位的绝对值 $|\eta|>2.303RT/\alpha nF$ 时，进入强极化区。式中，R 为气体常数，T 为绝对温度，nF 为 1mol M^{n+} 携带的正电量数，α 为电子传递系数，且很多情况下实验求得的 α 数值比较接近 0.5，因而一般取其值为 0.5。由此可知，当 $n=1$ 时，$|\eta|\geqslant$ 120mV 即进入强极化区，当 $n=2$ 时，$|\eta|\geqslant$60mV 即进入强极化区，当 $n=3$ 时，$|\eta|\geqslant$ 40mV 即进入强极化区，以此类推，可以粗略获得不同情况下的强极化区。

4.2.3　阻抗谱的数据处理

在 Echem Analyst 程序中，打开数据，出现 Bode 和 Nyquist 等标签页。通过文献查阅与电化学系统分析，确定电路中的等效电路元件以及它们之间可能的组成，并提出一个可能的等效电路。随后在 Model Editor 中，按照自己体系的等效电路，编辑等效电路图，然后保存并关闭该窗口。利用拟合软件，可得到体系 Rs、Rct、Cdl 以及其他参数，再利用电化学知识赋予这些等效电路元件以一定的电化学含义，并计算动力学参数。需要注意的是电化学阻抗谱和等效电路之间不存在唯一对应关系，同一个 EIS 往往可以用多个等效电路来很好地拟合。选择 Fit A Model (Simplex Method) 方法进行拟合分析时，单击打开后，选择相应的电路模型，单击 Auto Fit 拟合曲线，可以继续多次单击 Calculate，调整拟合曲线，直到满意为止后再单击 Close。最后会出现新的标签页，在标签页中有各项拟合结果，如图 23.5 所示。

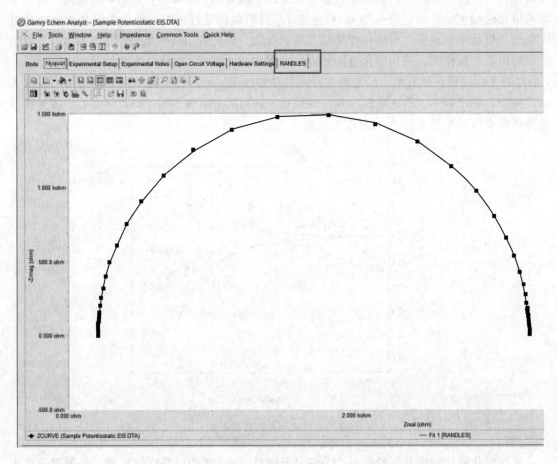

图 23.5　阻抗谱数据拟合

当不使用该设备自带的极化曲线处理软件时，也可以使用 excel 或者 origin 对数据进行处理。打开数据，最顶上的部分为实验技术参数设置部分的内容，其内涉及电位设置、样品面积、密度、电化学当量等，注意观察对应的单位。选取 Zreal 和 Zimag 两列数据进行作图，其中 Zimag 作为 Y 轴，注意需要对其取倒数。采用 Zview 软件对阻抗数据进行拟合时，将此 Freq、Zreal 和 Zimag 三列数据导入软件，查阅文献，根据阻抗谱形状建立合理的等效电路图，也可进行分段拟合，最终得到拟合数据后对其进行整理与分析。在阻抗谱拟合的过程中一定要有对电路元件和对应的符号及其代表的意义的深入认识。

5　结果分析与讨论

5.1　开路电位曲线分析

开路电位是电流密度为零时的电极电位，即不带负载时工作电极和参比电极之间的电位差，可用于判断金属的腐蚀概率，但却无法得知金属的腐蚀速率及腐蚀情形。图 23.6 为常见的镁合金开路电位图。测试前期电位随时间的波动主要是由于金属电极在溶液中的自腐蚀引起，此时电极/电解质溶液界面处的吸附与脱附还没有达到平衡。当界面达到平衡状态时，

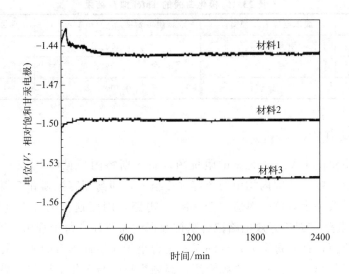

图 23.6　常见的镁合金开路电位

电位将保持在一个稳定的值，该值即为开路电位。

5.2　极化曲线分析

图 23.7 是不同轧制变形量下（0％、10％和 20％）的 LAZ531 镁锂合金的极化曲线。对极化曲线的强极化区数据进行 Tafel 拟合，结果见表 23.1。LAZ531-0％、LAZ531-10％和 LAZ531-20％合金的腐蚀电位（E_{corr}）分别为 $-1.480V_{SCE}$、$-1.470V_{SCE}$ 和 $-1.474V_{SCE}$，腐蚀电流密度（i_{corr}）分别为 $0.108mA/cm^2$、$0.092mA/cm^2$ 和 $0.100mA/cm^2$，根据极化曲线的阴极分支计算得到的腐蚀速率分别是 $2.46mm\ y^{-1}$、$2.10mm\ y^{-1}$ 和 $2.29mm\ y^{-1}$。从数据中可以看出，轧制后，合金的腐蚀电位和腐蚀速率均有所下降，说明轧制可以有效地提高 LAZ531 合金的耐蚀性。其中在轧制压下量为 10％时，LAZ531 镁锂合金具有最正的腐蚀电位和最小的腐蚀速率，此时合金的耐蚀性能最好。

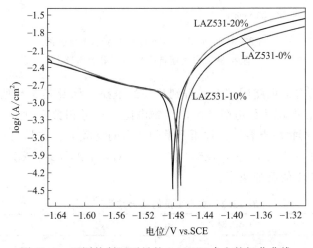

图 23.7　不同轧制压下量的 LAZ531 合金的极化曲线

表 23.1　极化曲线的 Tafel 拟合结果

合金	腐蚀电位 E_{corr}/V_{SCE}	腐蚀电流密度 $i_{corr}/(mA/cm^2)$	腐蚀速率 $P_i/mm\ y^{-1}$
LAZ531-0%	-1.480	0.108	2.46
LAZ531-10%	-1.470	0.092	2.10
LAZ531-20%	-1.474	0.100	2.29

5.3　阻抗谱分析

　　不同轧制压下量的 LAZ531 合金的阻抗图（奈奎斯特图）见图 23.8，三种压下量的合金奈奎斯特图在整个频率范围内均由两个容抗弧组成，即高频容抗弧和低频容抗弧。容抗弧相当于电容器，一般一个容抗弧对应一个（RC）电路，因而这里的等效电路图中可以初步确定两个（RC）电路。创建等效电路拟合阻抗数据时需要注意每个理想元器件的物理性质，其是否有存在的价值，针对每个元器件的误差是否小于元器件本身的值，最后需要关注数据的拟合度是否相对较小。根据相关文献介绍，高频容抗弧与工作电极和电解液之间存在的双电层有关，即与电荷传递过程有关，低频容抗弧与腐蚀产物膜有关。根据阻抗的计算公式，不难发现容抗弧的大小可以表示电阻的大小，一般直径越大，电阻越大，则越耐腐蚀。

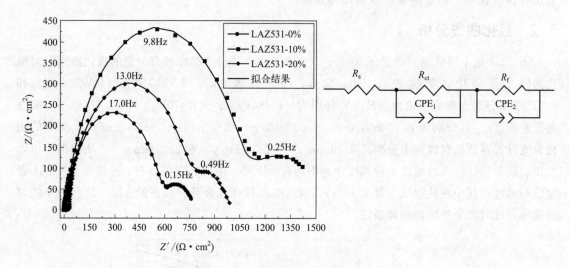

图 23.8　不同轧制压下量的 LAZ531 合金的
阻抗谱（奈奎斯特图）及其等效电路

　　对该阻抗谱进行等效电路图拟合，得到相关的电路元件及其参数见表 23.2。R_s、R_{ct}、R_f 分别为溶液电阻、电荷转移电阻、腐蚀产物电阻。参考相关文献，选择 CPE_1 为双电层电容，CPE_2 为腐蚀产物膜电容。三种压下量的合金的高频大容抗弧的直径以及低频小容抗弧的直径按照同一顺序改变，即 LAZ531-10%＞LAZ531-20%＞LAZ531-0%，说明轧制可以有效地减小 LAZ531 的腐蚀速率。

表 23.2　交流阻抗的拟合结果（Zview）

合金	LAZ531-0%	LAZ531-10%	LAZ531-20%
$R_s/(\Omega \cdot cm^2)$	5.4	7.8	6.2
$R_{ct}/(\Omega \cdot cm^2)$	575	1055	725

合金	LAZ531-0%	LAZ531-10%	LAZ531-20%
$Y_1/s^n(\Omega^{-1} \cdot cm^{-2})$	3.3×10^{-5}	2.8×10^{-5}	3.1×10^{-5}
n_1	0.86	0.86	0.87
$R_f/(\Omega \cdot cm^2)$	200	480	250
$Y_2/s^n(\Omega^{-1} \cdot cm^{-2})$	9.0×10^{-3}	5.8×10^{-3}	4.5×10^{-3}
n_2	0.71	0.61	0.72

6 实验总结

由于电化学实验对环境和电极表面状态非常敏感，这就意味着实验结果可能具有偶然性。因此，电化学测试实验必须使用三组以上的平行测试进行实验数据有效性的验证。同时，针对腐蚀速度的计算结果，最好采用更具有代表性的盐雾腐蚀、析氢和失重对其结果进行验证，以保证数据的准确性。

实验注意事项：实验前检查并确保电解池完好无破损，以防电解质溶液泄漏导致测试误差和腐蚀环境；测试前需要将电化学工作站开机预热 30min，测试过程注意不要碰测试台，保持环境稳定性。测极化曲线和阻抗前一般需将电解槽静置约 30min，使样品表面达到稳定状态；测试中途，电化学工作站上的 Overload 指示灯持续亮起时，表示出现过电流或（和）过电压，应停止测试；测试完成，饱和甘汞电极需浸泡在饱和氯化钾溶液中，铂电极需要冲洗吹干后放置在专用存储盒中备用。此外，还需预防高压电事故，外置接线盒及其测试区域要保持干燥、洁净。

实验过程中不同类型过载的基本说明：I OVLD 代表电流过载。样品面积可能太大，或者电池/超级电容器/燃料电池产生对电化学工作硬件来说过大的电流。E OVLD 代表电压过载。电池/超级电容器/燃料电池的电压过高而无法测量，或者静电计断路。仔细检查白线和蓝线连接是否正确。CA OVLD 代表控制放大器过载。电化学工作站无法为工作电极线（绿）和对电极线（红）之间提供足够的电流，来使工作电极达到所需电位。蓝线和白线有可能断开连接，或电池的未补偿电阻过高，以至于仪器达到槽压。I ADC 和 I VDC 均代表电流通道 A/D 转换器过载。可能是 EIS 测试中，错误的仪器设置，也可能是交流测试时，电池状态变化太大，无法获得有效读数。

实验室电极使用维护及注意事项：对电极（铂电极），使用前电极铂片可在铬酸溶液中清洗，然后再用蒸馏水洗净；若铂片表面有油污，可使用丙酮清洗，随后在铬酸溶液中清洗，并用蒸馏水最后清洗干净；电极使用时尽量不要让铂片与四氟杆之间的密封胶接触液体，如果一定要接触，尽量不要长时间接触，以延长电极的使用寿命。参比电极（饱和甘汞电极），使用前去掉玻璃管外壁结晶盐，确保盐桥液中不存在大气泡，同时盐桥液面要高于被测样品溶液的液面；电极体内部应经常清洗并更换盐桥液，对一般的附着沾污应及时清除，以保持液络部正常工作；拿去电极帽后，勿长时间暴露在空气中，电极短期不用时，需将电极液络部浸入饱和氯化钾溶液中保存。根据电解质溶液的不同，选择不同的参比电极。中性溶液选取饱和甘汞电极或者氯化银参比电极，酸性溶液选取硫酸亚汞参比电极，碱性溶液选取汞-氧化汞参比电极。如需使用盐桥，则根据溶液浓度差异来决定，一般低浓度多采用单盐桥，高浓度多采用双盐桥。

第4篇
材料制备工艺实验

实验24
铝合金的熔炼与浇铸

1 概述

铸造铝合金是指可采用铸造成型工艺而直接获得铸锭和铸件的铝合金。其按主要添加合金元素种类的不同，可分为 Al-Si 系、Al-Cu 系、Al-Mg 系和 Al-Zn 系等。不同体系的铸造铝合金可以通过微合金化等方法来提高其强度、塑性和韧性。铸造铝合金的制备主要包括合金的熔炼和浇铸两个过程，前者主要通过高温熔化、气体保护以及精炼剂的精练净化作用来获得高质量的熔体，后者主要通过控制浇铸速度、冷却速度等来控制充型与凝固过程，从而获得高质量的铸锭或铸件。

铸造铝合金具有良好的铸造性能，可以直接制成形状复杂的零件，同时也可以作为变形铝合金的坯料，用于高性能变形件的制备。该工艺在不需庞大设备投入的前提下，可有效减少对原材料的浪费，同时回收实现再生铝的二次利用，从而极大降低了铝合金零部件的生产成本。目前，铸造铝合金已经在航天用燃汽轮叶片、发动机机匣和汽车用气缸盖、变速箱、活塞，以及仪器仪表用壳体、泵体等零件上得到较好的应用。

本实验的目的是：①可在了解实验用坩埚电阻炉的工作原理及结构的基础上，熟悉铝合金熔炼与浇铸的基本方法与安全注意事项。②掌握铝合金熔炼过程中的配料比及其计算方法，以及铝合金熔炼质量的控制。

2 实验设备与材料

2.1 实验设备

合金熔炼的目的是要获得符合一定成分和温度要求的金属熔液。不同类型的金属，需要采用不同的熔炼方法与设备。铝合金的熔化通常采用坩埚熔化电阻炉，其主要由炉体（包括炉壳、炉衬、炉盖）、加热室（加热元件）、坩埚构成，如图 24.1 所示。炉壳是炉体的钢结构部分，由炉墙钢板构成，用于固定炉衬并承受其重量；炉衬是采用高温莫来石砌筑炉膛，再用各种隔热材料砌成保温层，使其在加热过程中能承受高温热负荷，减少散热损失。炉衬通常具有一定的结构强度，以保证炉内热交换过程的正常进行；炉面板上装有一个圆形的炉盖，其上留有热电偶测量孔和通气孔。由高电阻合金加工成螺旋状的电热元件布置在加热室周围的搁砖上，通过引出棒与外线路的电源接通；坩埚放在加热室中完成合金的熔化。在电炉后端装有保护罩壳，罩壳是加热元件接线装置。电路配置一支热电偶，通过补偿导线与控制柜上的仪表相连接，可控制工作温度。

GR2-7.5-12 型坩埚熔化电阻炉，额定功率 7.5kW，工作温度 1200℃，采用

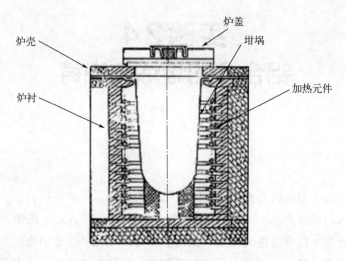

炉壳　炉盖　坩埚

炉衬　加热元件

图 24.1　坩埚熔化电阻炉的结构

0Cr21Al6Nb 高温电热合金丝绕成的螺旋状电阻丝加热，升温时间不大于 70min，控温精度 ±0.1℃，炉温均匀度为 ±5℃，工作区尺寸为 250mm×300mm。此外，炉门开启自动断电功能，使炉门打开后自动断电；超温保护功能，当温度超过允许设定值后，自动断电及报警；漏电保护功能，当炉体漏电时自动断电。

2.2　实验器材

纯铝、单质合金、中间合金、氩气、精炼剂、脱模剂、切割机、电子秤、烘箱或箱式电阻炉、浇铸模具以及熔炼辅助工具，如渣勺、搅拌器等。

3　实验原理

熔炼是使金属合金化的一种方法，它包括熔化与净化两个部分。熔化是采用加热的方式改变金属物态，使基体金属和合金化元素按要求的配比熔制成成分均匀的熔体。净化则是利用物理化学原理和相应的工艺措施去除熔体中的气体、夹杂和有害元素，使其达到一定纯净度的工艺方法。熔体的质量直接决定了铝合金材料的加工性能和使用性能。如果熔体质量不好，会显著恶化制品的综合性能，给制品的使用带来潜在的危险。因此，熔炼是对加工制品的质量起支配作用的一个关键工序。

由于铝合金的熔点低，熔炼时极易氧化、吸气，合金中的低沸点元素（如 Mg、Zn 等）极易蒸发烧损。故铝料熔化以后，必须进行净化处理，以去除铝液内部的非金属夹杂物和气体，主要是氢气。铝合金的熔体净化按处理状态分为在线式和间歇式，按净化位置分为炉内净化和炉外净化，按净化原理分为吸附净化和非吸附净化。其中吸附净化包括惰性气体净化法、活性气体（氯气）净化法和熔剂净化法。向熔体中通入惰性气体后，会在熔体中产生大量的外来气泡，由于气泡中氢的分压 $P_H^0 = 0$，熔体中的氢将不断地进入气泡中，直到气泡中的氢分压与熔体中的氢分压达到平衡，此时气泡将带着氢浮出液面，带走熔体中的氢（见

图 24.2)。连续不断的气泡进入，并不断地带走熔体中的氢，同时还可将气泡表面吸附的夹杂物一同带出。因此，此法可以同时去除熔体中的氢和夹杂物。活性气体（氯气）净化法一般在 740～760℃下的除氢效果较好，但氯气有剧毒，且腐蚀性较强，尚未得到工业应用的认可。用于净化铝液的物质统称为熔剂，包括除气熔剂、覆盖熔剂及精炼熔剂三类。熔剂在室温多数是固体或气体，也有个别熔剂是液体。气体熔剂目前已由单一的 N_2 和 Cl_2 发展为混合气体，如 $50\% Cl_2 + 50\% N_2$、$15\% Cl_2 + 11\% CO + 74\% N_2$ 和 $2\% CCl_2F_2 + 23\% CO_2 + 75\% N_2$ 等。液态熔剂主要是 CCl_4 和 $TiCl_4$ 等。固态熔剂主要是 C_2C_6、$MnCl_2$ 和 Na_3AlF_6 等。熔剂要求表面张力要小，对熔体表面的防护能力和覆盖能力

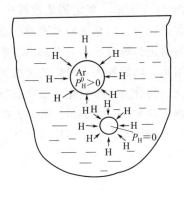

图 24.2 熔体中的氢向惰性气体扩散

要大，最好还能促进冶金反应，因此一般要求其熔点要低。而精炼则是利用各种添加剂和化学复合物对合金熔体进行除氢、除渣以及合金化处理。

　　熔体的非吸附净化方法主要包括过滤法、静置处理、稀土除氢、真空处理、气体的电迁移及外场处理等。过滤法是通过中性或活性材料，如玻璃布、刚玉球及泡沫陶瓷等制备的过滤器，对悬浮在熔体中的固体夹杂物及其上吸附的氢进行熔渣分离的净化方法。随着过滤器材质的不同，过滤方法也较多，其中刚玉过滤管法和泡沫陶瓷过滤板法的过滤效果最好。前者过滤效率高，但价格昂贵，且使用不方便，仅在日本得以应用。后者在保证过滤效果较好的前提下，其价格较低且使用方便，已得到广泛应用。目前，发达国家中 50% 以上的铝合金熔体都采用泡沫陶瓷过滤板过滤。静置处理则是利用合金熔体中夹杂物与基体溶液之间的密度差，在浇铸前静置一定时间，使得密度大的夹杂物自发下沉，密度小的夹杂物上浮，从而实现熔渣分离。该方法只能用于较大夹杂物的去除，而小颗粒夹杂物去除和除氢效果不明显。稀土除氢是基于稀土元素与氢之间较大的亲和力，可以在铝合金熔体中形成稳定的化合物，从而降低熔体中的氢含量，减少铸造过程中氢气孔的产生。该方法操作简单，无污染，且精炼效果较好，但稀土昂贵的价格限制了其推广应用。真空处理是利用氢在熔体中与真空中的分压差，使得熔体中的氢不断生成气泡而上浮至液面，并在上浮过程中带走熔体中的非金属夹杂物。需要注意，在静态真空条件下，熔体中的含氢量几乎不可能降为零。因此，真空处理的除氢效果是有一定的局限性的。气体的电迁移方法是利用 H^+ 正离子在电场作用下的运动特征，使其在负极上得电子后生成氢气分子而逸出液面来除氢。外场处理则是利用高速定向往复振动时产生的弹性波，在熔体内部产生大量显微空穴，使得熔体中的气体原子以空穴为核心发生聚集、反应，进而长大形成气泡逸出熔体来达到除氢的目的。此外，还有复合净化法，即结合两种或两种以上的方法对熔体进行净化，如氩气吸附加超声震荡，真空处理加超声震荡等。

4　实验内容

4.1　实验准备

4.1.1　熔炼工艺制定

　　根据所选合金体系的铸造特性和熔炼量，选定熔炼炉，并制定目标合金的熔炼工艺，如

图 24.3 所示，确定铸造过程中的炉料添加顺序、熔炼温度、精炼温度、模具类型及温度，并选择合适的精炼剂和变质剂进行组织细化与净化处理。一般的熔炼过程为原材料准备，同时对进行脱模涂料处理后的坩埚与模具进行预热，然后加入小块炉料和熔点较低的回炉料至熔化，随后加入干燥后的大块回炉料、铝锭和中间合金形成熔池，并在 730～740℃ 进行熔化。待合金完全熔化后依次进行覆盖剂、熔体搅拌、扒渣、精炼除气、再次扒渣、再加覆盖剂、静置 10～30min、第三次扒渣、出炉。将出炉后的熔体浇铸至预热的铸造模具中进行冷却凝固成型，获得铸锭或铸件。

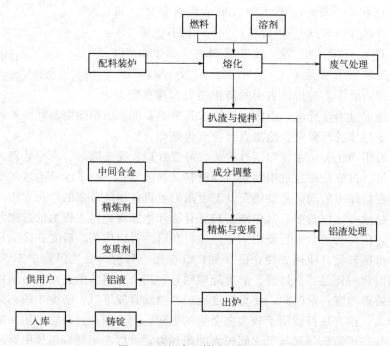

图 24.3　铝合金铸造工艺流程

4.1.2　配料计算

熔炼时配料计算应精确。熔化铝合金所需炉料主要包括金属炉料，即新料、纯金属、中间合金和旧炉料，溶剂，即覆盖剂、精炼剂和变质剂，以及辅助材料，即坩埚和熔炼浇铸工具表面的涂料。配料计算主要涉及金属材料的配合使用，以满足合金质量要求。这意味着在保证合乎要求的化学成分和合金质量的前提下，应多使用旧炉料，以降低成本。为了达到这一要求，必须考虑熔炼过程中的合金元素烧损率，其计算公式为

$$烧损率 = \frac{投料量 - 产料量}{投料量} \times 100\%$$

$$= \frac{成品量 + 废品量 + 放干料 + 未回炉渣中金属}{投料量} \times 100\% \tag{24.1}$$

在合金熔炼过程中，最常见的就是由于合金氧化和操作造成的合金元素的损失，即烧损。由于添加合金化元素的种类和数量的不同，合金熔炼过程中各元素的烧损率并不是一个定值，需要结合实际情况加以确定。一般铝的烧损率在 3%～5%，通过降低熔炼温度、缩

短静置时间、使用高纯铝熔炼等措施可将铝的烧损稳定控制在 3%。

4.1.3　炉料、坩埚及熔炼工具的准备

炉料使用前应对其进行清理，去除表面的锈蚀、油脂等污物。放置时间不长且表面比较干净的铝合金锭及金属型回炉料可以不经吹砂处理，但需去掉混在炉料中的铁质过滤网及镶嵌件等。所有炉料在入炉前均应预热，以去除表面附着的水分，缩短熔炼时间，并可在一定程度上降低合金元素氧化的趋势，从而减小元素的烧损。

新坩埚在使用前需清理干净，并仔细检查有无穿透性缺陷，且需进行吹砂处理。首先将坩埚预热至暗红色（500～600℃）后保温 2h 以上，以烧除附着在坩埚壁上的水分及可燃物质，随后冷却到 300℃ 以下时，仔细清理坩埚壁，并在温度不低于 200℃ 时喷涂料。注意，坩埚一定要烘干、烘透后方可使用。撇渣勺、搅拌勺、精炼勺、熔剂勺、钟罩等辅助熔炼工具在使用前也需将其上的残余金属及氧化皮等污物除尽，并进行 200～300℃ 的预热，然后涂以防护涂料，避免与铝液的直接接触而污染铝液。涂料一般采用氧化锌和水或水玻璃调和使用。涂完涂料后的模具及熔炼工具使用前需再次进行 200～300℃ 的预热烘干。如果熔体需要转运，还需对浇包进行清洁与烘干处理。整个熔炼过程中温度的控制非常重要，一般采用铁-康铜或镍铬-镍铝型热电偶测量，采用低碳钢或无镍不锈钢管保护热电偶。

4.1.4　熔炼过程的设备常见故障及检修

熔炼工艺的调控离不开对熔炼设备的认识。熔炼过程中的设备常有不升温、升温慢和温度异常等情况的出现。针对熔炼过程的不升温和升温慢，首先检查电源电压是否正常，控制器是否工作正常，电流表是否有显示，通常为电阻丝断路，此时可用万用表检查，并更换相同规格的电阻丝即可。若电源电压正常，控制器不能工作，则需检修控制器内部的开关、熔断器及炉门的行程开关。因为电炉的炉门没有关好时控制器也不能工作，控制器故障的检修方法一般可参阅设备控制器说明书。还有一种可能是供电电源的故障，即不接电炉时工作正常，接电炉后就不能正常工作，控制器内发出连续的哒哒声，其原因为供电线路的电压降太大或插座及控制开关接触不好，需要调整或更换。关于温度异常，主要考虑热电偶没有插入到炉膛内，造成炉温失控，或者热电偶的分度号与温控仪表的分度号不一致，将造成炉温与温控仪表显示的温度不一致。

4.2　实验过程

4.2.1　合金的熔化

根据制定的实验方案设置熔炼温度，并进行原材料的添加与熔化。熔炼温度的高低直接影响合金的铸造性能与综合力学性能。当熔炼温度过低时，不利于合金元素的溶解与夹杂物和气体的排出，使偏析、冷隔、欠铸的倾向增加，且还会因冒口热量不足使得铸件补缩困难。有资料指出，所有铝合金的熔炼温度至少要达 705℃，并且必须进行搅拌。熔炼温度过高会使熔体吸氢和氧化严重，导致合金元素的烧损率增大，组织粗大，进而显著降低合金的铸造性能和机加性能，同时也浪费能源。生产实践证明，把合金液快速升温至较高的温度，进行合理的搅拌，以促进所有合金元素的溶解（特别是难熔金属元素），扒除浮渣后降至浇注温度。该方法下的合金偏析程度最小，溶解的氢亦少，有利于获得均匀致密、机械性能较

好的组织。

4.2.2 熔炼时间的控制

为了减少铝熔体的氧化、吸气和铁在熔体中的溶解，可以尽量缩短铝熔体在炉的停留时间，进行快速熔炼。从熔化开始至浇铸完毕，一般砂型铸造不超过 4h，金属型铸造不超过 6h，压铸不超过 8h。为加速熔炼过程，首先加入中等块度、熔点较低的回炉料及铝硅中间合金，以便在坩埚底部尽快形成熔池，然后再加入大块回炉料及纯铝锭，使它们能徐徐浸入逐渐扩大的熔池，很快熔化。在炉料主要部分熔化后，再加熔点较高、数量不多的中间合金，随后升温并加以搅拌加速熔化。最后降温，压入易氧化的合金元素，以减少损失。

4.2.3 精炼处理

铝合金在熔炼时，极易氧化生成 Al_2O_3。由于 Al_2O_3 与合金液的密度接近，单纯靠氧化物自身的上浮或下沉是难以去除的，极易在铸件中形成夹渣。另一方面，铝合金在高温时还容易吸氢，在铸件中形成气孔。因此，在保证炉料配方的同时，还要对熔体进行精炼处理。首先将旧渣扒去，用覆盖剂覆盖，覆盖剂用量约为铝液重量的 $0.2\% \sim 0.5\%$，且需分两次间隔加入。覆盖剂的第一次加入在除气前进行，覆盖剂加入量为其总量的 $1/2 \sim 1/3$。随后，在 730℃ 对熔体进行 $4 \sim 5min$ 的精炼处理，完成除氢和除杂。精炼剂用量约为铝液重量的 $0.4\% \sim 0.5\%$，用钟罩分两次压入预热好的精炼剂，第一次压入量为略多于其总量的 $1/2$，待该部分精炼剂反应完全后压入剩余的精炼剂进行充分反应，并在之后进行熔体的第一次扒渣。在除气和第一次扒渣完成后，便可进行覆盖剂的第二次加入，将剩余的覆盖剂加入熔体中，并进行 $2 \sim 3min$ 的静置处理，然后进行熔体的第二次扒渣。最后，待浇铸温度降至 700℃ 时进行熔体的第三次扒渣，然后将洁净熔体浇入模具中凝固成型。

4.2.4 熔体的转送和浇铸

虽然 Al_2O_3 的密度与铝合金熔体的密度接近，但只要有足够长的时间，其在进入熔体后也是可以沉至坩埚底部的。而铝熔体被氧化后形成的 Al_2O_3 氧化膜，却只在与铝熔体接触的一面是致密的，与空气接触的一面则疏松且有大量的小孔，其表面积大，吸附能量强，极易吸附水气，反而有上浮的倾向。此时，若这种氧化膜混入熔体中，将会降低氧化物的浮沉速度，在铸件中形成气孔和夹杂，且因其与熔体的密度接近而难以去除。因此，针对转送铝熔体，应尽量减少熔体与空气的接触。当采用倾转式坩埚浇铸熔体时，为避免熔体与空气的混合，应将浇包尽量靠近炉嘴，并倾斜放置，使熔体沿着浇包的侧壁下流，不致直接冲击包底，发生搅动和飞溅等。

采用正确合理的浇铸方法，是获得优质铸件的重要条件之一。生产实践证明，注意以下事项可有效防止或减少铸件缺陷：浇铸前仔细检查熔体出炉温度、浇包容量及其表面涂料层的干燥程度、其他工具的准备是否合乎要求；不在有"过堂风"、熔体强烈氧化和燃烧的场合下浇铸，避免氧化夹杂等缺陷；用坩埚获取熔体时，需先用包底轻轻拨开熔体表面的氧化皮或熔剂层，缓慢地将浇包浸入熔体，用浇包的宽口舀取熔体，然后平稳地提起浇包；保持浇包金属液面的平稳，不受扰动；浇铸前扒净浇包中的渣，以免在浇铸中将熔渣、氧化皮等带入铸型中；浇铸过程保持熔体流的平稳而不中断，且不能直冲浇口杯的底孔；浇口杯自始至终应充满，液面不得翻动，浇铸速度要控制得当。通常，浇铸开始时速度稍慢些，使熔体充填平稳，然后速度稍快，并基本保持浇铸速度不变；在浇铸过程中，浇包嘴与浇口的距离要尽可能靠近，以不超过 50mm 为限，以免熔液过多氧化；距坩埚底部 60mm 以下的熔体不宜浇铸铸件。

5　结果分析与讨论

铝合金熔炼与浇铸完成后，可以得到一定形状的铸锭或铸件。在使用之前需要对铸锭或铸件的质量进行判断，特别是主要铸造缺陷的鉴定与分析，进而调整铸造工艺。铝合金的主要宏观铸造缺陷有氧化夹渣、气孔、缩松、裂纹、浇不足、冷隔、皱皮等。

如图 24.4 所示，氧化夹渣多分布于铸件的上表面，在铸型不通气的转角部位。其断口多呈灰白色或黄色，可通过 X 光透视或机加发现，也可在碱洗、酸洗或阳极极化时发现。其产生原因从多方面考虑，主要有炉料未清洁干净，回炉料使用量过多；浇铸系统设计不良；净化工艺选择不合理，或者精炼变质处理后静置时间不够，使得合金熔体中的气体和夹杂未清除干净；浇铸操作不当，带入夹渣。针对以上原因，防止措施如下：炉料应经过吹砂处理，回炉料的使用量适当降低；改进浇铸系统设计，提高其挡渣能力；采用适当的熔剂去渣，并在精炼后浇铸前将合金液静置一定时间；平稳浇铸并注意挡渣。

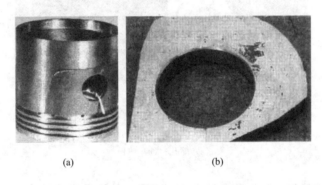

(a)　　　　　　　　　　(b)

图 24.4　氧化夹杂的宏观形貌

(a) 一次夹渣；(b) 二次夹渣

铸件壁气孔一般呈圆形或椭圆形，如图 24.5 所示，其具有光滑的表面，有时呈油黄色。表面气孔可通过喷砂发现，部分微小气孔需通过 X 光透视（气孔在 X 光照射下呈黑色）或机加工时发现。其产生原因在不考虑浇铸系统的前提下，主要有合金浇铸过程不平稳而卷入气体；铸型中有杂质、缩孔等；熔炼温度过高，出现吸氢，使得凝固过程中发生氢析出产生气孔。由于氢主要来源于水蒸气，因此选用干燥、干净的合金料可防止气孔产生。同时，还需要控制浇铸速度以免卷气，选择干净无缺陷或排气性能好的铸型和控制熔炼温度以免过热。

铝合金铸件的缩松一般出现在浇冒口附近的厚大部位、壁的厚薄转接处以及大平面的薄壁处，如图 24.6 所示。其断口为灰色或浅黄色，经热处理后变为灰白、浅黄或灰黑色。在 X 光照射下呈云雾状，严重缩松呈丝状。缩松产生的原因主要有浇道附近过热、冒口的补缩作用较差、熔体含气量太多、浇铸温度过高以及浇铸速度太快等。可以通过改进冒口设计、尽可能除尽熔体中的气体、改进铸件在铸型中的位置以及降低浇铸温度和浇铸速度等来防止缩松的产生。

(a)   (b)   (c)

图 24.5 气孔的宏观与微观图

(a) 集中大气孔（未侵蚀，×25）；(b) 因砂芯未烘干造成的侵入性气孔；

(c) 侵入性气孔实物（×1）

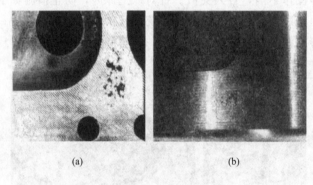

(a)   (b)

图 24.6 铸件的缩孔与缩松宏观图

(a) 缩孔；(b) 缩松

  铸造裂纹，也称热裂，是一种在较高温度下形成的沿晶界扩展的裂纹，并常伴有偏析等其他冶金缺陷，易出现在体积收缩较大的合金和形状较复杂的铸件中。其产生原因主要有铸件结构设计不合理，有尖角，壁的厚薄变化过于悬殊；铸型局部过热，或者退让性不好；浇铸温度过高，冷却速度过大；过早将铸件从铸型中取出等。可以通过以下防止措施对合金的热裂倾向进行调控：改进铸件结构设计，避免尖角，壁厚力求均匀，圆滑过渡；增大铸型的退让性；改进浇铸系统设计，保证铸件各部分同时凝固或顺序凝固；适当降低浇铸温度；控制铸型冷却出型时间。

  在充型过程中，金属液停止流动出现在型腔被充满之前，就会出现"浇不足"。浇不足部位的边缘呈圆角，多出现在远离浇口的薄壁部位。其产生原因主要为浇铸温度低，浇铸时间过长；铸件壁厚太薄；金属型预热温度低；金属型充型能力差。针对不同问题，可以采用以下防止措施：根据合金成分确定浇铸工艺；提高浇铸温度和金属型预热温度；适当调整增加铸件壁厚；更改浇道形式及浇铸位置；提高铝合金液的精炼质量，增加其流动性。铸件缺陷及其产生原因非常复杂，同一个铸件可能出现多种不同原因引起的缺陷，而同一原因在不同生产条件下也可以引起多种缺陷，铸件质量的分析需要结合实际情况进行。

6 实验总结

在铝合金的熔炼与浇铸过程中，炉料的前处理非常重要，高质量的炉料可以避免夹杂的引入，降低合金元素氧化的倾向和熔体中的含氢量。熔炼之前必须做好炉料的清洁与干燥，即吹砂、预热等前处理。针对使用新旧炉料的情况，必须严格控制炉料中新旧炉料的比例，回炉料所占炉料的质量分数应不大于70%。同时，炉料的添加顺序为块体先小后大，材料先低熔点再高熔点。熔炼过程中必须严格控制铝合金的熔炼温度和时间。只有合适的温度才能获得高质量的合金熔液。当温度过高时会加大合金元素的氧化烧损，引起合金成分变化，而当温度过低时，会影响合金的铸造性能，使合金的化学成分不均匀，其中的氧化夹杂物、气体等不易排出，力学性能显著下降。严格控制熔炼时间的目的也是减少合金的吸气和氧化，降低合金元素的烧损，从而获得设计的化学成分。

实验25
微晶玻璃的制备及结构、性能表征

1 概述

微晶玻璃是由玻璃相以及分散在玻璃基质中的晶体组成的无机非金属复合材料，具有结构致密、稳定性好、机械强度高、硬度高以及易加工等特点。这些特性使得微晶玻璃广泛用于装饰板材、防火屏、家用电器面板、牙科种植体、望远镜的镜面、导弹的雷达罩、核废料处理基质材料、液晶显示器、太阳能电池、光子器件、激光器件等方面。微晶玻璃通过对某些特定组成的基础玻璃，在一定温度下进行受控核化、晶化而制得，通过控制微晶玻璃中晶粒的大小，可获得高透明的微晶玻璃制品。微晶玻璃材料的宏观性能不仅与前驱体玻璃的组成密切相关，而且在很大程度上还取决于晶相的性质和微观结构。微晶玻璃要获得特定的性能，其结晶相的性质、尺寸分布、晶体形状和微观结构是必须控制的关键参数。热分析、X射线衍射、电子显微镜、光谱等是观察和表征微晶玻璃的重要工具。在设计具有特定性能的微晶玻璃材料时，通过调节结晶机制来确定适合的热处理工艺过程，从而获得所需的微观结构非常重要。

本实验的目的是：①掌握析晶热动力学的基本原理。②掌握玻璃的熔制与成型的基本实验技术。③掌握制备微晶玻璃的晶化热处理工艺。④掌握微晶玻璃结构与性能的表征方法及运用。

2 实验设备与材料

2.1 实验设备

1600℃高温炉、1000℃马弗炉、球磨机、分析筛、电子天平、同步热分析仪、X射线衍射仪、扫描电子显微镜、紫外/可见分光光度计。

2.2 实验器材

石英砂、硼酸、$Al(OH)_3$、氧化锌、碳酸锂、碳酸钾、氟化钙、氧化钛、刚玉坩埚、砂纸、纳米 CeO_2 抛光粉。

3 实验原理

3.1 成核与晶体长大

结晶可以描述为从非晶态相形成固体晶体相的过程，在热处理温度下形成微晶玻璃材料，其中晶体分散包埋在无定形玻璃基质中。经典的结晶过程包括两个步骤：首先在相对较低温度下成核（成核温度通常略高于玻璃化转变温度 T_g），然后在更高的温度下晶核生长成晶体。成核一般有两种机制：体积内均匀成核或表面、杂质界面诱导的非均匀成核。均匀成核是一种自发的随机事件，与局部密度、成分或组织随温度变化而涨落有关。在微晶玻璃中，非均相形核比均相形核更为常见。熔体在特定的位置（如表面、夹杂物、杂质和气泡的界面）可以诱导成核。非均相成核机制既可以是体积机制（特别是当使用成核剂或玻璃表现出分相倾向时），也可以是表面机制。这些诱导成核介质的有效界面能较低，导致能垒较低，因此非均相形核比均相形核速度快。

成核后，当晶核尺寸达到临界尺寸时，就发生晶体生长过程。长晶速率受三个因素控制：①原子（或结构单元）从液体扩散到液体/晶核界面的速率。②原子与晶体表面之间的反应速率，液体/晶核界面的性质对于动力学生长和未来晶体形态至关重要。③热能释放（潜热）的速率。图 25.1 为形核速率曲线 $I(T)$ 和晶体长大速率曲线 $U(T)$ 随温度变化的示意图。图中显示低温部分取决于动力学因素，而高温部分由能量平衡控制。T_n 为晶核数达到最大时，即最大成核速率对应的温度，而 T_c 为晶体长大速率最大时对应的温度，T_g 为玻璃化转变温度、T_m 为玻璃的熔点。需要注意的是，这两个速率的单位不相同，因此它们的值也有很大差别。

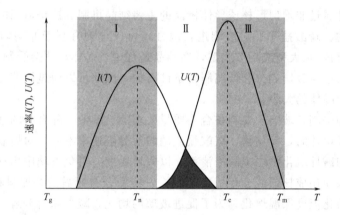

图 25.1　形核速率 $I(T)$ 与晶体生长速率 $U(T)$ 随温度的变化

从图 25.1 可以看出，结晶速率分为三个部分。在区域Ⅰ，核已经形成但不能长大。区域Ⅱ显示了 $I(T)$ 和 $U(T)$ 曲线存在重叠，相当于析晶区。这个区域的宽度随玻璃的种类不同而有很大的差别。最后，区域Ⅲ表示没有成核，该温度区域不可能发生结晶。结晶端面在核/晶体界面上推进的过程是均匀的，从而诱导很强的各向异性生长。因此，晶体形态高度取决于晶体长大作用机制的类型。晶体长大机制分为晶体的一维、二维及三维生长，可用热力学 Avrami 参数表征。

晶体生长动力学过程可以通过传热、传质和熔体/晶体界面反应来进行控制。析晶潜热产生于晶体的形成过程，必须从体系中移除并转移到周围环境中。如果潜热的移除速率低于其产生速率，熔体/晶界面附近温度就升高，晶体长大速率降低。原子或结构单元的扩散是维持晶体生长的必要条件，特别是当晶体成分不同于玻璃体时，传热和传质意味着界面附近存在温度梯度和成分梯度。另一个主要的影响晶体长大速率的因素是界面反应机制，界面反应机制描述原子或结构单元附着到晶体表面的概率。

3.2 晶化热处理工艺原理

微晶玻璃材料的制备通常需要遵循三个步骤：①设计合理前驱体玻璃组分，以便能通过后续热处理获得所需的晶相，制备玻璃原料配合料。②通过熔融冷却工艺和成型来制备玻璃。③玻璃的受控结晶。结晶热处理取决于发生的结晶机制和所需的微观组织。因此，根据结晶过程中发生的成核和生长机理，通过热处理工艺控制结晶相的大小、形态、分布和性质显得至关重要。

前驱体玻璃组分的选择是微晶玻璃材料设计中的一个重要步骤。该组成必须首先满足玻璃的形成，因此必须包含相当数量的玻璃形成体成分。玻璃形成体的选择决定了微晶玻璃的体系，如硅酸盐、铝硅酸盐、磷酸盐、锗酸盐等。此外，组成也将决定未来结晶相的性质、晶体成核和长大的可能机制、所研究系统的热力学和动力学性质。组成中使用成核剂是业界广泛采用的一种有用的方法，用于在整个玻璃体内引发非均相成核，从而诱导比均相结晶或表面结晶机制更容易控制的结晶过程。成核剂通常是添加到原始玻璃成分中的以胶体形式分散的金属元素（Au、Ag、Pt）或简单氧化物（TiO_2，ZrO_2，P_2O_5，Ta_2O_5，WO_3，MoO_3 等）。实现高效体析晶所需的成核剂添加量对于不同体系变化很大，典型的氧化物在 $2\%\sim8\%$（摩尔分数），胶体在 1%（摩尔分数）以下。

分相是另一种通过非均匀形核诱导体析晶的主要结晶机制。选择适当的玻璃成分加入分相引发剂（氟化物、磷酸盐等）对玻璃进行改性，可以得到有利于非均匀体形核的分相玻璃。分相可以是成核/长大型或旋节线型，在结晶过程中，晶体尺寸会受制于分相区域大小。由于分相区域的大小与玻璃成分和玻璃制备条件有关，因此可以通过调节组成和制备工艺控制后续微晶玻璃中晶体的大小。

采取熔融冷却法制备玻璃。要制备合乎质量要求的玻璃液，配合料的选择非常重要。例如将配合料加热成熔体时，氧化物、碳酸盐或硝酸盐分解速率不同，对熔制过程的影响也不同。可以使用诸如碱性氧化物之类的澄清剂，以降低黏度并避免玻璃中出现气泡。为了促进体积成核，也可以使用成核剂或分相引发剂。首先将配合料所需的各原料称重并充分混合，将混合料加热到熔化温度保温熔化。为了促进玻璃的均化，减少原料分解气体的挥发的影响并消除可见气泡，澄清过程的温度和持续时间也是关键工艺参数。根据不同的玻璃成分，要么将玻璃熔体慢慢冷却到室温，要么将坩埚内熔体倒入水中迅速淬冷。为了使玻璃内部结构松弛，提高玻璃力学性能，接下来有必要以略低于玻璃化转变点 T_g 的温度进行退火处理。

根据前述成核和长大过程的理论分析，在微晶玻璃实际制备过程中，大多数微晶玻璃常见的晶化机制是体材料内发生的非均相成核。富含成核剂或分相体系的玻璃组成更易采取这种机制完成析晶。一般来说，晶化工艺的作用除了形成需要的结晶相之外，还有助于加强形核并控制晶体生长，以形成含大量微晶的微观结构，从而便于开发具有特定光学或机械性能的微晶玻璃材料。因此，选择晶化热处理的温度和时间显得至关重要。

根据热分析结果，可以按所需的析晶速率确定晶化热处理的最佳温度和时间。一般来说，成核步骤决定成核中心的数量，而晶体长大步骤决定包埋在玻璃基质中的晶体的大小。因此，最终微晶玻璃的析晶速度取决于成核和长大步骤的综合效应。经典的晶化热处理分两步，如图 25.2(a) 所示：第一步为成核。在 T_n 温度附近进行，T_n 通常略高于 T_g，对应于最大成核速率。第二步为晶体长大，这一步在较高温度下进行，即 T_c 温度附近，T_c 对应于最大晶体长大速率。两步法工艺特别适用于结晶速率很高、形成数量很多的较大晶体的热处理过程。相反，如果需要限定最大尺寸为纳米级晶体，例如获得具有光学（即透明性）和/或机械性能的微晶玻璃，则要严格限制甚至跳过晶体长大步骤。成核速率和晶体长大速率曲线在温度窗口有较大重叠区域的情况下，结晶过程可以简化为温度在 T_{nc} 下的一步热处理过程，如图 25.2(b) 所示，T_{nc} 对应于最佳的成核/生长速率温度。

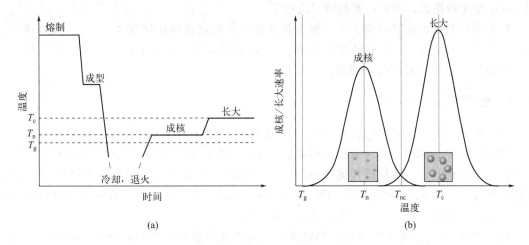

图 25.2 经典微晶玻璃制备工艺
(a) 两步法玻璃晶化热处理，其特征温度参数由（b）确定；
(b) 成核和晶体长大速率与温度的变化关系

制备透明微晶玻璃要求晶粒尺寸小于可见光波长或者晶体与玻璃基质的折射率差别很小。透明微晶玻璃含有尺寸小于几十纳米的微小晶体，即使玻璃相和晶相的折射率有差别，微晶玻璃仍然保持较高的透明度，因为光波在尺寸远小于波长的晶粒里面传播时不会因为其折射率的变化而改变方向，因此选择严格的热处理工艺条件控制纳米晶的成核生长对于制备透明微晶玻璃十分重要。

4 实验内容

4.1 实验准备

（1）基础玻璃组分：设计微晶玻璃前驱体玻璃组成，组成中可加入一定量成核剂。如某硼铝硅玻璃（质量分数）$(1-x)$（$47SiO_2$-$21Al_2O_3$-$10B_2O_3$-$11ZnO$-$2Li_2O$-$5K_2O$-$4CaF_2$)-$xTiO_2$，其中 $x=0,1\%,2\%$。按组成计算配料，原料可采用分析纯石英砂（SiO_2）、$Al(OH)_3$、H_3BO_3、ZnO、K_2CO_3、CaF_2。按配制 100g 基础玻璃确定配合料，将原料用电子天平准确称量后，在研钵中充分研磨混合。

（2）确定玻璃的熔制温度，应保证最终玻璃无明显结石、气泡、条纹等玻璃缺陷。如上述硼铝硅玻璃可将混合料放入氧化铝坩埚中以 10℃/min 升温至 1500℃保温 4h，使原料粉末充分熔融，之后把所得的玻璃液倒入在电炉上预热的模具上压制成型。熔制过程中可适当用刚玉棒进行搅拌，或者使用带搅拌装置的玻璃熔炉。

（3）将制得的玻璃放入 520℃的马弗炉中退火 1h 随炉冷却。

（4）热分析：取少许玻璃，用玛瑙研钵研磨成细粉（约能通过 200 目筛孔），取 10～20mg 玻璃粉用铂金坩埚以 10K/min 升温速度从 30℃升温至 1200℃进行 TG/DSC 同步热分析。通过热分析数据获取玻璃化转变温度 T_g，析晶温度 T_c。

4.2 透明微晶玻璃的制备

（1）选取制得的块状玻璃，用砂纸打磨平整光滑。先用粗砂纸磨平，再用细砂纸磨光并用 CeO_2 抛光粉抛光，无水乙醇超声清洗吹干。

（2）确定玻璃晶化热处理工艺。根据热分析结果确定玻璃化转变温度 T_g、成核速率最大值温度 T_{nc}、晶体长大速率最大值温度 T_c，将玻璃分别在成核温度、长大温度下保温一段时间进行热处理制备成微晶玻璃。

4.3 检测分析

（1）取制得的块体玻璃陶瓷进行扫描电镜观察。SEM 是直接观察微晶玻璃微观结构的重要技术。如晶态相的形貌及其在材料非晶相中的分布，通过直接成像精确描述微晶玻璃多尺度的微观结构。为了表征晶体的微观结构，微晶玻璃样品的表面用砂纸逐级打磨至 1000 号进行抛光，并用 5%（质量分数）HF 水溶液进行化学侵蚀 80s，然后在纯水中进行超声波清洗，以去除腐蚀产物。测量之前，表面喷碳处理。

（2）紫外/可见分光光度分析。测定透明玻璃陶瓷的透光率和吸收曲线。玻璃及微晶玻璃样品的表面用砂纸逐级打磨至 1000 号进行抛光。使用氘灯和钨丝灯双光源，扫描波长为 $190 \sim 1100 \mathrm{nm}$。

（3）对微晶玻璃进行 X 射线衍射分析，确定物相组成。粉末衍射法，主要是在实验室通过 X 射线照射进行的，能够鉴定微晶玻璃的晶相并通过 Rietveld 分析精确表征晶体结构。粉末衍射还可以为微晶玻璃进行晶相和无定性相的量化分析。测量使用 $Cu\ K_{\alpha}$ 辐射，管电压 40kV 和管电流为 40mA，2θ 步长为 $0.01313°$，2θ 扫描范围 $20° \sim 80°$。

5 实验结果与分析

以加 TiO_2 为成核剂的某硼铝硅玻璃 $58SiO_2\text{-}18Al_2O_3\text{-}12B_2O_3\text{-}9ZnO\text{-}2.0K_2O\text{-}1CeO_2$ 为例加以说明。图 25.3 为某玻璃试样热分析图谱，通过图谱可以获得玻璃化转变温度 T_g 为

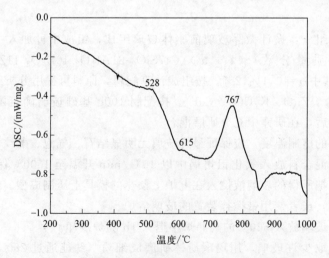

图 25.3 玻璃的差示扫描量热法（DSC）热分析曲线

528℃，玻璃成核温度 T_n 为 615℃，析晶温度 T_c 为 767℃。根据玻璃热分析图谱，确定微晶玻璃制备的晶化热处理工艺制度为：将玻璃在电炉中以 10℃/min 升至 615℃下保温 3h 后再升至 760℃保温 1h 得到微晶玻璃。

图 25.4 为前驱体玻璃及其微晶玻璃的透光率曲线图，从图 25.4 中可以看出，玻璃在可见光区存在较高的透光率，热处理后形成的微晶玻璃透光率下降，吸收边红移。这与微晶玻璃中存在析晶相有关，晶粒的存在增加了光线的瑞利散射，晶相与玻璃相的折射率存在差异也会降低透光率。

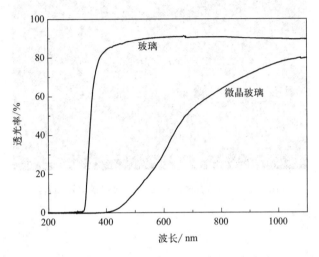

图 25.4 玻璃及微晶玻璃试样的透光率曲线

图 25.5 为玻璃陶瓷的 XRD 图谱，添加 TiO_2 的玻璃经热处理后存在明显衍射峰，而没加 TiO_2 的玻璃经热处理后仍为无定形态，随着 TiO_2 含量增加衍射峰强度增加，这是因为玻璃中 TiO_2 作为晶核剂促进非均匀成核而使玻璃析晶。经与标准图谱（PDF♯05-0669）比对，衍射峰为尖晶石特征衍射峰。某些微晶玻璃可能不止含有一种晶相，如硅酸锂微晶玻璃。这与玻璃组成和热处理过程有关。

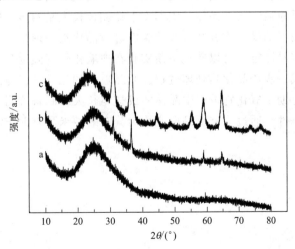

图 25.5 含不同 TiO_2 微晶玻璃试样的 X 射线衍射图谱

a—0% TiO_2；b—1% TiO_2；c—2% TiO_2

图 25.6 为尖晶石微晶玻璃试样的扫描电镜照片，照片显示圆粒状尖晶石成团簇状分散包埋于玻璃相中，颗粒尺寸 20～30nm。晶体的物相结构、大小、数量密度不仅与前驱体玻璃成分有关，还与热处理温度和时间有关。

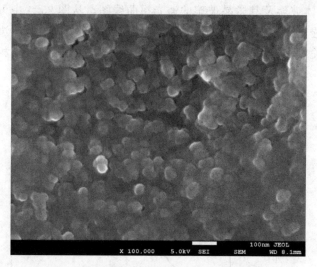

图 25.6　尖晶石微晶玻璃试样的扫描电镜照片

6　实验总结

微晶玻璃是在无定形玻璃基质中分散有析出晶相的复合材料。首先采取熔融淬冷法制备出前驱体玻璃，玻璃需要在足够高的温度下熔制足够长时间，经历硅酸盐的形成、玻璃的形成、澄清、均化、冷却过程。玻璃经晶化热处理过程形成微晶玻璃，晶化包括成核与晶体长大两个过程，而成核可以是均匀成核和非均匀成核，其中非均匀成核可以通过组分分相和添加成核剂来实现。晶化热处理工艺可分为一步法（等温热处理）和两步法（阶梯式热处理）两种。其工艺参数可依据热分析结果确定，通常在玻璃化转变温度和析晶起始温度之间的某一温度下进行成核反应后，再在晶体长大温度下让晶核长大是两步法的关键。在成核速率曲线和晶体长大速率曲线的最大重叠区对应的温度进行晶化热处理是一步法的关键。通常成核和长大速率曲线不容易测定，可以通过不断实验在玻璃化转变温度和析晶温度之间优选出合适的温度和时间完成一步法晶化热处理过程。微晶玻璃的光学性能与晶粒大小和结晶度关系密切，添加成核剂有助于氧化物玻璃中晶体的成核与长大，制备透明微晶玻璃需要严格控制好晶化热处理工艺条件，通过受控析晶形成均匀分布的纳米晶有助于制备透明微晶玻璃。

实验26
掺杂TiO₂纳米粉体的制备及光催化行为

1 概述

纳米二氧化钛还具有很高的化学稳定性、热稳定性、无毒性、超亲水性、非迁移性，且完全可以与食品接触，所以被广泛应用于抗紫外线材料、纺织、光催化触媒、自洁玻璃、防晒霜、涂料、油墨、食品包装材料、造纸工业、航天工业中。纳米二氧化钛还可作为锂电池、太阳能电池原材料。

根据能带理论，纳米二氧化钛的电子结构特点为一个满的价带和一个空的导带，在水和空气环境中，纳米二氧化钛在太阳光尤其是在紫外线的照射下，当电子能量达到或超过其带隙能时，电子就可从价带激发到导带，同时在价带产生相应的空穴，即生成电子-空穴对。在电场的作用下，生成的电子与空穴发生分离，迁移到粒子表面的不同位置，发生一系列氧化还原反应，从而产生光催化作用。纳米二氧化钛具有很强的量子尺寸效应，这些特点使纳米二氧化钛具有很强的光催化特性，即在光线照射下能激发产生光生电子和空穴。这一特性已使其广泛应用于环保领域和光伏产业。

然而，由于纯氧化钛的禁带宽度较高（约3.2eV），通常只有能量高于紫外线的光线才能诱导纳米二氧化钛产生光催化特性，而且产生的光生电子和空穴极易复合，这些弱点影响了纳米二氧化钛的光催化效率。为了改善纳米氧化钛的光催化性能，需要将其光吸收范围拓展到可见光区，并需要抑制光生电子和空穴的复合。

TiO₂通常以金红石和锐钛矿晶型存在，但锐钛矿型要比金红石型的催化活性高，因此要求TiO₂具有较高的锐钛矿型析晶度，而锐钛矿型TiO₂为亚稳态，高温烧结易转化为稳定的金红石型。对TiO₂进行掺杂可以抑制TiO₂烧结时的晶型转换。掺杂还可以提高TiO₂催化活性，因为晶格中Ti被掺杂阳离子取代可以形成电荷空间区域，提高电子-空穴的分离效率。阴离子掺杂可以取代O或者处于TiO₂晶格间隙中，在其价带顶引入局域化的电子能态，有效降低TiO₂的禁带宽度。掺杂剂还可以暂时捕获载流子，减慢它们向表面迁移时的复合速率。由于掺杂能降低TiO₂的禁带宽度，其对光线的吸收可拓展到可见光区，因而其光催化效率得到显著提高。

纳米二氧化钛粉体通常可以采取共沉淀法、水热合成法、溶胶凝胶法等工艺制备。其中溶胶凝胶法具有成分可控、简便易行、成本低廉等优点。简单地讲，溶胶凝胶法就是用含高化学活性组分的化合物做前驱体，在液相下将这些原料均匀混合，并进行水解、缩合化学反应，在溶液中形成稳定的透明溶胶体系，溶胶经陈化胶粒间缓慢聚合，形成三维空间网络结构的凝胶，凝胶网络间充满了失去流动性的溶剂，形成凝胶。凝胶经过干燥、烧结固化制备出分子乃至纳米亚结构的材料。

本实验的目的是：①掌握溶胶-凝胶法合成纳米粉体的基本实验技术。②了解纳米粉体材料的粒性、物性及改性方法及其基本表征方法及运用。③了解 TiO_2 纳米粉体掺杂原理及其对光催化活性的影响。

2　实验设备与材料

2.1　实验设备

恒温磁力搅拌器、搅拌子、三口瓶（250mL）、恒压漏斗（50mL）、量筒（10mL、50mL）、研钵、刚玉坩埚、烧杯（100mL）、马弗炉、透射电镜、X 射线衍射仪、紫外-可见分光光度计。

2.2　实验器材

钛酸正四丁酯（分析纯）、无水乙醇（分析纯）、冰醋酸（分析纯）、盐酸（分析纯）、蒸馏水、六水硝酸钇（分析纯）、硫脲（分析纯）。

3　实验原理

胶体是一种分散相粒径很小的分散体系，分散相粒子的重力可以忽略，粒子之间的相互作用主要是短程作用力。溶胶（sol）是具有液体特征的胶体体系，分散的粒子是固体或者大分子，分散的粒子大小为 1～1000nm。凝胶（gel）是具有固体特征的胶体体系，被分散的物质形成连续的网状骨架，骨架空隙中充有液体或气体，凝胶中分散相的含量很低，一般为 1%～3%。

溶胶-凝胶过程是一种开始于离子或分子化合物的化学反应，通过离子之间形成氧键并释放出水或其他小分子而形成三维网络。因此，溶胶-凝胶法是一个形成三维网络的缩聚反应过程，包括水解和缩合两个反应过程。第一步进行水解反应，形成的物质是不稳定的 M—OH 键（M 表示金属离子），它与其他物质发生反应。第二步进行缩合反应，不稳定的 M—OH 基团与其他 M—OH 或 M—OR（如果溶胶-凝胶的前驱体为醇盐，R 表示烷基）基团凝聚形成 M—O—M 键并释放水或乙醇等小分子物质，这样就形成了三维的网络。通常，在这一过程中，反应产物并没有完全缩合，而仍然包含有水或 OH—基团。

水解反应，如式（26.1）所示。

$$M(OR)_n + xH_2O \Longrightarrow M(OH)_x(OR)_{n-x} + xROH \tag{26.1}$$

缩聚反应，如式（26.2）、式（26.3）所示。

$$M(OR)_{n-1}(OH) + (HO)M(OR)_{n-1} \longrightarrow M(OR)_{n-1}M\text{-}O\text{-}M(OR)_{n-1} + H_2O（失水缩聚）$$

$$\tag{26.2}$$

$$M(OR)_{n-1}(OH) + M(OR)_n \longrightarrow M(OR)_{n-1}M\text{-}O\text{-}M(OR)_{n-1} + ROH（失醇缩聚）$$

$$\tag{26.3}$$

水解和缩聚首先形成固体颗粒悬浮在液体中，即所谓的溶胶。然而，颗粒表面含有的基团仍然具有活性，因此，在缩聚反应中它们交联成凝胶，即孔隙中含有液体的固体网络。一般来说，醇盐的水解是相当缓慢的。因此，通常用酸或碱作为催化剂来加速溶胶-凝胶过程，催化剂对最终产生的网络结构有重要影响。在催化剂的作用下，水解和缩聚的相对速率不同，两者之间存在复杂的相互作用。一般来说，酸作为催化活性物质会导致更像聚合物状的膨胀结构，而碱则会导致更像粒子的形态。

例如，溶胶凝胶法制备 TiO_2 时，钛酸丁酯在酸性条件下，水解产物为含钛离子溶胶：

$$Ti(O—C_4H_9)_4 + 4H_2O \longrightarrow Ti(OH)_4 + 4C_4H_9OH \tag{26.4}$$

含钛离子溶液中钛离子通常与其他离子相互作用形成复杂的网状基团，最后形成稳定凝胶，凝胶经过干燥、烧结固化制备出分子乃至纳米亚结构的材料，如式(26.5)及式(26.6)所示。

$$Ti(OH)_4 + Ti(O-C_4H_9)_4 \longrightarrow 2TiO_2 + 4C_4H_9OH \tag{26.5}$$

$$Ti(OH)_4 + Ti(OH)_4 \longrightarrow 2TiO_2 + 4H_2O \tag{26.6}$$

4 实验内容

4.1 TiO$_2$ 粉体制备

本实验采用溶胶凝胶法制备 TiO_2 粉体，选择非金属（如 N、S、C、B、F 等）和过渡金属离子（Y、Bi、Fe、W、Nb、Zn、V 等）及其组合等不同方式的掺杂，主要实验步骤如下。

（1）将 4mL 冰醋酸和 4mL 蒸馏水加到另外 30mL 无水乙醇中，合理选择加入掺杂剂（如掺杂 N、S 和 Y 可加入尿素、硫脲、硝酸钇）。剧烈搅拌，得到溶液 A，调节 pH 值使 pH≤3。

（2）室温下量取 10mL 钛酸丁酯，缓慢滴入 30mL 无水乙醇中，用磁力搅拌器强力搅拌 10min，混合均匀，形成黄色澄清溶液 B。

（3）室温水浴下，在剧烈搅拌下将已移入恒压漏斗中的溶液 A 缓慢滴入溶液 B 中，滴速大约 3mL/min。滴加完毕后得浅黄色溶液，继续搅拌 2h 后得到黄白色溶胶，室温陈化 24h。

（4）将溶胶在 80℃下烘干，将干凝胶分别放入坩埚中在 400～600℃温度下灼烧 2h 得到淡黄色颗粒，用玛瑙研钵研磨得白色粉体。记录实验过程中物料和产物的变化。

4.2 催化降解实验

通常选择有机化合物溶液（如酸性橙、亚甲基蓝、蓝胭脂红、罗丹明、孔雀石绿）作为模型污染物进行 TiO_2 粉体的光催化降解实验。称取 0.1g 磨细的 TiO_2 放入 100mL 浓度为 10mg/L 的亚甲基蓝溶液中。在暗室中预先磁力搅拌 30min 后使其达到吸附和脱附的平衡，再使用 40W 的白光灯分别照射 5h，待溶液离心分离后取上层清液用分光光度计测定吸光度。

4.3 检测分析

取少量未磨的 TiO_2 颗粒进行拉曼光谱分析，取少量磨细的粉体做 X 射线衍射分析。催化降解后的亚甲基蓝溶液用紫外/可见分光光度计测定吸光度。

5   实验结果与分析

TiO$_2$ 粉体包括金红石型（R）和锐钛矿型（A）两种晶型。图 26.1 为未掺杂及掺杂 N、Y 的 TiO$_2$ 粉体的 XRD 图谱。未掺杂及掺杂 N 的 TiO$_2$ 的衍射峰与 JCPDS-ICDD 标准卡片比对，表现出锐钛矿-金红石复相结构，随着掺杂 N 以及 N、Y，衍射峰强度逐渐减弱。晶粒尺寸可用谢乐公式计算，所得粉体晶粒为纳米级，掺杂 N、Y 可以抑制煅烧过程中晶粒尺寸的增大。

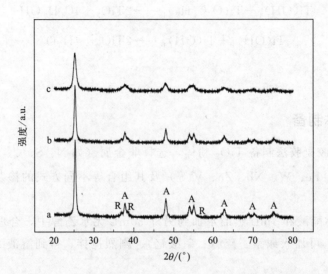

图 26.1   未掺杂及掺杂 N/Y 的 TiO$_2$ 粉体的 XRD 图谱
a—TiO$_2$；b—TiO$_2$ 掺 N；c—TiO$_2$ 掺 N、Y

图 26.2 为未掺杂干凝胶分别在 400℃、500℃、600℃下烧结制备的 TiO$_2$ 粉体的 XRD 图谱，从图 26.2 中看出，升高温度有利于晶粒的长大和结晶度提高。

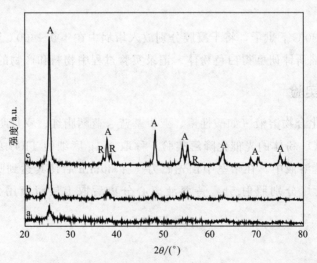

图 26.2   不同烧结温度制备的溶胶-凝胶 TiO$_2$ 粉体的 XRD 图谱
a—400℃；b—500℃；c—600℃

纳米 TiO_2 颗粒形貌可通过扫描电镜或透射电镜进行观察，图 26.3 为文献报道的未掺杂和用尿素掺杂 N 的二氧化钛粉体的透射电镜照片。可看出粉体由致密的球形纳米颗粒组成，存在团聚的倾向。溶胶-凝胶法制备的未掺杂二氧化钛（TiO_2）和掺杂二氧化钛（U-TiO_2）的晶粒尺寸为 9～15nm。

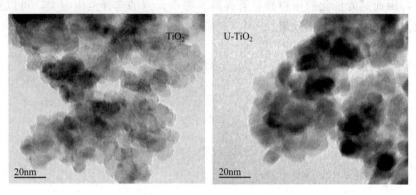

图 26.3　未掺杂和用尿素掺杂溶胶-凝胶 TiO_2 粉体的 TEM 照片

　　未掺杂二氧化钛和 N 掺杂二氧化钛对亚甲基蓝溶液光催化降解活性的对比如图 26.4 所示。图中显示原始亚甲基蓝溶液经 TiO_2、掺 N 的 TiO_2 以及掺 N/Y 的 TiO_2 在可见光照射下催化降解后的紫外/可见吸光度曲线对比。从图 26.4 中看出，在各类 TiO_2 的光催化作用下，亚甲基蓝溶液特征吸收峰的吸光度明显降低，根据比尔-朗伯定律，亚甲基蓝的浓度明显较低，出现了显著降解。掺杂 N/Y、掺杂 N 的 TiO_2 依次比未掺杂 TiO_2 的催化活性高。

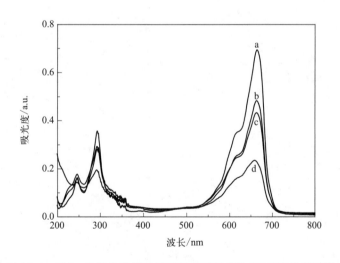

图 26.4　TiO_2 光催化降解亚甲基蓝溶液的紫外/可见吸光度谱图
a—亚甲基蓝溶液；b—亚甲基蓝溶液＋TiO_2；c—亚甲基蓝溶液＋掺 N 的 TiO_2；
d—亚甲基蓝溶液＋掺 N/Y 的 TiO_2

6　实验总结

　　溶胶凝胶法制备氧化物粉体首先要选用含粉体金属元素的醇盐，经过水解反应形成溶胶，再经过缩聚反应形成凝胶，凝胶经过干燥、烧结固化制备出分子乃至纳米亚结构的粉体材料。反应中加入酸或碱作为催化剂，反应的 pH 值调节很重要。反应过程中所有仪器必须干燥。为了获得纳米级粉体，滴加溶液同时剧烈搅拌，防止溶胶形成的过程中产生沉淀。制备金属或非金属掺杂的 TiO_2 粉体，有效降低 TiO_2 的禁带宽度，使其对光线的吸收可拓展到可见光区，因而其光催化效率得到显著提高。掺杂元素的选择范围很大，可以根据对有机物的降解能力来评价其光催化效果。

实验27
材料的激光表面改性及工艺优化

1 概述

材料表面处理有许多种方法，应用激光对材料表面实施处理则是一门新技术。激光表面处理技术的研究始于20世纪60年代，但是直到20世纪70年代初研制出大功率激光器之后激光表面处理技术才在近几十年内得到迅速的发展。激光表面处理技术用聚焦激光束很高的功率密度，由激光加工机和光学系统在计算机控制下对金属或合金表面特定部位进行扫描，使零件表层瞬间被加热或熔化，然后利用金属本身极好的导热性能使表层以远高于常在冷却介质中获得的冷却速度急冷，达到改变零件表层组织和性能的目的。该技术可用于改善金属材料表面的硬度、耐磨性、耐蚀性等多种性能。可以改善材料表面的力学性能、冶金性能、物理性能，从而提高零件、工件的耐磨、耐蚀、耐疲劳等一系列性能，以满足各种不同的使用要求。实践证明，激光表面处理已因其本身固有的优点而成为发展迅速、有前途的表面处理方法。

本实验的主要目的是：①了解激光表面改性的基本原理及工艺特点。②了解激光加工机及其功能。③掌握激光工艺参数对材料的影响规律。

2 实验设备与材料

2.1 实验设备

$3000\sim4000W$ 单模块连续光纤激光器：输出功率为 $3000\sim4000W$；工作模式为连续或者脉冲方式；功率调节范围：$10\%\sim100\%$；中心波长：$1080nm$；激光开启时间和激光关闭时间：$100\sim150\mu s$；调制频率：$5kHz$；该产品集高功率、小体积、操控简单、优质光束质量、高光转换效率于一体，可用于碳钢、不锈钢、黄铜、铝各类厚板材料快速切割，激光切割频率高、切割面光洁度高。可满足精密加工要求，3C产品焊接、高反材料切割等工作。

2.2 实验器材

试样（金属）若干、砂轮、砂纸。

3 实验原理

3.1 激光表面改性

激光表面改性是指在高能激光束的作用下，使被处理表面达到硬化、熔化、气化等各种表面状态，然后移走激光束，依靠金属材料自身的热传导进行快速冷却，从而使表面得到强化的处理方法。包括激光熔覆、激光合金化、激光熔化凝固等一系列处理方法把激光器发出的激光束经光学系统引导并汇聚至待处理试样表面，对试样进行激光表面改性。可接入计算机工作站自动控制试样的移动和激光辐照的能量、时间等。用一工作台固定待处理试样，或使其相对于激光束做平动、转动等各种移动。当试样表面需要冷却或保护时，可在装置中加入惰性气体或冷却剂的介质传输系统。

激光表面改性包含激光表面淬火、激光表面熔覆、激光表面合金化、激光表面毛化和激光冲击硬化。激光淬火是将 $10^4 \sim 10^5\,\mathrm{W/cm^2}$ 高功率密度的激光束作用在工件表面，以 $10^5 \sim 10^6\,℃/s$ 的加热速度将工件表面极薄的一层（$0.1 \sim 1.0\,\mathrm{mm}$）迅速升温至相变点以上，此时工件的基体还处于冷态，由于热传导的作用，表面的热量迅速传到工件其他部位，以 $10^5\,℃/s$ 的速度快速冷却到马氏体相变点以下，从激光淬火而实现自冷淬火。

激光熔覆通过在基材表面添加熔覆材料，利用高功率密度的激光束使之与基材表面一起熔凝，在基材表面形成与其冶金结合的添料熔覆层，以改善其表面性能。激光熔覆加工工艺原理如图 27.1 所示，粉末由氩气通过喷嘴输送到激光束中，熔化的金属沉积在下面的基底上。

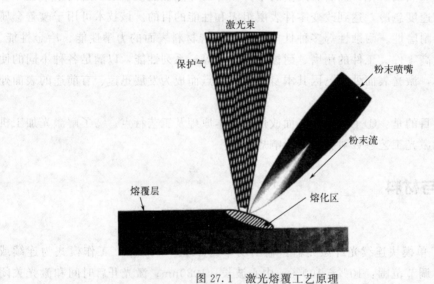

图 27.1　激光熔覆工艺原理

激光表面合金化是在高能量激光束的作用下将一种或多种合金元素和基体材料表层一起迅速熔化后凝固，在材料表面获得合金层的方法。这种方法既改变了材料表面的化学成分，又改变了表面的组织结构和物理状态。图 27.2 给出了连续激光表面合金化的工艺布置，它包括三个主要部分：带有光束聚焦和输送系统的激光源、微处理器控制的扫描台（安装样品进行激光辐照）以及输送粉末合金组分的装置。该过程包括合金成分与基底部分的熔化、混合和快速凝固，从而在距离表面很浅的深度处形成合金区。

激光表面毛化是用高能量密度（$10^4 \sim 10^6\,\mathrm{W/cm^2}$）、高重复频率（每秒数千次至上万次）的脉冲激光束聚焦照射到材料表面，局部熔化、汽化，形成若干微小熔池（毛化关键）。由于热传递，在熔池横向和纵向产生温度梯度形成张力，决定了熔池内熔化材料是从四周激光表面毛化轧辊表面向中心或从中心向四周流动。激光作用后，变形熔池快速冷却凝固形成毛化点。若熔流从中心向四周流动，熔池四周隆起而中心塌陷，凝固后的毛化点为凹坑；若

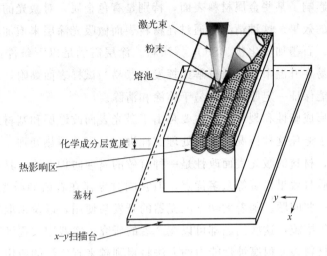

图 27.2　激光表面合金化的实验装置及其辐照、熔化、混合和凝固阶段

熔流从四周向中心流动，熔池中心隆起。

激光冲击硬化将高功率（不小于 $10^9\,W/cm^2$）、短脉冲（ns 量级）激光照射在涂层表面上，涂料被气化并产生等离子体，气态等离子体被限制在透明材料与工件表面之间，在进一步的激光辐照下，由于气体吸热再度膨胀从而产生冲击应力波（高达 10GPa）轰击工件表面，使金属内部发生塑性应变，形成高位错密度的亚结构（从晶体结构来看，产生紊乱错位），在工件表面留有较高的残余应力区，从而提高材料表面硬度、屈服强度、裂纹扩展抗力及疲劳寿命。其具有如下特点。

（1）非平衡处理　激光可实现金属材料表面的快速加热、快速变冷。这是一个非平衡处理过程，允许一些过量固溶体和亚稳相甚至玻璃态的生成。这些过量固溶体、亚稳相和玻璃态对于提高金属表面的耐腐蚀性能很有利。

（2）非接触加工　激光聚焦到金属材料的表面，无需与金属材料直接接触，使金属材料不受力、不变形。

（3）自冷淬火　激光表面改性冷却处理，无废气、废渣、废水产生。

（4）变形少　仅材料表面发生成分、组织和结构的变化，对基体的热影响可减少到最低限度。

（5）周期短　易实现自动化和机械化。

（6）现场技术　激光束可以通过不同的光学系统聚焦和传输，适用于远距离以及狭窄空间的操作，可用作现场技术来提高零件的使用寿命。

3.2　改性的影响因素

（1）表面氧化膜的影响。金属表面在自然条件下易形成氧化物膜，这种膜通常沸点较高且导热性差，在激光加热时难以熔化，并会阻止激光能量向基体的传导，它也是激光表面改性层与基体的界面间形成气孔的主要原因之一。因此一定要在激光表面改性前去除金属材料表面的氧化膜。通常采用机械打磨法、刷除法及化学清除法，若几种方法结合使用，效果更佳。

（2）吸收率的影响。某些金属材料表面，特别是有色金属，对激光的吸收率低，进而会影响激光表面改性的效果。这种情况可通过在材料表面做吸光涂层来增加材料对激光的吸收率。如磷化、黑漆、石墨加氧化物、SiO_2 型涂料。涂层需满足以下条件：①对激光吸收率高、稳定性好、不易在升温中过早地分解或挥发；②易与试样表面黏附，不与试样表面起反应且导热性好；③能保证一定厚度并且易于施涂和清除。

（3）界面上易形成脆性和裂纹。这主要是由于激光表面改性层和基材之间存在的巨大温度差异造成的，为了避免这种情况，可对处理试样进行一定的预热处理。

研究结果表明，材料的激光表面改性是一种有效的腐蚀防护方法，具有方便、快速、经济、不影响基体性质且效果显著等众多优点，但它同时也存在着诸如激光处理参数的优化、表面裂纹的防止等一些问题。随着大功率激光器的开发与使用，以及采取增加保护气氛、对基体进行预热处理等措施，这些问题都可以在今后的研究、实践中被逐渐克服或解决。激光表面改性提高金属材料表面耐腐蚀性能力的方法将得到越来越广泛的应用。

4 实验内容

4.1 实验准备

激光表面改性过程前的准备，包括样品制备和仪器准备两方面。

（1）样品制备。激光表面改性的样品，就材质而言，可以是金属。

金属样品制样要求：金属样多数为块体，从大块中切割合适尺寸的试样，经砂轮、砂纸磨平和磨光，测试面平整、清洁后装入中空样品架，固定。

（2）仪器准备。

① 检查仪器接地和线路系统，确保各系统良好接通与正常接地。

② 打开总电源。

③ 启动冷水机。

④ 摘开准直器端帽。

⑤ 检查准直器端面干净且无杂物遮挡。

⑥ 确保急停开关被打开。

4.2 实验过程

（1）把电源开关（MAIN SWITCH）置 ON 位置。

（2）将前面板上的钥匙开关置 ON 位置。

（3）按下前面板上的 START 按钮。

（4）空调。系统自动控制空调开关，空调开启 3min 后开始制冷，若 3min 后还不制冷说明空调故障。

激光器工作模式如下。①连续模式：发射的光是连续的，可以用来进行切割；②脉冲模式：发射的光是脉冲的，在脉冲频率大于一定值的时候，实际应用中是用来控制激光器的输出平均功率（脉宽调节，外部控制时候，调制信号就对应该模式）；③外部控制：具体参数设置通过板卡软件界面进行，外部控制模式时序如图 27.3 所示。

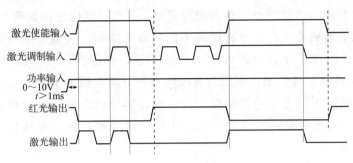

图 27.3　激光器外部控制信号时序

若激光器已上电，且机型能和监控软件匹配，将进入如图 27.4 所示的监控界面。

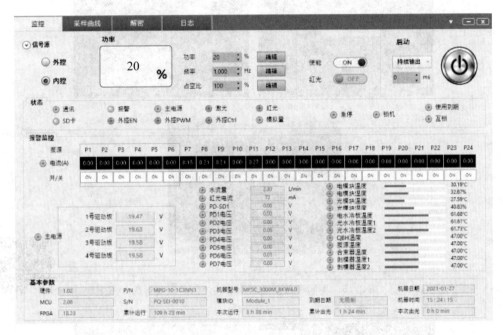

图 27.4　激光器监控界面

4.3　样品测量

（1）将样品架装入试样台，开启仪器测试；根据不同材料的数据库（创鑫激光连续激光器切割参数数据库）进行激光表面改性处理。

（2）激光表面改性后对样品进行扫描电镜的表面形貌观察（SEM）。

5　结果分析与讨论

用激光器对测定样品进行表面改性后用扫描电镜采集数据及其结果，根据实验测试结果确定样品表面改性的条件是不是符合，讨论样品表面改性的条件对测试结果进行结果分析。

例如，采用脉冲激光模式（脉冲功率 $1\sim2kW$，宽度 $4\sim8ms$，频率 $20Hz$）对 $2mm$ 厚纯钛表面进行改性，其中激光扫描速度为 $15mm/s$，光斑直径为 $1mm$，离焦量为 $+2mm$。

图 27.5 为不同参数激光表面改性纯钛的宏观形貌，其微观结构变化如图 27.6 所示。结果表明，Ti 样品从表面到基体存在三种明显不同的微观结构，包括Ⅰ区（熔化区）的凝固组织；Ⅱ区（热影响区，HAZ）的再结晶晶粒不足，残留有板条马氏体；Ⅲ区（母材，BM）中的完全再结晶显微组织。不同激光改性参数下因热输入有较大差异，因此三个区域的面积明显不同。当激光脉冲持续时间短，激光诱导的热量通过母材释放，导致Ⅰ区产生自淬火效应，出现硬脆的板条马氏体，表面纤维硬度最高，并且Ⅱ区也受到影响出现少量板条马氏体。

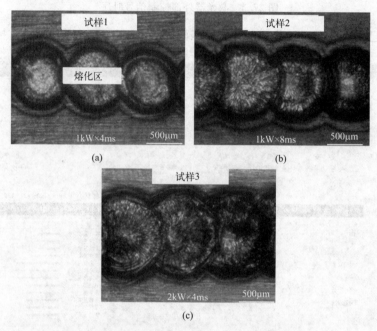

图 27.5　不同参数激光表面改性纯钛的宏观形貌

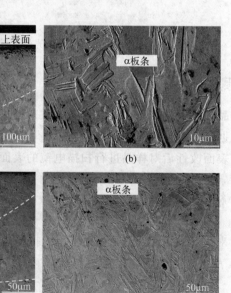

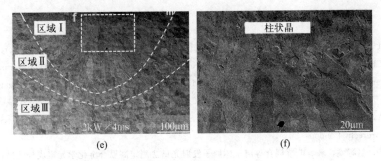

图 27.6　激光表面改性纯钛的横截面微观结构变化

(a)、(b)样品 1；(c)、(d)样品 2；(e)、(f)样品 3

6　实验总结

　　激光表面改性技术在改善金属基体的综合性能方面具有重要作用，除了激光表面重熔、激光表面熔覆、激光表面合金化等表面改性技术外，还有激光表面回火、激光表面退火和激光冲击硬化技术等。由于激光光束小，表面改性时处理面小，因此激光表面改性要选用输出功率高、稳定性好、使用寿命长和结构简单的激光器，同时要求激光熔覆设备具有同步送粉、宽带扫描、大功率激光器等功能。其次，合理设计选择激光熔覆材料及其成分配比，有助于解决因熔覆层与基材热膨胀系数匹配不一致带来的裂纹、气孔等表面质量问题。

参 考 文 献

[1] K WAGATSUMA. Spectroscopy for materials analysis [M]. Singapore：Springer Nature Singapore Pte Ltd.，2021.

[2] Seah，M.，Chiffre，L.（2006）. Surface and Interface Characterization. In：Czichos，H.，Saito，T.，Smith，L.（eds）Springer Handbook of Materials Measurement Methods [M]. Springer Handbooks. Springer，Berlin，Heidelberg. https：//doi. org/10. 1007/978-3-540-30300-8 _ 6.

[3] M SARDELA，J BAKER，J G WEN，et al. Practical materials characterization [M]，London：Springer New York Heidelberg Dordrecht London，2014.

[4] 李帆，叶晓英，赵海燏，等. 电感耦合等离子体原子发射光谱法测定高温合金化学元素成分 [M]. 北京：机械工业出版社，2015.

[5] 谢华林. 微波消解电感耦合等离子体发射光谱法同时测定水产品中铅镉铬汞砷硒有害元素的研究 [J]. 食品科学，2002，23（2）：108-110.

[6] 温宏利，马生凤，马新荣，等. 王水溶样-电感耦合等离子体发射光谱法同时测定铁铜铅锌硫化物矿石中 8 个元素 [J]. 岩矿测试，2011，（5）：566-571.

[7] 宋苏环，黄衍信，谢涛，等. 波长色散型 X 射线荧光光谱仪与能量色散型 X 射线荧光光谱仪的比较 [J]. 现代仪器，1999（6）：47-48.

[8] 郭成，赖万昌，易欣，等. 能量色散 XRF 分析仪谱线处理方法研究 [J]. 中国西部科技，2013，12（4）：46-47.

[9] 郭明才，陈金东，李蔚，等. 原子吸收光谱分析应用指南 [M]. 青岛：中国海洋大学出版社，2012.

[10] 卓尚军，吉昂. X 射线荧光光谱分析 [J]. 分析试验室，2003（3）：102-108.

[11] J GOLDSTEIN，D NEWBURY，et al. Scanning Electron Microscopy and X Ray Microanalysisz [M]. Springer Science，2017.

[12] 柳得櫓，权茂华，吴杏芳. 电子显微分析实用方法 [M]. 北京：中国质检出版社，中国标准出版社，2018.

[13] GB/T 20726—2015/ISO 15632：2012. 微束分析-电子探针显微分析 X 射线能谱仪主要性能参数及核查方法 [S].

[14] S AHMADI，N KHEMIRI，A CANTARERO，et al. XPS Analysis and Structural Characterization of CZTS Thin Films Deposited by One-step Thermal Evaporation [J]. Journal of Alloys and Compounds，2022，925：166520.

[15] 杨文超，刘殿方，高欣，等. X 射线光电子能谱应用综述 [J]. 中国口岸科学技术，2022，4（2）：30-37.

[16] 胡友昊，吴文静. 基于 XPS 与 XAS 的稀磁半导体 GaMnN 电子结构研究 [J]. 原子与分子物理学报，40（5）：056009.

[17] 郭沁林. X 射线光电子能谱 [J]. 物理，2007，36（5）：405-410.

[18] 黄继武，李周. 多晶材料 X 射线衍射 [M]. 北京：冶金工业出版社，2012.

[19] 梁敬魁. 粉末衍射法测定晶体结构：X 射线衍射结构晶体学基础 [M]. 北京：科学出版社，2011.

[20] 刘粤惠，刘平安. X 射线衍射分析原理与应用 [M]. 北京：化学工业出版社，2003.

[21] 毛卫民，杨平，陈冷. 材料织构分析原理与检测技术 [M]. 北京：冶金工业出版社，2008.

[22] 蒋艳玲，韩徐，金艳营，等. X 射线衍射仪在薄膜结构分析中的测试方法研究 [J]. 装备制造技术. 2022，（5）：13-16.

[23] 王新，徐捷，穆宝忠. 晶体的 X 射线衍射物相分析方法研究 [J]. 实验技术与管理. 2021，38（3）：29-33.

[24] 董成. 粉末衍射图指标化原理和应用指南 [C]. 第十届全国 X 射线衍射学术大会暨国际衍射数据中心（ICDD）研讨会论文摘要集.

[25] M TASUMI，A SAKAMOTO. Introduction to Experimental Infrared Spectroscopy [M]. West Sussex：John Wiley & Sons Ltd，2015.

[26] B H STUART. Infrared Spectroscopy：Fundamentals and applications [M]. West Sussex：John Wiley & Sons Ltd，2004.

[27] P GRIFFITHS，J A HASETH. Fourier transform infrared spectrometry [M]. West Sussex：John Wiley & Sons Ltd，2007.

[28] S K SHARMA. Handbook of materials characterization [M]. Gewerbestrasse：Springer Nature Switzerland AG，2018.

[29] GB/T 6040—2019. 红外光谱分析方法通则 [S].

[30] 秦艳利，胡杰，王玉富. 亚甲基蓝的变温红外光谱研究 [J]. 沈阳理工大学学报，2010，29（4）：41-43.

[31] E SMITH, G DENT. Modern Raman spectroscopy-A practical approach [M]. West Sussex: John Wiley & SonsLtd, 2005.

[32] GB/T 40219—2021. 拉曼光谱仪通用规范 [S].

[33] 张洪波, 宿德志, 何焰蓝. 用傅里叶变换拉曼光谱法测定乙醇浓度 [J]. 分析测试技术与仪器, 2007, 13 (3): 190-193.

[34] 周玉. 材料分析方法 [M]. 北京: 机械工业出版社, 2011.

[35] O C WELLS. Scanning electron microscopy [M]. New York: Megraw-Hill Book Company, 1974.

[36] 谭金山, 侯颖一. JSM-840 扫描电镜故障的分析与维修 [J]. 电子显微学报, 2000, 19 (4): 637-638.

[37] 张清敏, 徐濮. 扫描电子显微镜和 X 射线微区分析 [M]. 天津: 南开大学出版社, 1988.

[38] 任殿胜, 郝建民, 马农农, 等. 现代表面分析技术在半导体材料中的应用 [J]. 现代仪器, 2003, 9 (3): 20-22.

[39] 廖乾初, 蓝芬兰. 扫描电镜分析技术与应用 [M]. 北京: 机械工业出版社, 1990.

[40] 中国标准出版社第二编辑室. 微束分析国家标准汇编 [M], 北京: 中国标准出版社, 2009.

[41] GB/T 17359—1998. 电子探针和扫描电镜 X 射线能谱定量分析方法通则 [S].

[42] 杨平. 电子背散射衍射技术及其应用 [M]. 北京: 冶金工业出版社, 2007.

[43] 唐旭, 李金华. 透射电子显微镜技术新进展及其在地球和行星科学研究中的应用. 地球科学, 2021, 46 (4): 1374-1415. https://doi.org/10.3799/dqkx.2020.387

[44] 孟哲. 现代分析测试技术及实验 [M]. 北京: 化学工业出版社, 2019.

[45] GB/T 18907—2013/ISO 25498: 2010. 微束分析 分析电子显微术 透射电镜选区电子衍射分析方法 [S].

[46] 王炫东, 王东玲, 张敬霖, 等. Nb 元素的添加对 Fe-Co-2V 软磁合金微观结构的影响 [J]. 金属热处理, 2020, 45 (2): 72-75.

[47] 王培铭, 许乾慰. 材料研究方法 [M]. 北京: 科学出版社, 2005.

[48] 朱和国, 王新龙. 材料科学研究与测试方法 [M]. 南京: 东南大学出版社, 2013.

[49] 黄新民, 解挺. 材料分析测试方法 [M]. 北京: 国防工业出版社, 2009.

[50] 贾贤. 材料表面现代分析方法 [M]. 北京: 化学工业出版社, 2010.

[51] Sam Zhang, Lin Li, Ashok Kumar, 著. 材料分析技术 [M]. 刘东平, 王丽梅, 牛金海, 等, 译. 北京: 科学出版社, 2010.

[52] Contour GT-K. Optical Profiler User Manual [M]. Tucson: Bruker Nano, Inc., 2011.

[53] 韩德伟, 张新建. 金相试样制备与显示技术 [M]. 长沙: 中南大学出版社, 2005.

[54] GB/T 13298—2015. 金属显微组织检验方法 [S].

[55] 葛利玲. 光学金相显微技术 [M]. 北京: 冶金工业出版社, 2017.

[56] 戴丽娟. 金相分析基础 [M]. 北京: 化学工业出版社, 2015.

[57] 张博. 金相检验 [M]. 2 版. 北京: 机械工业出版社, 2014.

[58] 陈洪玉. 金相显微分析 [M]. 哈尔滨: 哈尔滨工业大学出版社, 2013.

[59] 金相典型特征样品图谱 (一): 铁碳平衡组织 [EB/OL]. (2018-04-12) [2022-11-19]. https://www.l-victor.com/p-ac5dab2e99eee9cf9ec672e383691302.html.

[60] W. D. Callister, D. G. Rethwisch. Fundamentals of Materials Science and Engineering [M]. New York: John Wiley & Sons, Inc 2016.

[61] Vander Voort G. F. ASM handbook, vol. 9 [M]. Ohio: ASM International, Materials park, 2004.

[62] 王振林. 玻璃分析测试技术 [M]. 北京: 化学工业出版社, 2020.

[63] 余忠土, 张恒华, 邵光杰, 等. 半固态铝合金中固相分数差热扫描法的研究 [J]. 物理测试, 2002, 1: 22-27.

[64] P K GALLAGHER. Handbook of thermal analysis and calorimetry [M]. Amsterdam, Netherlands: ElSVEVIER SCIENCE B. V., 1998.

[65] J ŠESTÁK, P SIMON. Thermal analysis of micro, nano- and non-crystalline materials [M]. New York: Springer Dordrecht Heidelberg. 2013.

[66] J ŠESTÁK, P HUBÍK, J JMAREŠ. Thermal physics and thermal analysis [M]. Cham, Switzerland: Springer International Publishing, 2017.

[67] H KUZMANY. Solid-state spectroscopy [M]. 2nd edition. New York: Springer-Verlag Berlin Heidelberg, 2009.

[68] J GARCÍA SOLÉ, L E BAUSÁ, D JAQUE. An introduction to the optical spectroscopy of inorganic solids [M]. West Sussex: John Wiley & Sons Ltd, 2005.

［69］　M G GORE. Spectrophotometry and spectrofluorimetry ［M］. Oxford New York：Oxford University Press，2000.

［70］　W W PARSON. Modern optical spectroscopy ［M］. Heidelberg：Springer-VerlagBerlin Heidelberg，2009.

［71］　A D RYER. Light measurement handbook ［M］. Newburyport：Technical Publications Dept. International Light，Inc，1998.

［72］　GB/T 9721—2006. 化学试剂-分子吸收分光光度法通则（紫外和可见光部分）［S］.

［73］　POONAM，SHIVANI，ANU，et al. Judd-Ofelt Parameterization and Luminescence Characterization of D_y^{3+} Doped Oxyflluoride Lithium Zinc Borosilicate Glasses for Lasers and w-LEDs ［J］. Journal of Non-Crystalline Solids 2020，544：120187.

［74］　ASTM Int'l Standard Test Methods for AC Loss Characteristics and Permittivity（Dielectric Constant）of Solid Electrical Insulation. ASTM—D150 ［S］. West Conshohocken：ASTM International，2004.

［75］　伍洪标. 无机非金属材料实验 ［M］. 北京：化学工业出版社，2002.

［76］　V FRANCO，B DODRILL. Magnetic measurement techniques for materials characterization ［M］. Gewerbestrasse：Springer Nature Switzerland AG，2021.

［77］　GB/T 3217—2013. 永磁（硬磁）材料磁性试验方法 ［S］.

［78］　GB/T 13012—2008/ IEC 60404—4：2000. 软磁材料直流磁性能的测量方法 ［S］.

［79］　H CZICHOS，T. Saito，L. R. Smith. Springer handbook of materials measurement methods ［M］. Berlin：Springer Science＋business Media，Inc.，2006.

［80］　F CARDARELLI. Materials handbook ［M］. London：Springer-Verlag London Limited，2008.

［81］　A C FISCHER-CRIPPS. Nanoindentation ［M］. 3rd Edition. London：Springer New York Dordrecht Heidelberg，2011.

［82］　A C. FISCHER-CRIPPS. Introduction to contact mechanics ［M］. 2nd edition. New York：Springer Science＋Business Media，LLC，2007.

［83］　X D LI，B BHUSHAN. A Review of Nanoindentation Continuous Stiffness Measurement Technique and Its Applications ［J］，Materials Characterization 2002，48：11-36.

［84］　A TIWARI. Nanomechanical analysis of high performance materials ［M］. New York：Springer Dordrecht Heidelberg，2014.

［85］　王振林. 基于纳米试验技术的薄膜/基体体系显微力学性能表征 ［J］. 材料导报，2007，21（5A）：30-34.

［86］　董美伶，金国，王海斗，等. 纳米压痕法测量残余应力的研究现状 ［J］. 材料导报，2014，28（2）：107-113.

［87］　Z L WANG，L F CHENG. Effects of Doping CeO_2/TiO_2 on Structure and Properties of Silicate Glass ［J］. Journal of Alloys and Compounds，2014，597：167-174.

［88］　Z L WANG，Y GUO. Corrosion Resistance and Adhesion of Poly（L-lactic acid）/MgF_2 Composite Coating on AZ31 Magnesium Alloy for Biomedical Application ［J］. Russian Journal of Non-ferrous Metals，2016，57（4）：381-388.

［89］　束德林. 工程材料力学性能 ［M］. 3 版. 北京：机械工业出版社，2016.

［90］　GB/T 228.1—2021. 金属材料拉伸试验 第 1 部分：室温试验方法 ［S］.

［91］　B JIANG，W J LIU，S Q CHEN，et al. Mechanical Properties and Microstructure of As-extruded AZ31 Mg Alloy at High Temperatures ［J］. Materials Science and Engineering A，2011，530：51-56.

［92］　刘文君. 合金元素 Gd，Y，Sn 对镁合金挤压板室温塑性的影响 ［D］. 重庆：重庆大学，2018.

［93］　陈嗣强. 典型镁合金高温力学行为与组织研究 ［D］. 重庆：重庆大学，2010.

［94］　葛利玲. 材料科学与工程基础实验教程 ［M］. 北京：机械工业出版社，2016.

［95］　王吉会. 材料力学性能原理与实验教程 ［M］. 天津：天津大学出版社，2018.

［96］　丰平. 材料科学与工程基础实验教程 ［M］. 北京：国防工业出版社，2014.

［97］　孙德勤. 材料基础及成型加工实验教程 ［M］. 西安：西安电子科技大学出版社，2016.

［98］　刘瑞堂，刘锦云. 金属材料力学性能 ［M］. 哈尔滨：哈尔滨工业大学出版社，2015.

［99］　刘春廷，马继. 材料力学性能 ［M］. 北京：化学工业出版社，2009.

［100］　熊丽霞，吴庆华. 材料力学实验 ［M］北京：科学出版社，2006.

［101］　GB/T 231.1—2018. 金属材料 布氏硬度试验 第 1 部分：试验方法 ［S］.

［102］　GB/T 230.1—2018. 金属材料 洛氏硬度试验 第 1 部分：试验方法 ［S］.

［103］　GB/T 4340.1—2009. 金属材料 维氏硬度试验 第 1 部分：试验方法 ［S］.

［104］　GB/T 9790—2021. 金属材料 金属及其他无机覆盖层的维氏和努氏显微硬度试验 ［S］.

［105］　韩德伟. 金属硬度检测技术手册 ［M］. 2 版. 长沙：中南大学出版社，2007.

[106] 段辉平. 材料科学与工程实验教程 [M]. 北京：北京航空航天大学出版社，2019.

[107] 葛利玲. 材料科学与工程基础实验教程 [M]. 2 版. 北京：机械工业出版社，2019.

[108] 周仲荣，L VINCENT. 微动磨损 [M]. 北京：科学出版社，2002.

[109] Czichos Horst，Saito Tetsuya，Smith Leslie M. Springer Handbook of Materials Measurement Methods. Springer Handbooks [M]. Springer，Berlin，Heidel-berg.

[110] 王振廷，孟君晟. 摩擦磨损与耐磨材料 [M]. 哈尔滨：哈尔滨工业大学出版社，2013.

[111] 周仲荣，罗唯力，刘家浚. 微动摩擦学的发展现状与趋势 [J]. 摩擦学学报，1997 (3)：272-280.

[112] J WANG，S KUANG，X YU，et al. Tribo-mechanical properties of CrNbTiMoZr High-entropy Alloy Film Synthesized by Direct Current Magnetron Sputtering [J]. Surface and Coatings Technology，2020，403：126374.

[113] 曹楚南. 腐蚀电化学原理 [M]. 3 版. 北京，化学工业出版社，2008.

[114] 胡会利，李宁. 电化学测量 [M]. 国防工业出版社，2007.

[115] A J BARD，L R FAULKNER. Electrochemical methods [M]. 2nd Edition. New York：John Wiley & Sons，lnc，2011.

[116] 徐加焕，盖志强. 基于 Zview 和 Origin 软件的交流阻抗谱的实验数据处理 [J]. 大学物理实验，2018，31 (3)：90-96.

[117] 王佳，贾梦洋，杨朝晖，等. 腐蚀电化学阻抗谱等效电路解析完备性研究 [J]. 中国腐蚀与防护学报，2017，37 (6)：479-486.

[118] 杨余芳. 电化学实验教学中极化曲线的测量与应用 [J]. 教育教学论坛，2017，(7)：276-278.

[119] 吴磊，吕桃林，陈启忠，等. 电化学阻抗谱测量与应用研究综述 [J]. 电源技术，2021，45 (9)：1227-1230.

[120] 唐剑，王德满，刘静安，等. 铝合金熔炼与铸造技术 [M]. 北京：冶金工业出版社，2009.

[121] 吴树森，万里，安萍. 铝、镁合金熔炼与成形加工技术 [M]. 北京：机械工业出版社，2012.

[122] 向凌霄. 原铝及其合金的熔炼与铸造 [M]. 北京：冶金工业出版社，2005.

[123] 张华炜，刘悦，范同祥. 铸造耐热铝合金的研究进展及展望 [J]. 材料导报，2022，36 (2)：149-157.

[124] 张辉，孙彦华，岳有成，等. 再生铝合金熔体净化技术的发展现状 [J]. 铸造技术，2020，41 (6)：573-575.

[125] 贾征. 几种镁合金与铝合金熔体的除氢工艺与研究 [D]. 沈阳：东北大学，2013：12-17.

[126] J D MUSGRAVES，J J HU，L CALVEZ. Thermal analysis of glass in springer hand book of glass [M]. Gewerbestrasse，Switzerland：Springer Nature Switzerland AG.，2019.

[127] Z L WANG，Z H WANG，L Q GAN，et al. Structure/property Nonlinear Variation Induced by Gamma Ray Irradiation of Boroaluminosilicate Transparent Glass Ceramic Containing Gahnite Nanocrystallite [J]. Journal of Non-Crystalline Solids. 2022，578：121346.

[128] M GUGLIELMI，G KICKELBICK，A MARTUCCI. Sol-gel nanocomposites [M]. New York：Springer Science＋Business Media New York，2014.

[129] N TODOROVA，T VAIMAKIS，D PETRAKIS，et al. N and N，S-doped TiO_2 photocatalysts and their activity in NO_x oxidation [J]. Catalysis Today，2013，209：41-46.

[130] Y J WANG，L K CHENG，F CHANGGEN. Photocatalytic Degradation of Methyl Orange by Polyoxometalates Supported on Yttrium-doped TiO_2 [J]. Journal of Rare Earths，2011，29 (9)：866-871.

[131] 张群莉，王梁，梅雪松，等. 激光表面改性技术发展研究 [J]，中国工程科学，2020，22 (3)：71-77.

[132] 姚建华. 激光表面改性技术及其应用 [M]，北京：国防工业出版社，2012.

[133] C HUANG，J TU，Y R WEN，et al. Microstructural Characterization of Pure Titanium Treated by Laser Surface Treatment Under Different Processing Parameters [J]. Acta Metall. Sin. (Engl. Lett.)，2018，31：321-328.

[134] J D MAJUMDAR，I MANNA. Laser-assisted fabrication of materials [M]. London：Springer-Verlag Berlin Heidelberg，2013.

[135] Cynthia A. Schroll，Stephen M. Cohen，著. 实验电化学 [M]. 张学元，王凤平，吕佳，等译. 北京：化学工业出版社，2020.